21世纪高等学校通识教育规划教材

人工智能概论(通识课版)

廉师友　编著

清华大学出版社
北　京

内 容 简 介

本书首先概述人工智能的基本概念、研究内容、研究方法、分支领域、应用前景、历史沿革、现状与趋势等,勾画了人工智能学科的总体架构;然后概略而简要地阐述人工智能主要分支的原理、方法和发展概况,并指出延伸学习的内容和方向。全书共 11 章,内容全面、基础、经典而新颖。

本书篇幅适中,层次分明,条理清楚,理例结合,图文并茂,深入浅出,详略得当,纸电结合,易读易懂,易教易学。

本书可作为高等学校各学科各专业的人工智能通识课教材,也可供科学研究和工程技术人员以及广大人工智能爱好者自学或参考。

图书在版编目(CIP)数据

人工智能概论:通识课版/廉师友编著.—北京:清华大学出版社,2020.8(2024.9重印)
21 世纪高等学校通识教育规划教材
ISBN 978-7-302-55386-1

Ⅰ. ①人… Ⅱ. ①廉… Ⅲ. ①人工智能－高等学校－教材 Ⅳ. ①TP18

中国版本图书馆 CIP 数据核字(2020)第 068531 号

策划编辑:魏江江
责任编辑:王冰飞
封面设计:刘 键
责任校对:李建庄
责任印制:沈 露

出版发行:清华大学出版社
  网 址: https://www.tup.com.cn, https://www.wqxuetang.com
  地 址: 北京清华大学学研大厦 A 座   邮 编: 100084
  社 总 机: 010-83470000   邮 购: 010-62786544
  投稿与读者服务: 010-62776969, c-service@tup.tsinghua.edu.cn
  质量反馈: 010-62772015, zhiliang@tup.tsinghua.edu.cn
  课件下载: https://www.tup.com.cn,010-83470236
印 装 者: 三河市铭诚印务有限公司
经 销: 全国新华书店
开 本: 185mm×260mm 印 张: 13.25   字 数: 322 千字
版 次: 2020 年 8 月第 1 版   印 次: 2024 年 9 月第 11 次印刷
印 数: 25501~28500
定 价: 39.80 元

产品编号: 085055-01

前言
FOREWORD

党的二十大报告指出：教育、科技、人才是全面建设社会主义现代化国家的基础性、战略性支撑。必须坚持科技是第一生产力、人才是第一资源、创新是第一动力，深入实施科教兴国战略、人才强国战略、创新驱动发展战略，开辟发展新领域新赛道，不断塑造发展新动能新优势。高等教育与经济社会发展紧密相连，对促进就业创业、助力经济社会发展、增进人民福祉具有重要意义。

从 2016 年开始，蓄势已久的人工智能研究和应用出现了井喷式爆发。人工智能的迅猛发展引起了世界各国的高度重视，各国政府纷纷制定、颁布了相关规划和政策。2017 年 7月国务院印发了《新一代人工智能发展规划》。2018 年 4 月，教育部又印发了《高等学校人工智能创新行动计划》。当前，国内各高等院校已普遍开设了人工智能通识教育课，有的则设置了人工智能专业，甚至成立了人工智能学院。

正是在这样的背景下，作者为人工智能及计算机类专业撰写了一部《人工智能导论》教材，紧接着又为非人工智能专业人工智能通识课撰写了这部《人工智能概论（通识课版）》教材。这两部教材都荣幸地被清华大学出版社列选和出版。但这两本书并非全新之作，《人工智能导论》实际上是在作者的《人工智能技术导论》（第三版）的基础上扩写成的；而这部《人工智能概论（通识课版）》则是《人工智能导论》的缩写和改写。

《人工智能技术导论》于 2000 年在西安电子科技大学出版社出版，发行看好；随后该书的第二版和第三版又相继推出。其中，第二版被评为科技类全国优秀畅销书并荣获省部级教学成果二等奖，第三版则为国家"十一五"规划教材并再次荣获省级二等奖。从 2000 年起，这三部教材接续发行至今，被国内百余所院校所采用，并被数十部同类教材或书籍所参考，还被数百篇学术论文所引用。

鉴于人工智能通识课的课程性质和教学对象，这部《人工智能概论（通识课版）》的写作目标被定为：勾画人工智能学科的总体架构，简述其主要分支的原理、方法和发展概况，使读者对人工智能及其应用有一个概略而具体的认识和了解，获得一定的基础知识，明确进一步学习的目标和方向。

为此，笔者进一步分析、研究了这门通识课的教学目的和要求，并考量了非人工智能类专业学生的数学、逻辑和计算机方面的知识储备，然后在《人工智能导论》的基础上，对本教材的内容进行策划和遴选，经反复斟酌、多次修改，终定稿成书。具体来讲，对于本书的撰写，作者主要从以下几个方面作了探索，这也算是本书的一些特色：

—— 结合人工智能学科的已有成果与研究现状及自己的教学和研究实践，全面系统地介绍了人工智能的基本概念、研究内容、研究途径与方法、应用领域与课题、分支领域与研究方向、历史沿革、现状与发展趋势,全方位地归纳和总结了人工智能的基本原理。

—— 将人工智能学科的研究内容归纳概括为:搜索与求解、知识与推理、学习与发现、发明与创造、感知与响应、理解与交流、记忆与联想、竞争与协作、系统与建造、应用与工程等10个方面,从而构成了人工智能学科的总体架构,进而在此基础上组织教材。

—— 在选材方面,以全面、基础、典型、新颖为原则,以人工智能的经典著作为依据,同时又兼顾该学科的当前热点,按通识课的性质和水准确定各章节的内容和深度。书中收编了人工智能的最新成果,但又不刻意赶时髦、追风头;书中涉及人工智能的诸多课题,但对于较深入和较专门的内容则点到为止。

—— 从整书到各章节,基本上都是"概述"+"实例"这种近乎"分形"的结构模式和行文风格,从而使教材内容泛而不空、虚中有实,而使读者能够既概略又具体地了解和学习人工智能的基础知识和初步技能。

——本书在写作上所追求的目标和效果是:将道理讲清楚,让读者看明白。为此,在写法上继续保持层次分明、条理清楚、理例结合、图文并茂、深入浅出、详略得当的行文风格,并力求将复杂问题简单化,将艰涩理论通俗化,使得本书更加易读易懂、易教易学。

——《人工智能概论(通识课版)》和《人工智能导论》可以说是姊妹篇。《人工智能概论(通识课版)》的许多章节末尾都有指向《人工智能导论》的延伸学习导引。这样,学习《人工智能概论(通识课版)》以后,读者也可以继续学习《人工智能导论》,从而迈入人工智能专业领域。

—— 除了习题外,书末还附有中英文名词对照及索引,相当于一个小型人工智能辞典。另外,对任课老师还配备了一整套教学资源可供使用或参考,包括教学大纲、教学课件、电子教案、习题解答、参考试题、教学进度表,本书还提供部分章节的微课视频。

以上特点使得本书还特别适合自学。

> 资源下载提示:
> 课件等资源:扫描封底的"课件下载"二维码,在公众号"书圈"下载。
> 素材(源码)等资源:扫描目录上方的二维码下载。
> 视频等资源:扫描封底刮刮卡中的二维码,再扫描书里章节中的二维码,可以在线学习。

全书共有11章,全部讲授大约需要48学时;目录中带星号的小节可作为选讲内容。

人工智能虽然已有了长足进步,但它仍然是一个发展中的学科,还未形成一个公认的定型的理论和技术体系;而这个通识课教材又是个新题目,可参考和借鉴的书籍文献严重缺乏,所以,本书的编写并非易事。再加之视野和水平有限,所以,尽管作者付出了很大努力,但书中仍难免有一些不尽如人意甚至错误之处。故恳请专家、同行不吝赐教,也希望选用本书的各位任课老师、同学及读者提出宝贵意见和建议。

在本书出版之际,我要衷心感谢清华大学出版社计算机与信息分社魏江江分社长和王冰飞编辑。正是他们的支持和付出,本书才得以顺利完成和出版。在此一并感谢那些为本书提供了知识资源的国内外专家、学者,以及所有为本书的撰写和出版提供过帮助和支持的人士!

作 者

目 录
CONTENTS

配套资源下载

第 1 章 人工智能的概念、内容和方法 ………………………………… 1

1.1 什么是人工智能 ………………………………………………… 1

1.1.1 人工智能的概念 ……………………………………… 1

1.1.2 图灵测试和中文屋子 ………………………………… 2

1.1.3 脑智能和群智能 ……………………………………… 2

1.1.4 符号智能和计算智能 ………………………………… 3

1.1.5 统计智能和交互智能 ………………………………… 4

1.2 为什么要研究人工智能 ………………………………………… 4

1.2.1 研究人工智能的意义 ………………………………… 4

1.2.2 人工智能的研究目标和策略 ………………………… 5

1.3 人工智能的相关学科 …………………………………………… 5

1.4 人工智能的研究内容 …………………………………………… 5

1.4.1 搜索与求解 …………………………………………… 6

1.4.2 知识与推理 …………………………………………… 6

1.4.3 学习与发现 …………………………………………… 6

1.4.4 发明与创造 …………………………………………… 6

1.4.5 感知与响应 …………………………………………… 7

1.4.6 理解与交流 …………………………………………… 7

1.4.7 记忆与联想 …………………………………………… 7

1.4.8 竞争与协作 …………………………………………… 8

1.4.9 系统与建造 …………………………………………… 8

1.4.10 应用与工程 ………………………………………… 8

1.5 人工智能的研究途径与方法 …………………………………… 9

1.5.1 心理模拟,符号推演 ···································· 9

1.5.2 生理模拟,神经计算 ···································· 9

1.5.3 行为模拟,控制进化 ···································· 10

1.5.4 群体模拟,仿生计算 ···································· 10

1.5.5 博采广鉴,自然计算 ···································· 11

1.5.6 着眼数据,统计建模 ···································· 11

1.6 人工智能的分支领域与研究方向 ························· 11

习题1 ·· 12

第2章 人工智能的应用与发展概况 ································ 13

2.1 人工智能的应用 ··· 13

2.1.1 难题求解 ·· 13

2.1.2 自动规划、调度与配置 ································· 13

2.1.3 机器博弈 ·· 14

2.1.4 机器翻译与机器写作 ···································· 14

2.1.5 机器定理证明 ··· 15

2.1.6 自动程序设计 ··· 16

2.1.7 智能控制 ·· 16

2.1.8 智能管理 ·· 16

2.1.9 智能决策 ·· 17

2.1.10 智能通信 ·· 17

2.1.11 智能预测 ·· 17

2.1.12 智能仿真 ·· 17

2.1.13 智能设计与制造 ·· 18

2.1.14 智能车辆与智能交通 ·································· 18

2.1.15 智能诊断与治疗 ·· 18

2.1.16 智能生物信息处理 ····································· 18

2.1.17 智能教育 ·· 19

2.1.18 智能人-机接口 ··· 19

2.1.19 模式识别 ·· 20

2.1.20 智能机器人 ·· 20

2.1.21 数据挖掘与知识发现 ·································· 20

2.1.22 计算机辅助创新 ·· 20

2.1.23 计算机文艺创作 ·· 21

2.2 人工智能学科发展概况 ······································ 24

2.2.1 孕育与诞生 ·· 24

2.2.2 符号主义先声夺人 ······································· 24

2.2.3 连接主义不畏坎坷 🎥 ··································· 26

2.2.4 计算智能异军突起 ······································· 27

2.2.5 统计智能默默奉献 ······································· 28

2.2.6 智能主体一统江湖，Agent & Robot ·················· 31

2.2.7 知识工程东山再起，机器学习领衔高歌 ·················· 31

2.2.8 现状与趋势 ·················· 31

习题 2 ·················· 32

第 3 章 图搜索与问题求解 ·················· 33

3.1 概述 ·················· 33

3.2 状态图与状态图搜索 ·················· 33

3.2.1 状态图 ·················· 33

3.2.2 状态图搜索 ·················· 34

3.2.3 穷举式搜索 ·················· 37

3.2.4 启发式搜索 ·················· 40

3.3 状态图搜索问题求解 ·················· 42

3.3.1 问题的状态图表示 ·················· 42

3.3.2 状态图搜索问题求解程序举例 ·················· 45

延伸学习导引 ·················· 47

习题 3 ·················· 47

第 4 章 知识表示与机器推理（一） ·················· 49

4.1 概述 ·················· 49

4.1.1 知识及其表示 ·················· 49

4.1.2 机器推理 ·················· 51

4.2 一阶谓词及其推理 ·················· 52

4.2.1 谓词，函数，量词 ·················· 52

4.2.2 谓词公式 ·················· 53

4.2.3 自然语言命题的谓词形式表示 ·················· 55

4.2.4 基于谓词公式的形式演绎推理 ·················· 55

4.3 产生式规则及其推理 ·················· 57

4.3.1 产生式规则 ·················· 57

4.3.2 基于产生式规则的推理 ·················· 58

4.4 语义网络 ·················· 60

4.4.1 语义网络的概念 ·················· 60

4.4.2 语义网络的表达能力 ·················· 60

4.4.3 基于语义网络的推理 ·················· 63

4.5 知识图谱 ·················· 64

延伸学习导引 ·················· 64

习题 4 ·················· 65

第5章 知识表示与机器推理(二) ·· 66

5.1 不确定性和不确切性信息处理 ·· 66

5.2 不确定性知识的表示及推理 ·· 68

5.2.1 不确定性知识的表示 ·· 68

5.2.2 不确定性推理 ·· 69

5.3 不确切性知识的表示及推理* ·· 70

5.3.1 软语言值及其数学模型 ··· 70

5.3.2 不确切性知识的表示 ·· 71

5.3.3 基于软语言规则的推理 ··· 73

延伸学习导引 ·· 77

习题5 ·· 77

第6章 机器学习与知识发现(一) ·· 79

6.1 概述 ··· 79

6.2 基本原理与分类 ·· 80

6.2.1 机器学习的概念 ·· 80

6.2.2 机器学习的原理 ·· 80

6.2.3 机器学习的分类 ·· 82

6.3 符号学习 ·· 84

6.3.1 记忆学习 ·· 85

6.3.2 示例学习 ·· 85

6.3.3 演绎学习 ·· 87

6.3.4 类比学习 ·· 87

6.3.5 决策树学习* ·· 88

6.4 强化学习 ·· 93

6.4.1 简单原理 ·· 93

6.4.2 Q 学习算法* ·· 94

6.4.3 强化学习的发展概况 ·· 97

延伸学习导引 ·· 98

习题6 ·· 98

第7章 机器学习与知识发现(二) ·· 99

7.1 统计学习 ·· 99

7.1.1 概述 ·· 99

7.1.2 回归问题的线性函数模型学习,梯度下降法 ············ 100

7.1.3 分类问题的线性判别函数模型学习 ···················· 103

7.2 神经网络学习 ·· 105

7.2.1 从生物神经元到人工神经元 ·············· 105

7.2.2 神经网络及其学习 ·············· 107

7.2.3 神经网络模型及其分类 ·············· 110

7.2.4 BP 网络及其学习举例* ·············· 111

7.3 深度学习 ·············· 113

7.3.1 什么是深度学习 ·············· 113

7.3.2 深度学习的优势 ·············· 115

7.3.3 深度学习的发展和扩展 ·············· 115

7.4 数据挖掘与知识发现 ·············· 117

7.4.1 数据挖掘的一般过程 ·············· 117

7.4.2 数据挖掘的对象 ·············· 118

7.4.3 数据挖掘的任务 ·············· 120

7.4.4 数据挖掘的方法 ·············· 120

延伸学习导引 ·············· 121

习题 7 ·············· 121

第 8 章 机器感知与语言交流 ·············· 122

8.1 引言 ·············· 122

8.2 模式识别 ·············· 123

8.2.1 基本原理与方法 ·············· 123

8.2.2 距离分类法 ·············· 127

8.2.3 几何分类法 ·············· 127

8.2.4 概率分类法 ·············· 129

8.3 自然语言处理 ·············· 131

8.3.1 自然语言处理的途径、方法和学派 ·············· 131

8.3.2 基于规则的自然语言理解 ·············· 132

8.3.3 统计语言模型 ·············· 137

延伸学习导引 ·············· 139

习题 8 ·············· 139

第 9 章 人工智能应用系统 ·············· 141

9.1 概述 ·············· 141

9.2 专家(知识)系统 ·············· 142

9.2.1 什么是专家系统 ·············· 142

9.2.2 专家系统的结构 ·············· 143

9.2.3 专家系统与基于知识的系统及知识工程 ·············· 145

9.2.4 专家系统的建造 ·············· 145

9.2.5 专家系统的发展 ·············· 148

9.3 Agent 系统 ·············· 149

　　　9.3.1　什么是 Agent ┄┄┄┄┄┄┄┄┄┄┄┄┄┄┄┄┄┄┄┄┄┄┄ 150

　　　9.3.2　Agent 的结构 ┄┄┄┄┄┄┄┄┄┄┄┄┄┄┄┄┄┄┄┄┄┄┄ 151

　　　9.3.3　Agent 实例——Web Agent ┄┄┄┄┄┄┄┄┄┄┄┄┄┄┄ 151

　　　9.3.4　多 Agent 系统 ┄┄┄┄┄┄┄┄┄┄┄┄┄┄┄┄┄┄┄┄┄┄ 152

　　　9.3.5　Agent 技术的发展与应用 ┄┄┄┄┄┄┄┄┄┄┄┄┄┄┄ 153

　　9.4　智能机器人🎥 ┄┄┄┄┄┄┄┄┄┄┄┄┄┄┄┄┄┄┄┄┄┄┄┄┄ 154

　　　9.4.1　智能机器人的基本原理 ┄┄┄┄┄┄┄┄┄┄┄┄┄┄┄┄ 154

　　　9.4.2　机器人技术进展 ┄┄┄┄┄┄┄┄┄┄┄┄┄┄┄┄┄┄┄┄ 157

　延伸学习导引 ┄┄┄┄┄┄┄┄┄┄┄┄┄┄┄┄┄┄┄┄┄┄┄┄┄┄┄┄┄ 157

　习题 9 ┄┄┄┄┄┄┄┄┄┄┄┄┄┄┄┄┄┄┄┄┄┄┄┄┄┄┄┄┄┄┄┄┄ 157

第 10 章　智能计算机与智能化网络 ┄┄┄┄┄┄┄┄┄┄┄┄┄┄┄┄┄┄ 159

　10.1　智能计算机 ┄┄┄┄┄┄┄┄┄┄┄┄┄┄┄┄┄┄┄┄┄┄┄┄┄┄┄ 159

　　　10.1.1　智能硬件平台和智能操作系统 ┄┄┄┄┄┄┄┄┄┄┄ 159

　　　10.1.2　人工智能芯片 ┄┄┄┄┄┄┄┄┄┄┄┄┄┄┄┄┄┄┄┄ 160

　　　10.1.3　神经网络计算机,类脑芯片 ┄┄┄┄┄┄┄┄┄┄┄┄┄ 160

　　　10.1.4　智能计算机发展展望 ┄┄┄┄┄┄┄┄┄┄┄┄┄┄┄┄ 162

　10.2　智能化网络 ┄┄┄┄┄┄┄┄┄┄┄┄┄┄┄┄┄┄┄┄┄┄┄┄┄┄┄ 163

　　　10.2.1　智能网 ┄┄┄┄┄┄┄┄┄┄┄┄┄┄┄┄┄┄┄┄┄┄┄┄ 163

　　　10.2.2　智能 Web ┄┄┄┄┄┄┄┄┄┄┄┄┄┄┄┄┄┄┄┄┄┄┄ 166

　　　10.2.3　网络的智能化管理与控制 ┄┄┄┄┄┄┄┄┄┄┄┄┄ 168

　　　10.2.4　网上信息的智能化检索 ┄┄┄┄┄┄┄┄┄┄┄┄┄┄ 170

　　　10.2.5　推荐系统 ┄┄┄┄┄┄┄┄┄┄┄┄┄┄┄┄┄┄┄┄┄┄ 173

　延伸学习导引 ┄┄┄┄┄┄┄┄┄┄┄┄┄┄┄┄┄┄┄┄┄┄┄┄┄┄┄┄┄ 175

　习题 10 ┄┄┄┄┄┄┄┄┄┄┄┄┄┄┄┄┄┄┄┄┄┄┄┄┄┄┄┄┄┄┄┄ 175

第 11 章　人工智能编程语言与开发平台 ┄┄┄┄┄┄┄┄┄┄┄┄┄┄┄ 176

　11.1　概述 ┄┄┄┄┄┄┄┄┄┄┄┄┄┄┄┄┄┄┄┄┄┄┄┄┄┄┄┄┄┄ 176

　　　11.1.1　函数型语言 ┄┄┄┄┄┄┄┄┄┄┄┄┄┄┄┄┄┄┄┄┄ 176

　　　11.1.2　逻辑型语言 ┄┄┄┄┄┄┄┄┄┄┄┄┄┄┄┄┄┄┄┄┄ 176

　　　11.1.3　面向对象型语言 ┄┄┄┄┄┄┄┄┄┄┄┄┄┄┄┄┄┄ 177

　　　11.1.4　计算型语言 ┄┄┄┄┄┄┄┄┄┄┄┄┄┄┄┄┄┄┄┄┄ 177

　　　11.1.5　混合型语言 ┄┄┄┄┄┄┄┄┄┄┄┄┄┄┄┄┄┄┄┄┄ 177

　11.2　知识工程经典语言 PROLOG[*] ┄┄┄┄┄┄┄┄┄┄┄┄┄┄┄ 179

　　　11.2.1　PROLOG 语句 ┄┄┄┄┄┄┄┄┄┄┄┄┄┄┄┄┄┄┄ 179

　　　11.2.2　PROLOG 程序 ┄┄┄┄┄┄┄┄┄┄┄┄┄┄┄┄┄┄┄ 180

　　　11.2.3　PROLOG 程序的运行机理 ┄┄┄┄┄┄┄┄┄┄┄┄┄ 181

　11.3　机器学习流行语言 Python[*] ┄┄┄┄┄┄┄┄┄┄┄┄┄┄┄┄ 184

11.3.1　Python 语言的特点和优势 ……………………………………… 184

11.3.2　Python 程序举例 ……………………………………………… 184

11.4　深度学习框架与平台* ………………………………………… 186

延伸学习导引 ………………………………………………………… 187

习题 11 ………………………………………………………………… 187

中-英文名词对照及索引 ………………………………………………… 188

参考文献 ………………………………………………………………… 195

第 **1** 章

人工智能的概念、内容和方法

1.1 什么是人工智能

1.1.1 人工智能的概念

顾名思义,人工智能就是人造智能(Artificial Intelligence,AI)。具体来讲,目前"人工智能"一词是指用计算机模拟或实现的智能。因此,人工智能又称机器智能。当然,这只是对人工智能的字面解释或一般解释。关于人工智能的科学定义,学术界目前还没有统一的认识和公认的阐述。下面是部分学者对人工智能概念的描述,可以看作是他们各自对人工智能所下的定义。

——人工智能是那些与人的思维相关的活动,诸如决策、问题求解和学习等的自动化(Bellman,1978);

——人工智能是一种计算机能够思维,使机器具有智力的激动人心的新尝试(Haugeland,1985);

——人工智能是研究如何让计算机做现阶段只有人才能做得好的事情(Rich Knight,1991);

——人工智能是那些使知觉、推理和行为成为可能的计算的研究(Winston,1992);

——广义地讲,人工智能是关于人造物的智能行为,而智能行为包括知觉、推理、学习、交流和在复杂环境中的行为(Nilsson,1998);

——Stuart Russell 和 Peter Norvig 则把已有的一些人工智能定义分为 4 类:像人一样思考的系统、像人一样行动的系统、理性地思考的系统、理性地行动的系统(2003)。

可以看出,这些定义虽然都指出了人工智能的一些特征,但用它们却难以界定一台计算机是否具有智能。因为要界定机器是否具有智能,必然要涉及什么是智能。但这却是一个难以准确回答的问题。因为关于什么是智能,至今还没有一个公认的定义。这也正是人工智能至今没有公认定义的根本原因。所以,尽管人们给出了人工智能的不少说法,但都没有完全或严格地用智能的内涵或外延来定义人工智能。

1.1.2 图灵测试和中文屋子

关于如何界定机器智能,早在人工智能学科还未正式诞生之前的 1950 年,计算机科学创始人之一的英国数学家阿兰·图灵(Alan Turing)就提出了现称为"图灵测试"(Turing Test)的方法。简单来讲,图灵测试的做法是:让一位测试者分别与一台计算机和一个人进行交谈(当时是用电传打字机),而测试者事先并不知道哪一个被测者是人,哪一个是计算机。如果交谈后测试者分不出哪一个被测者是人和哪一个是计算机的话,则可以认为这台被测的计算机具有智能。

对于图灵测试,美国哲学家约翰·西尔勒(John Searle,1980)提出了异议。他用一个现在称为"中文屋子"的假设,试图说明即便是一台计算机通过了图灵测试,也不能说它就真的具有智能。"中文屋子"假设:有一台计算机阅读了一段故事并且能正确回答相关问题,这样这台计算机就通过了图灵测试。西尔勒设想将这段故事和问题改用中文描述(因为他本人不懂中文),然后将自己封闭在一个屋子里,代替计算机阅读这段故事并且回答相关问题。描述这段故事和问题的一连串中文符号只能通过一个很小的缝隙被送到屋子里。西尔勒则完全按照原先计算机程序的处理方式和过程(如符号匹配、查找、照抄等)对这些符号串进行操作,然后把得到的结果即问题答案通过小缝隙送出去。因为西尔勒根本不懂中文,不可能通过阅读理解来回答问题,但按照计算机程序的处理方法也得到了问题的正确答案。于是,西尔勒认为尽管计算机以这种符号处理方式能正确回答问题,并且也可通过图灵测试,但仍然不能说计算机就真正有了智能。

其实,图灵测试是一种基于功能、效果的机器智能鉴定方法。就是说,只要从功能、效果上看,如果一个计算机系统能够表现出像人类一样的智慧,就可以说该计算机系统具有了相应的智能。而西尔勒通过中文屋子假设强调的是,机器只有像人一样通过真正的心理级思考(甚至还要有意识和情感)所表现出的某种智慧,才算是该机器真正具有了这种智能。在西尔勒看来,中文屋子并不是基于对文本的理解而回答问题的,尽管从整体和外观来看,也可以说这个屋子是理解了中文故事和问题的,但其实内部并没有像人一样的"心理级"上的分析、理解过程。

在学术界,那种仅能通过图灵测试的人工智能,或者更一般地,用功能模拟方法实现的人工智能,被(哲学家)称为弱人工智能(weak AI),而通过像人一样的思考(心理活动)过程所实现的人工智能被称为强人工智能(strong AI)。显然,强人工智能的实现难度要远大于弱人工智能。现阶段我们所学习、研究和开发的人工智能还仅限于弱人工智能。但应该指出,从效果上看,强人工智能并非总是高于弱人工智能,或者说,弱人工智能并非一定低于强人工智能。究竟孰高孰低? 则要看具体的应用场景。此外,相比而言,强人工智能也许会带来更令人担忧的社会问题和伦理问题。

1.1.3 脑智能和群智能

人的智能源于人脑。由于人脑是由大约 10^{12} 个神经元组成的一个复杂的、动态的巨型神经网络(neural network)系统,其奥秘至今还未完全揭开,因而导致了人们对智能的模糊认识。但从整体功能来看,人脑的智能表现还是可以辨识出来的。例如学习、发现、创造等能力就是明显的智能表现。进一步分析可以发现,人脑的智能及其发生过程在其心理层面上都是可见的,即以某种心理活动和思维过程表现的。这就是说,基于宏观心理层次可以定义智能和研究智能。基于这一认识,我们把脑(主要指人脑)的这种宏观心理层次的智能表现称为**脑智能**(Brain Intelligence,BI)。

令人惊奇的是,人们发现,一些生物群落或者更一般的生命群体的群体行为或者社会行为,也表现出一定的智能。例如:蚂蚁群、蜜蜂群、鸟群、鱼群等。在这些群体中,个体的功能都很简单,但它们的群体行为却表现出相当的智慧。例如:蚂蚁觅食时总会走最短路径。人们进一步发现,人体内免疫系统中淋巴细胞群也具有学习、寻优等能力。

用群的眼光来考察脑,可以发现,脑中的神经网络其实也就是由神经细胞组成的细胞群体。当人们在进行思维时,大脑中的相关神经元只是在各司其职,至于它们在传递什么信息甚至在做什么,神经元自己则并不知道。然而由众多神经元所组成的群体——神经网络却具有自组织、自学习、自适应等智能表现。现在人们把这种由群体行为所表现出的智能称为**群智能**(Swarm Intelligence,SI)。

可以看出,群智能是有别于脑智能的。事实上,它们是属于不同层次的智能——脑智能是一种**个体智能**(Individual Intelligence,II),而群智能是一种**社会智能**(social intelligence)或者说系统智能(system intelligence)。对于人脑来说,宏观心理(或者语言)层次上的脑智能与神经元的群体行为有着密切的关系——正是微观生理层次上低级的神经元的群体行为的"涌现"(emergence)而形成了宏观心理层次上高级的脑智能(但二者之间的具体关系如何却仍然是个谜,这个问题的解决可能需要借助于系统科学),所以,研究脑智能就不能仅仅局限于心理层次,还要深入生理(神经网络)层次。

1.1.4 符号智能和计算智能

智能可分为脑智能和群智能。于是,通过模拟、借鉴脑智能和群智能就可以研究和实现人工智能。事实上,现在所称的符号智能(Symbolic Intelligence,SI)和计算智能(Computational Intelligence,CI)正是这样做的。

1. 符号智能

符号智能就是符号人工智能,它是模拟脑智能的人工智能,也就是所说的传统人工智能或经典人工智能。符号智能以符号形式的知识和信息为基础,主要通过逻辑推理,运用知识进行问题求解。符号智能的主要内容包括知识获取(knowledge acquisition)、知识表示(knowledge representation)、知识组织与管理和知识运用等技术[这些构成了所称的知识工程(Knowledge Engineering,KE)]以及基于知识的智能系统等。

2. 计算智能

计算智能就是计算人工智能,它是模拟群智能的人工智能。计算智能以数值数据为基础,主要通过数值计算,运用算法进行问题求解。计算智能的主要内容包括神经计算(Neural Computation,NC)、进化计算(亦称演化计算,Evolutionary Computation,EC)、遗传算法(Genetic Algorithm,GA)、进化规划(Evolutionary Planning,EP)、进化策略(Evolutionary Strategies,ES)、免疫计算(immune computation)、粒群算法(Particle Swarm

Optimization,PSO)、蚁群算法(Ant Colony Algorithm,ACA)、自然计算(Nature-inspired Computation,NC)等。计算智能主要研究各类优化搜索算法,是当前人工智能学科中一个十分活跃的分支领域。

1.1.5　统计智能和交互智能

除符号智能和计算智能外,人工智能还有两个重要组成部分,本书称之为统计智能(statistical intelligence)和交互智能(interactional intelligence)。

1. 统计智能

不直接考虑事物的内部结构原理,而是针对事物的外在表现,采集或收集相关的测量数据,然后用统计、概率和其他数学方法让计算机进行某种处理,往往也可发现原事物的性质、关系、模式或规律,亦即相关知识,然后运用所得知识来解决相关应用问题,这样,计算机也就具有了解决这类问题的智能。我们把这种利用样例数据并采用统计、概率和其他数学方法而实现的人工智能称为统计智能。后面章节中的统计机器学习、统计模式识别和统计语言模型等,就是统计智能的相关内容。事实上,统计智能已经占了人工智能相当大的份额。

2. 交互智能

人类或动物往往能在与环境的反复交互过程中获得经验和知识,进而能够适应环境或者学会某种技能。于是,人们就让智能体(智能机器人或更一般的 Agent)模仿人或动物,也在与环境的交互过程中通过某种方式(如试错)进行自学习而逐渐获得相关经验、知识和技能,从而使机器具有了智能。我们把这种通过交互方式而实现的人工智能称为交互智能。例如,强化学习(Reinforcement Learning,RL)就是实现交互智能的一种重要方法。

1.2　为什么要研究人工智能

1.2.1　研究人工智能的意义

计算机是迄今为止最有效的信息处理工具,以至于人们称它为"电脑"。但现在的普通计算机系统的智能还很有限,譬如缺乏自适应、自学习和自优化等能力,也缺乏社会常识或专业知识等,只能被动地按照人们为它事先安排好的步骤进行工作。因而它的功能和作用就受到很大的限制,难以满足越来越复杂和越来越广泛的社会需求。既然计算机和人脑一样都可进行信息处理,那么是否能让计算机同人脑一样也具有智能呢? 这正是人们研究人工智能的初衷。

事实上,如果计算机自身也具有一定智能的话,那么,它的功效将会发生质的飞跃,成为名副其实的电"脑"。这样的电脑将是人脑更为有效的扩大和延伸,也是人类智能的扩大和延伸,其作用将是不可估量的。例如,用这样的电脑武装起来的机器人就是智能机器人。智能机器人的出现,标志着人类社会进入一个新的时代。

研究人工智能也是当前信息化社会的迫切要求。人类社会现在已经进入了信息化时代,信息化的进一步发展,就必须有智能技术的支持,或者说就是智能化。

智能化也是自动化发展的必然趋势。自动化发展到一定水平,再向前发展就必然是智能化。事实上,智能化将是继机械化、自动化之后,人类生产和生活中的又一个技术特征。

另外,研究人工智能,对探索人类自身智能的奥秘也可提供有益的帮助。通过电脑对人脑进行模拟,从而揭示人脑的工作原理,发现自然智能的渊源。事实上,有一门称为"计算神经科学"的学科正迅速崛起,它从整体水平、细胞水平和分子水平对大脑进行模拟研究,以揭示其智能活动的机理和规律。

1.2.2 人工智能的研究目标和策略

人工智能作为一门学科,其研究目标就是制造智能机器和智能系统,实现智能化社会。具体来讲,就是要使计算机不仅具有脑智能和群智能,还要具有看、听、说、写等感知、理解和交流能力。简言之,就是要使计算机具有自主发现规律、解决问题和发明创造的能力,从而大大扩展和延伸人的智能,实现人类社会的全面智能化。

但由于理论和技术的制约,这一宏伟目标一时还难以完全实现。因此,人工智能学科的研究策略则是先部分地或某种程度地实现机器的智能,并运用智能技术解决各种实际问题特别是工程问题,从而使现有的计算机更灵活、更好用和更有用,成为人类的智能化信息处理工具,进而逐步扩展和不断延伸人的智能,逐步实现智能化。

需要指出的是,人工智能的长远目标虽然现在还不能全部实现,但在某些方面,当前的机器智能已表现出相当高的水平。例如,在博弈、推理、识别、学习以及规划、调度、控制、预测、翻译等方面,当前的机器智能已达到或接近能同人类抗衡和媲美的水平,而在有些方面甚至已经超过了人类。

1.3 人工智能的相关学科

现在,人工智能已构成信息技术领域的一个重要学科。由于该学科研究的是如何使机器(计算机)具有智能或者说如何利用计算机实现智能的理论、方法和技术,所以,当前的人工智能既属于计算机科学技术的一个前沿领域,也属于信息处理和自动化技术的一个前沿领域。由于其研究内容涉及"智能",而从生命体的智能表现来看,"智能"的内涵和外延至少涉及感知、认知、决策、响应、学习、发现、发明、创造等,进而涉及脑与神经、心理、思维、推理、计算、联想以及语言、行为等。而要人工地实现"智能",则还要有数学的支撑。由此可见,人工智能又不局限于计算机、信息和自动化等学科,它还涉及智能科学、认知科学、心理科学、脑及神经科学、生命科学、语言学、逻辑学、行为科学、教育科学、系统科学、数理科学以及控制论、信息论、哲学甚至经济学等众多学科领域。所以,人工智能实际上是一门综合性的交叉学科和边缘学科。

1.4 人工智能的研究内容

综合考虑人工智能的内涵、外延、原理、方法、理论、技术、表现和应用等,本书将人工智能学科的研究内容归纳为:搜索与求解、知识与推理、学习与发现、发明与创造、感知与响应、理解与交流、记忆与联想、竞争与协作、系统与建造、应用与工程等十个方面。这十个方面也就是人工智能的十个主题或者说十个分支领域,它们构成了人工智能学科的总体架构。

1.4.1　搜索与求解

这里的搜索,是指计算机或智能体为了达到某一目标而多次进行某种操作、运算、推理或计算的过程。人工智能的研究实践表明,许多问题(包括智力问题和实际工程问题)的求解都可以描述为或者归结为对某种图或空间的搜索问题(其实,搜索也是人在求解问题而不知现成解法的情况下所采用的一种普遍方法)。进一步,人们发现,许多智能活动(包括脑智能和群智能)的过程,甚至几乎所有智能活动的过程,都可以看作或者抽象为一个基于搜索的问题求解过程。因此,搜索技术就成为人工智能最基本的研究内容。

1.4.2　知识与推理

我们知道"知识就是力量"。在人工智能研究中,人们则更进一步领略到了这句话的深刻内涵。事实上,只有具备了某一方面的知识,方可解决相关的问题。所以,知识是智能的基础,甚至可以说"知识就是智能"。那么,要实现人工智能,计算机就必须拥有存储知识和运用知识的能力。为此,就要研究面向机器的知识表示和相应的机器推理技术。知识表示形式要便于计算机接受、存储和处理,机器的推理方式与知识的表示形式又息息相关。由于推理是人脑的一个基本而重要的功能,因而在符号人工智能中几乎处处都与推理有关。这样,知识表示和机器推理就成为人工智能的重要研究内容。事实上,知识与推理也正是知识工程的核心内容。

1.4.3　学习与发现

如前所述,经验积累、规律发现和知识学习诸能力都是智能的表现。那么,要实现人工智能就应该赋予计算机这些能力。简单来讲,就是要让计算机或者说机器具有自学习能力。试想,如果机器能自己总结经验、发现规律、获取知识,然后再运用知识解决问题,那么,其智能水平将会大幅提升,甚至会超过人类。因此,关于机器的自主学习和规律发现技术就是人工智能的重要研究内容。

事实上,机器学习(Machine Learning, ML)与知识发现(Knowledge Discovery, KD)现在已是人工智能的热门研究领域,而且取得了长足进步和丰硕成果。例如,基于神经网络的深度学习(Deep Learning, DL)技术的出现和发展已将机器学习乃至人工智能及其应用提高到一个新的水平。

1.4.4　发明与创造

不言而喻,发明创造应该是最具智能的体现。或者可以说,发明创造能力是最高级的智能。所以,关于机器的发明创造能力也应该是人工智能研究的重要内容。这里的发明创造是广义的,它既包括我们通常所说的发明创造,如机器、仪器、设备等的发明和革新,也包括创新性软件、方案、规划、设计等的研制和技术、方法的创新以及文学、艺术的创作,还包括思想、理论、法规的建立和创新等。发明创造不仅需要知识和推理,还需要想象和灵感;它不仅需要逻辑思维,而且还需要形象思维和顿悟思维。所以,这个领域应该说是人工智能中最富挑战性的一个研究领域。目前,人们在这一领域已经开展了一些工作,并取得了一些成果。例如:已展开了关于形象信息的认知理论、计算模型和应用技术的研究,已开发出了计算机辅助创新软件,还尝试用计算机进行文艺创作等。但总的来讲,原创性的机器发明创造进展甚微,甚至还是空白。

1.4.5　感知与响应

这里的感知是指机器感知,就是计算机直接"感觉"周围世界,即像人一样通过感觉器官直接从外界获取信息,如通过视觉器官获取图形、图像信息,通过听觉器官获取声音信息,等等。所以,机器感知包括计算机视觉、听觉等各种感觉能力。与人和动物一样,机器对感知的信息分析以后也要做出响应。响应可以是语言、行为或其他方式。显然,感知和响应是拟人化智能个体或智能系统(如智能机器人)所不可缺少的功能组成部分。所以,机器感知与响应也是人工智能的研究内容之一。

其实,机器感知也是人工智能最早的研究内容之一,而且已经发展成为一个称为模式识别(Pattern Recognition,PR)的分支领域。近年来,在深度学习技术的支持下,模式识别已取得了长足进步和发展,诸如图像识别和语音识别已经基本达到实用化水平。

1.4.6　理解与交流

像人与人之间有语言信息交流一样,人机之间、智能体之间也需要有直接的语言信息交流。事实上,语言交流是拟人化智能个体或智能系统(如人-机接口、对话系统和智能机器人)所不可缺少的功能组成部分。机器信息交流涉及通信和自然语言处理(Natural Language Processing,NLP)等技术。自然语言处理包括自然语言理解和表达,而理解则是交流的关键。所以,机器的自然语言理解与交流技术也是人工智能的研究内容之一。

关于自然语言处理的研究,人们先后采用基于语言学、基于统计学和基于神经网络机器学习三种途径和方法。从目前的实际水平来看,基于神经网络的方法处于领先地位。

1.4.7　记忆与联想

记忆是人脑的基本功能之一,人脑的思维与记忆密切相关。所以,记忆是智能的基本条件。不管是脑智能还是群智能,都以记忆为基础,在人脑中,伴随着记忆的就是联想,联想是人脑的奥秘之一。

分析人脑的思维过程可以发现,联想实际是思维过程中最基本、使用最频繁的一种功能。例如,当听到一段乐曲,人们头脑中可能会立即浮现出多年前的某一个场景,甚至一段往事,这就是联想。所以,计算机要模拟人脑的思维就必须具有联想功能。要实现联想无非就是建立事物之间的联系,在机器世界里面就是有关数据、信息或知识之间的联系。建立机器联系的方法很多,比如用指针、函数、链表等,通常的信息查询就是这样做的。但传统方法实现的联想,只能对于那些完整的、确定的(输入)信息联想起(输出)有关的信息。这种"联想"与人脑的联想功能相差甚远。人脑对那些残缺的、失真的、变形的输入信息,仍然可以快速准确地输出联想响应。例如,人们对多年不见的老朋友(面貌已经变化)仍能一眼认出。

从机器内部的实现方法来看,传统的信息查询是基于传统计算机的按地址存取方式进行的。而研究表明,人脑的联想功能是基于神经网络的按内容记忆方式进行的。也就是说,只要是内容相关的事情,不管在哪里(与存储地址无关),都可由其相关的内容被想起。例如,苹果这一概念,一般有形状、大小、颜色等特征,按内容记忆方式就是由苹果形状想起颜色、大小等特征,而不需要关心其内部地址。

在机器联想功能的研究中,人们利用这种按内容记忆原理,采用一种称为"联想存储"的技术来实现联想功能。联想存储的特点是:

- 可以存储许多相关(激励,响应)模式对;
- 通过自组织过程可以完成这种存储;
- 以分布、稳健的方式(可能会有很高的冗余度)存储信息;
- 可以根据接收到的相关激励模式产生并输出适当的响应模式;
- 即使输入激励模式失真或不完全时,仍然可以产生正确的响应模式;
- 可在原存储中加入新的存储模式。

联想存储可分为矩阵联想存储、全息联想存储、Walsh 联想存储和网络联想存储等。

另外,人们也研究用人工神经网络(Artificial Neural Network,ANN)实现记忆与联想。例如,Hopfield 网络、循环神经网络、长短期记忆网络等就是这方面的一些成果。而语义网络(见 4.4 节)则是基本信息之间语义关联的一种联想机制。

总之,记忆和联想也是人工智能的研究内容之一,这也是一个富有挑战性的技术领域。

1.4.8　竞争与协作

与人和动物类似,智能体(如智能机器人)之间也有竞争与协作关系。例如,机器人足球赛中同队的机器人之间是协作关系,而异队之间则是竞争关系。所以,实现竞争与协作既需要个体智能也需要群体智能或者说系统智能。这样,竞争与协作也就成了人工智能不可或缺的研究内容。

关于竞争与协作的研究,除了利用博弈论、对策论等有关理论来指导外,人们还从动物群体(例如,蚁群、蜂群、鸟群、鱼群等)的群体行为中获得灵感和启发,然后设计相应的算法来实现智能体的竞争与协作。

1.4.9　系统与建造

系统与建造是指智能系统的设计和实现技术,包括智能系统的分类、硬软件体系结构、设计方法、实现语言工具与环境等。由于人工智能一般总要以某种系统的形式来表现和应用,因此,关于智能系统的设计和实现技术也是人工智能的研究内容之一。

显然,智能系统的建造技术与通常的计算机系统特别是计算机应用系统的建造技术密切相关。事实上,通常的计算机技术包括硬件技术、软件技术和网络技术等都可以为智能系统的建造提供支持;反过来,智能系统的建造又会进一步推动计算机技术和网络技术的发展。

1.4.10　应用与工程

应用与工程指人工智能的应用和工程技术研究,这是人工智能与实际问题的接口。应用与工程主要研究人工智能的应用领域、应用形式、具体应用工程项目等,其研究内容涉及问题的分析、识别和表示,相应求解方法和技术的设计与选择等。

随着人工智能的飞速发展,人工智能技术已经越来越多地付诸实际应用。所以,关于人工智能的应用与工程可以说是方兴未艾。其实,人工智能和实际问题也是相辅相成的。一方面,人工智能技术的发展使许多困难问题得以解决;反之,实际问题又给人工智能的研究不断提出新的课题。所以,应用与工程也是人工智能的重要研究内容之一。

1.5　人工智能的研究途径与方法

基于脑智能的符号智能和基于群智能的计算智能是人工智能的两种研究途径与方法,但这样划分过于笼统和粗糙。下面将人工智能的研究途径和方法做进一步细分。

1.5.1　心理模拟,符号推演

"心理模拟,符号推演"就是从人脑的宏观心理层面入手,以智能行为的心理模型为依据,将问题或知识表示成某种逻辑网络,采用符号推演的方法,模拟人脑的逻辑思维过程,实现人工智能。

采用这一途径与方法的原因是:①人脑可意识到的思维活动是在心理层面上进行的(如人的记忆、联想、推理、计算、思考等思维过程都是一些心理活动),心理层面上的思维过程可以用语言符号显式表达,从而人的智能行为就可以用逻辑来建模。②心理学、逻辑学、语言学等实际上也是建立在人脑的心理层面上的,从而这些学科的一些现成理论和方法就可供人工智能参考或直接使用。③当前的数字计算机可以方便地实现语言符号型知识的表示和处理。④可以直接运用人类已有显式知识(包括理论知识和经验知识)直接建立基于知识的智能系统。

基于心理模拟和符号推演的人工智能研究,被称为心理学派、逻辑学派和符号主义(symbolism)。早期的代表人物有纽厄尔(Allen Newell)、肖(J. C. Shaw)、西蒙(Herbert Simon)等,后来还有费根鲍姆(E. A. Feigenbaum)、尼尔逊(Nilsson)等。其代表性的理念是所谓的"物理符号系统假设"。即认为,人对客观世界的认知基元是符号,认知过程就是符号处理的过程;而计算机也可以处理符号,所以,就可以用计算机通过符号推演的方式来模拟人的逻辑思维过程,从而实现人工智能。

符号推演法是人工智能研究中最早使用的方法之一。人工智能的许多重要成果也都是用该方法取得的,如自动推理、定理证明、问题求解、机器博弈、专家系统等。由于这种方法模拟人脑的逻辑思维,利用显式的知识和推理来解决问题。因此,它擅长实现人脑的高级认知功能,如推理、决策等。

1.5.2　生理模拟,神经计算

"生理模拟,神经计算"就是从人脑的生理层面,即微观结构和工作机理入手,以智能行为的生理模型为依据,采用数值计算的方法,模拟脑神经网络的工作过程,实现人工智能。具体来讲,就是用人工神经网络作为信息和知识的载体,用称为神经计算的数值计算方法来实现网络的学习、记忆、联想、识别和推理等功能。

我们知道,人脑的生理结构是由大约 10^{12} 个神经元(细胞)组成的神经网络,而且是一个动态的、开放的、高度复杂的巨系统,以至于人们至今对它的生理结构和工作机理还未完全弄清楚。因此,对人脑的真正和完全模拟,一时还难以办到。所以,目前的结构模拟只是对人脑的局部或近似模拟,也就是从群智能的层面进行模拟,实现人工智能。

这种方法一般是通过神经网络的"自学习"获得知识,再利用知识解决问题。神经网络具有高度的并行分布性、很强的鲁棒性和容错性,它擅长模拟人脑的形象思维,便于实现人脑的低级感知功能,例如,图像、声音信息的识别和处理。

生理模拟、神经计算的方法早在20世纪40年代就已出现,但由于种种原因而发展缓慢,甚至一度出现低潮,直到80年代中期才重新崛起,现已成为人工智能研究中不可或缺的重要途径与方法。

采用生理模拟、神经计算方法的人工智能研究,被称为生理学派、连接(联结)主义(connectionism),其代表人物有McCulloch、Pitts、F. Rosenblatt、T. Kohonen、J. Hopfield等。

1.5.3　行为模拟,控制进化

除了上述两种研究途径和方法外,还有一种基于"感知-行为"模型的研究途径和方法,我们称其为行为模拟法。这种方法是用模拟人和动物在与环境的交互、控制过程中的智能活动和行为特性,如反应、适应、学习、寻优等,来研究和实现人工智能。基于这一方法研究人工智能的早期典型代表是MIT的R. Brooks教授,他研制的六足行走机器人(亦称为人造昆虫或机器虫),曾引起人工智能界的轰动。这个机器虫可以看作是新一代的"控制论动物",它具有一定的适应能力,是一个运用行为模拟即控制进化方法研究人工智能的代表作。事实上,Brooks教授的工作代表了称为"现场(situated)AI"的研究方向。现场AI强调智能系统与环境的交互,认为智能取决于感知和行动,智能行为可以不需要知识,提出"没有表示的智能""没有推理的智能"的观点,主张智能行为的"感知-行为"模式,认为人的智能、机器智能可以逐步进化,但只能在现实世界与周围环境的交互中体现出来。智能只能放在环境中才是真正的智能,智能的高低主要表现在对环境的适应性上。

基于行为模拟方法的人工智能研究,被称为行为主义(behaviorism)、进化主义、控制论学派。行为主义曾强烈地批评传统的人工智能(主要指符号主义,也涉及连接主义)对真实世界的客观事物和复杂境遇,作了虚假的、过分简化的抽象。沿着这一途径,人们研制具有自学习、自适应、自组织特性的智能控制系统和智能机器人,进一步展开了人工生命(artificial life)的研究。

1.5.4　群体模拟,仿生计算

"群体模拟,仿生计算"就是模拟生物群落的群体智能行为,从而实现人工智能。例如,模拟生物种群有性繁殖和自然选择现象而出现的遗传算法,进而发展为进化计算;模拟人体免疫细胞群而出现的免疫计算、免疫克隆计算及人工免疫系统;模拟蚂蚁群体觅食活动过程的蚁群算法;模拟鸟群飞翔的粒群算法和模拟鱼群活动的鱼群算法等。这些算法在解决组合优化等问题中表现出卓越的性能。这些对群体智慧的模拟是通过一些诸如遗传、变异、选择、交叉、克隆等所谓的算子或操作来实现的,我们统称其为仿生计算。

仿生计算的特点是,其成果可以直接付诸应用而解决工程问题和实际问题。目前这一研究途径方兴未艾,展现出光明的前景。

1.5.5　博采广鉴,自然计算

其实,人工智能的这些研究途径和方法的出现并非偶然。如前所述,至今人们对智能的科学原理还未完全弄清楚。所以,在这种情况下研究和实现人工智能的一个自然的思路就是模拟自然智能。起初,人们知道自然智能源于人脑,于是,模拟人脑智能就是研究人工智能的一个首要途径和方法。后来,人们发现一些生命群体的群体行为也表现出某些惊人的智慧,于是,模拟这些群体智能,就成了研究人工智能的又一个重要途径和方法。现在,人们则进一步从生命、生态、系统、社会、数学、物理、化学,甚至经济等众多学科和领域寻找启发和灵感,展开人工智能的研究。

例如,人们从热力学和统计物理学所描述的高温固体材料冷却时其原子的排列结构与能量的关系中得到启发,提出了"模拟退火算法"。该算法已是解决优化搜索问题的有效算法之一。又如,人们从量子物理学中的自旋和统计机理中得到启发,而提出了量子聚类算法。1994年阿德曼(Addman)使用现代分子生物技术,提出了解决哈密顿路径问题的DNA分子计算方法,并在试管里求出了此问题的解。

这些方法一般被称为自然计算。自然计算就是模仿或借鉴自然界中的某种机理而设计计算模型,这类计算模型通常是一类具有自适应、自组织、自学习、自寻优能力的算法。如神经计算、进化计算、免疫计算、生态计算、量子计算、分子计算、DNA计算和复杂自适应系统等都属于自然计算。自然计算实际是传统计算的扩展,它是自然科学和计算科学相交叉而产生的研究领域。自然计算能够解决传统计算方法难于解决的各种复杂问题,在大规模复杂系统的最优化设计、优化控制、网络安全、创造性设计等领域具有很好的应用前景。

1.5.6　着眼数据,统计建模

"着眼数据,统计建模"就是着眼于事物或问题的外部表现和关系,搜集、采集、整理相关信息并做成样本数据,然后基于样本数据用统计学、概率论和其他数学理论和方法建立数学模型,并采用适当的算法和策略进行计算,以期从事物外在表现的样本数据中推测事物的内在模式或规律,并用于解决相关实际问题。这种方法实际也是科学研究中的一种常用方法。一般来说,用这种方法所获得的知识,虽然有些并不完全精确,有些则具有不确定性,但这些知识是对客观规律的一种定量描述,因而仍然能有效地解决实际问题。所以,它也是人工智能的一个不可或缺的研究途径与方法。

以上给出了当前人们研究人工智能的6种途径和方法。它们各有所长,也有各自的局限性。所以,这些研究途径和方法并不能互相取代,而是并存和互补的关系。

1.6　人工智能的分支领域与研究方向

经过60余年的发展,人工智能已经成为一个大学科了,而且还在迅猛发展,不断分化出新的分支领域和研究方向,同时有些技术和方法又互相结合,互相渗透。所以,要想完全厘清人工智能的分支领域与研究方向并非易事。下面我们从不同的视角对人工智能的分支领域与研究方向做一简单归纳。

从研究内容来看,如前所述,人工智能可分为搜索与求解、知识与推理、学习与发现等十大分支领域(它们构成了人工智能学科的总体架构)。这十大领域各自又有其子领域和研究方向,本书的篇、章、节基本上就是按照这样的知识体系组织的。

从研究途径和智能层次来看,人工智能可分为符号智能、计算智能、统计智能和交互智能等四大分支领域。这四大领域各自又有一些子领域和研究方向。如符号智能中又有图搜索、自动推理、不确定性推理、不确切性推理(含近似推理)、专家系统、知识工程、知识库系统、符号学习等分支和方向;计算智能中有神经计算(含连接学习)、进化计算(含遗传算法)、免疫计算、蚁群计算、粒群计算、自然计算等分支和方向;统计智能有统计学习、统计模式识别、基于统计的自然语言处理等分支和方向;交互智能有强化学习、Agent、智能机器人、控制进化等分支和方向等。

从所模拟的脑智能或脑功能来看,AI中有机器学习、机器感知、机器联想、机器推理、机器行为等分支领域。而机器学习又可分为符号学习、连接学习(神经网络学习)、统计学习、交互学习等分支领域和方向,这四个分支领域又有许多更细的分支和方向。如神经网络学习中的深度学习、交互学习中的强化学习,统计学习中的支持向量机,符号学习和统计学习都有的决策树学习、统计学习和神经网络学习都有的监督学习和无监督学习。机器感知和交流又可分为计算机视觉、模式识别、图像识别与理解、语音识别、自然语言处理等领域和方向。这些领域又都可再分为基于规则(或结构)、基于统计和基于联结三大方法和流派。

从系统角度看,AI中有智能计算机系统和智能应用系统两大类。智能计算系统又可分为智能硬件平台、智能操作系统、智能网络系统等。智能应用系统又可分为基于知识的智能系统、基于算法的智能系统和兼有知识和算法的智能系统等。另外,还有分布式人工智能系统,包括多 Agent 系统。

从应用角度看,人工智能中有难题求解等数十个分支领域和研究方向(详见 2.1 节)。

从信息处理角度看,人工智能的研究涉及确定-确切性信息处理、不确定-确切性信息处理、确定-不确切性信息处理、不确定-不确切性信息处理等四个主题,后面三个主题实际上可归结为不确定性信息处理和不确切性信息处理两个主题。这样,从信息处理角度看,人工智能则可分为确定-确切性信息处理、不确定性信息处理和不确切性信息处理三大领域。

习题 1

1. 什么是人工智能? 人工智能的研究意义、目标和策略是什么?
2. 人工智能有哪些研究途径和方法? 它们的关系如何?
3. 人工智能有哪些研究内容?
4. 人工智能有哪些分支领域和研究方向?

第 **2** 章

人工智能的应用与发展概况

2.1 人工智能的应用

人工智能的应用十分广泛,下面仅给出其中一些重要的应用领域和研究课题。

2.1.1 难题求解

这里的难题,主要指那些没有算法解,或虽有算法解但在现有机器上无法实施或无法完成的困难问题。例如,智力性问题中的梵塔问题、n 皇后问题、旅行商问题、博弈问题等;又如,现实世界中复杂的路径规划、车辆调度、电力调度、资源分配、任务分配、系统配置、地质分析、数据解释、天气预报、市场预测、股市分析、疾病诊断、故障诊断、军事指挥、机器人行动规划等,都是这样的难题。在这些难题中,有些是组合数学理论中所称的 NP(Non-deterministic Polynomial,非确定型多项式)问题或 NP 完全(Non-deterministic Polynomial Complete,NPC)问题。NP 问题是指那些既不能证明其算法复杂度超出多项式界,但又未找到有效算法的一类问题,而 NP 完全问题又是 NP 问题中最困难的一种问题,例如,有人证明过排课表问题就是一个 NP 完全问题。

研究工程难题的求解是人工智能的重要课题,而研究智力难题的求解则具有双重意义:一方面,可以找到解决这些难题的途径;另一方面,由解决这些难题而发展起来的一些技术和方法可用于人工智能的其他领域。这也正是人工智能研究初期研究内容基本上都集中于游戏世界的智力性问题的重要原因。例如,博弈问题就可为搜索策略、机器学习等研究提供很好的实际背景。

2.1.2 自动规划、调度与配置

在上述的难题求解中,规划、调度与配置问题是实用性、工程性最强的一类问题。规划一般指设计制定一个行动序列,例如机器人行动规划、交通路线规划。调度就是一种任务分

派或者安排,例如车辆调度、电力调度、资源分配、任务分配。调度的数学本质是给出两个集合间的一个映射。配置则是设计合理的部件组合结构,即空间布局,例如资源配置、系统配置、设备或设施配置。

从问题求解角度看,规划、调度、配置三者又有一定的内在联系,有时甚至可以互相转化。事实上,它们都属于人工智能的经典问题之一的约束满足问题(Constraint Satisfaction Problems,CSP)。这类问题的解决体现了计算机的创造性,所以,规划、调度、配置问题求解也是人工智能的一个重要研究领域。

自动规划的研究始于 20 世纪 60 年代,最早的自动规划系统可以说就是 Simon 的通用问题求解系统 GPS 和 Green 方法。1969 年斯坦福研究所设计了著名的机器人动作规划系统 STRIPS,成为人工智能界的经典自动规划技术。之后,人们又开发了许多非经典规划技术,如排序(或分层)规划技术、动态世界规划、专用目的规划器等。进一步,人们又将机器学习和专家系统技术引入自动规划。在自动配置方面,1982 年卡内基-梅隆大学为 DEC 公司开发的计算机自动配置系统 XCOM(亦称 R1)堪称一个典型代表。

另一方面,迅速发展的约束程序设计(Constraint Programming,CP)特别是约束逻辑程序设计(Constraint Logic Programming,CLP)也将为规划、调度和配置问题提供强大的技术支持。

2.1.3 机器博弈

机器博弈是人工智能最早的研究领域之一,而且经久不衰。

早在人工智能学科建立的 1956 年,塞缪尔就研制成功了一个跳棋程序。1959 年,装有这个程序的计算机击败了塞缪尔本人,1962 年又击败了美国一个州的冠军。

1997 年 IBM 的"深蓝"计算机以 2 胜 3 平 1 负的战绩击败了蝉联 12 年之久的世界国际象棋冠军加里·卡斯帕罗夫,轰动了全世界。2001 年,德国的"更弗里茨"国际象棋软件更是击败了当时世界排名前 10 位棋手中的 9 位,计算机的搜索速度达到创纪录的 600 万步/s。

2016 年至 2017 年 DeepMind 研制的围棋程序 AlphaGo 更是横扫人类各路围棋高手。2017 年 12 月 DeepMind 又推出了一款名为 Alpha Zero 的通用棋类程序,除了围棋外,该程序还会国际象棋等多种棋类。现在可以说,在棋类比赛上计算机或者说人工智能已经彻底战胜了人类。

机器人足球赛是机器博弈的另一个战场。近年来,国际大赛不断,盛况空前。现在这一赛事已覆盖全世界的众多大专院校,激发了大学生们的极大兴趣和热情。

事实表明,机器博弈现在已经不再仅仅是人工智能专家们研究的课题,而是已经进入了人们的文化生活。机器博弈是对机器智能水平的测试和检验,它的研究将有力推动人工智能技术的发展。

2.1.4 机器翻译与机器写作

机器翻译就是用计算机进行两种语言之间的自动翻译,其研究由来已久。早在电子计算机问世不久,就有人提出了机器翻译的设想,并开始了这方面的研究,但由于曾经过分依赖于基于规则的自然语言理解,所以一度进展缓慢。20 世纪 80 年代,统计方法被引入机器翻译,使机器翻译有了巨大的进步和发展。近年来,神经网络机器学习的再度兴起,又给机器翻译带来了新的繁荣。据报道,在新闻稿的英-汉互译方面,机器翻译已达到甚至超过人类专家水平。总之,在基于规则、基于统计和基于联结三大自然语言处理方法和学派的轮番攻关下,机器翻译质量不断提高,现已逐步进入实用化阶段。然而,在一些专业性较强的翻译邻域,还需要三大学派继续联合攻关。

另一方面,现在机器人写新闻稿(即用计算机自动生成新闻稿)已经不是新闻了。而最近又有报道:一篇题为 *PaperRobot: Incremental Draft Generation of Scientific Ideas* 的论文已被 ACL 2019(自然语言处理领域顶级会议)录用,文中介绍了一个最新开发的 PaperRobot,它能实现从 idea、摘要、结论到"未来研究"的自动生成,甚至还能写出下一篇论文的题目,此事在推特上引起大量关注。PaperRobot 的工作流程包括:

(1) 对目标领域的大量人类撰写的论文进行深入的理解,并构建全面的背景知识图谱。

(2) 通过结合图注意力(graph attention)和上下文本注意力(contextual text attention),从背景知识库 KG 中预测链接,从而产生新想法。

(3) 基于 Memory-Attention 网络,逐步写出一篇新论文的一些关键要素:首先从输入标题和预测的相关实体,生成一篇摘要;再从摘要生成结论和未来工作;最后从未来工作生成下一篇论文的标题。

研究者还对这个论文生成器进行了图灵测试:将 PaperRobot 生成的生物医学领域论文摘要、结论和未来工作部分,同人类所写的同领域论文,让一名生物医学领域的专家进行比较。结果专家认为摘要、结论和未来工作部分分别有 30%、24% 和 12%,PaperRobot 生成的比人类写得更好。

该论文作者来自伦斯勒理工学院、DiDi 实验室、伊利诺伊大学香槟分校、北卡罗来纳大学教堂山分校和华盛顿大学。其中,第一作者 Qingyun Wang(王清昀)是伦斯勒理工学院的大四本科生。

2.1.5　机器定理证明

机器定理证明也是人工智能的一个重要的研究课题,它也是最早的研究领域之一。定理证明是最典型的逻辑推理问题之一,它在发展人工智能方法上起过重大作用。如关于谓词演算中推理过程机械化的研究,帮助我们更清楚地了解到某些机械化推理技术的组成情况。很多非数学领域的任务如医疗诊断、信息检索、规划制定和难题求解,都可以转化成一个定理证明问题,所以机器定理证明的研究具有普遍意义。

机器定理证明的方法主要有四类。

(1) 自然演绎法:其基本思想是依据推理规则,从前提和公理中可以推出许多定理,如果待证的定理恰在其中,则定理得证。

(2) 判定法:对一类问题找出统一的计算机上可实现的算法解。在这方面一个著名的成果,就是我国数学家吴文俊教授 1977 年提出的初等几何定理证明方法。

(3) 定理证明器:它研究一切可判定问题的证明方法。

(4) 计算机辅助证明:它是以计算机为辅助工具,利用机器的高速度和大容量,帮助人完成手工证明中难以完成的大量计算、推理和穷举。证明过程中所得到的大量中间结果,又可以帮助人形成新的思路,修改原来的判断和证明过程,这样逐步前进直至定理得证。这种证明方法的一个重要成果就是,1976 年 6 月美国的阿普尔(K. Appel)等人证明了 124 年未能解决的四色定理,引起了全世界的轰动。一般来讲,适于计算机辅助证明的是这样一类问题:它需要检索的信息量极大,且证明过程需根据中间结果反复由人修改。

2.1.6　自动程序设计

自动程序设计就是让计算机设计程序。具体来讲,就是只要给出关于某程序要求的非常高级的描述,计算机就会自动生成一个能完成这个要求目标的具体程序。所以,这相当于给机器配置了一个"超级编译系统",它能够对高级描述进行处理,通过规划过程,生成所需的程序。但这只是自动程序设计的主要内容,它实际是程序的自动综合。自动程序设计还包括程序自动验证,即自动证明所设计程序的正确性。因此,自动程序设计也是人工智能和软件工程相结合的研究课题。

2.1.7　智能控制

智能控制就是把人工智能技术引入控制领域,建立智能控制系统。智能控制具有两个显著的特点:第一,智能控制是同时具有知识表示的非数学广义世界模型和传统数学模型混合表示的控制过程,也往往是含有复杂性、不完全性、不确切性或不确定性以及不存在已知算法的过程,并以知识进行推理,来引导求解过程;第二,智能控制的核心在高层控制,即组织级控制,其任务在于对实际环境或过程进行组织,即决策与规划,以实现广义问题求解。

智能控制系统的智能可归纳为以下几方面。

(1) 先验智能:有关控制对象及干扰的先验知识,可以从一开始就考虑在控制系统的设计中。

(2) 反应性智能:在实时监控、辨识及诊断的基础上,对系统及环境变化的正确反应能力。

(3) 优化智能:包括对系统性能的先验性优化及反应性优化。

(4) 组织与协调智能:表现为对并行耦合任务或子系统之间的有效管理与协调。

2.1.8　智能管理

智能管理就是把人工智能技术引入管理领域,建立智能管理系统。智能管理是现代管理科学技术发展的必然趋势。智能管理是人工智能与管理科学、系统工程、计算机技术及通信技术等多学科、多技术互相结合、互相渗透而产生的一门新技术、新学科。它研究如何提高计算机管理系统的智能水平,以及智能管理系统的设计理论、方法与实现技术。

智能管理系统是在管理信息系统、办公自动化系统、决策支持系统的功能集成和技术集成的基础上,应用人工智能的专家系统、知识工程、模式识别、神经网络等方法和技术,进行智能化、集成化、协调化,设计和实现的新一代的计算机管理系统。

2.1.9　智能决策

智能决策就是把人工智能技术引入决策过程,建立智能决策支持系统。智能决策支持系统是在 20 世纪 80 年代初提出来的。它是决策支持系统与人工智能,特别是专家系统相结合的产物。智能决策既充分发挥了传统决策支持系统中数值分析的优势,也充分发挥了专家系统中知识及知识处理的特长,既可以进行定量分析,又可以进行定性分析,能有效地解决半结构化和非结构化的问题。从而,扩大了决策支持系统的范围,提高了决策支持系统的能力。

智能决策支持系统是在传统决策支持系统的基础上发展起来的,由传统决策支持系统加上相应的智能部件就构成了智能决策支持系统。智能部件可以有多种模式,例如专家系统模式、知识库系统模式等。专家系统模式是把专家系统作为智能部件,这是比较流行的一种模式。该模式适合于以知识处理为主的问题,但它与决策支持系统的接口比较困难。知识库系统模式是以知识库作为智能部件。在这种情况下,决策支持系统就是由模型库、方法库、数据库、知识库组成的"四库系统";这种模式接口比较容易实现,其整体性能也较好。

一般来说,智能部件中可以包含如下知识。

(1) 建立决策模型和评价模型的知识。

(2) 如何形成候选方案的知识。

(3) 建立评价标准的知识。

(4) 如何修正候选方案,从而得到更好候选方案的知识。

(5) 完善数据库,改进对它的操作及维护的知识。

2.1.10　智能通信

智能通信就是把人工智能技术引入通信领域,建立智能通信系统。智能通信就是在通信系统的各个层次和环节上实现智能化。例如在通信网的构建、网管与网控、转接、信息传输与转换等环节,都可实现智能化。这样,网络就可运行在最佳状态,使网络活化,使其具有自适应、自组织、自学习及自修复等功能。

2.1.11　智能预测

智能预测就是将人工智能技术引入预测领域,建立智能预测模型或系统。例如,使用机器学习方法,从大量观测数据中获取天气变化的规律,建立相应的气象预测模型,对未来的天气做出预测;又如,从大量商业数据中由机器学习获取市场变化的规律,建立相应的经济预测模型,对未来的市场经济做出预测。对于那些不确定性或者难以建立精确数学模型的系统,智能预测则可大显身手。

2.1.12　智能仿真

智能仿真就是将人工智能技术引入仿真领域,建立智能仿真系统。仿真是对动态模型的实验,即行为产生器在规定的实验条件下驱动模型,从而产生模型行为。具体地说,仿真是在 3 种类型知识——描述性知识、目的性知识及处理知识的基础上产生另一种形式的知识——结论性知识。因此,可以将仿真看作一个特殊的知识变换器,从这个意义上讲,人工智能与仿真有着密切的关系。

利用人工智能技术能对整个仿真过程(包括建模、实验运行及结果分析)进行指导,能改善仿真模型的描述能力,在仿真模型中引进知识表示将为研究面向目标的建模语言打下基础,提高仿真工具面向用户、面向问题的能力。从另一方面来讲,仿真与人工智能相结合可使仿真更有效地用于决策,更好地用于分析、设计及评价知识库系统,从而推动人工智能技术的发展。正是基于这些方面,将人工智能特别是专家系统与仿真相结合,就成为仿真领域中一个十分重要的研究方向。

2.1.13　智能设计与制造

将人工智能技术引入设计和制造领域以实现智能设计与制造,已从20世纪80—90年代开始。

在设计方面,首先人工智能被用于计算机辅助设计(CAD),建立智能CAD系统,实现自动数据采集、智能交互、智能图形学以及设计自动化。从具体技术来看,智能CAD技术大致可分为规则生成法、约束满足法、搜索法、知识工程方法和形象思维方法等。

智能制造就是在数控技术、柔性制造技术和计算机集成制造技术的基础上,引入智能技术。智能制造系统由智能加工中心、材料传送检测和实验装置等智能设备组成,它具有一定的自组织、自学习和自适应能力,能在不可预测的环境下,基于不确定、不精确、不完全的信息,完成拟人的制造任务,形成高度自动化生产。

2.1.14　智能车辆与智能交通

智能车辆就是将人工智能技术用于车辆驾驶实现无人驾驶车辆。随着计算机视觉、机器感知、智能控制、智能机器人等技术的飞速发展,智能车辆应运而生,并发展迅猛。国内外的许多公司竞相推出了各自的无人驾驶车,现在已进入上路测试阶段。

智能交通就是在公共交通的各个环节引入人工智能技术,建造智能交通系统,实现路况实时监测、车辆实时调度、实时路径规划等。这就需要计算机视觉、模式识别、自动调度与规划、自然语言人机接口等智能技术的支持,当然还需要卫星导航、电子地图等设施和技术的配合。其实,现在的交通系统已经部分地实现了智能化。

2.1.15　智能诊断与治疗

将人工智能技术引入疾病诊断与治疗由来已久,早在20世纪70—80年代,人们已将专家系统技术用于疾病诊断与治疗。现在,则进一步将深度学习、强化学习、模式识别及机器人等技术引入疾病的诊断和治疗,并取得了一些成果。由于人体的复杂性以及安全性问题,从现阶段来看,人工智能还只能作为人类医生的助手,或者与人类医生合作来提高疾病诊断和治疗水平。

2.1.16　智能生物信息处理

进入21世纪后,生命科学的研究已深入到基因和蛋白质层次,由此而产生的数据量和复杂度激增,以至于由常规计算技术主导的生物信息处理已难以胜任。于是,人工智能技术便被引入生命科学的研究之中,即用人工智能技术研究、解决生物信息处理中的困难问题。譬如,对海量基因测序数据的处理,对蛋白质折叠结构的研究等。事实上,这一领域现在发展迅速。据报道,谷歌的一个名为 AlphaFold 研究项目已取得了一项重大成果:根据基因序列成功地预测了蛋白质的三维结构。众所周知,蛋白质是构筑生命体的基本分子材料,而蛋白质是以某种折叠形式而构造的,不同的折叠结构决定了不同的功能和生物活性,所以,能预测蛋白质的折叠结构,将有助于对生物体特别是人类的生理、病理、药理的研究,对疾病诊断与治疗有重大意义。可见,人工智能在生物信息处理乃至生命科学领域也可大显身手。

2.1.17　智能教育

智能教育就是在教育的各个环节引入人工智能技术,实现教育智能化。

个人计算机问世不久,人们就开始研究计算机辅助教学(Computer Aided Instruction, CAI);之后,随着人工智能技术的发展,CAI 升级为智能 CAI(ICAI)。ICAI 的特点是能对学生因材施教地进行指导,ICAI 具备下列智能特征:

(1) 自动生成各种问题与练习。

(2) 根据学生的水平和学习情况自动选择与调整教学内容与进度。

(3) 在理解教学内容的基础上自动解决问题生成解答。

(4) 具有自然语言的生成和理解能力。

(5) 对教学内容有解释咨询能力。

(6) 能诊断学生错误,分析原因并采取纠正措施。

(7) 能评价学生的学习行为。

(8) 能不断地在教学中改善教学策略。

为了实现上述 ICAI 系统,一般把整个系统分为专门知识、教导策略和学生模型等三个基本模块和一个自然语言的智能接口。

近年来,随着人工智能技术、互联网技术、通信与计算技术的飞速发展,在 ICAI 的基础上,智能教育被提上了教育界的议事日程。智能教育将会使当前的教育形式、教学方式、教学方法、教育资源分配等发生重大变革,远程教育、个性化教育、名师面对面、因材施教、随机学习等设想,都在陆续变为现实。

2.1.18　智能人-机接口

智能人-机接口就是智能化的人-机交互界面。这种人机交互界面使机器更加灵性化、拟人化、个性化。现在这方面已经取得了一些进展,如网上已经出现了多个有一定智能水平的人机对话系统。随着智能通信和智能化网络的发展,智能接口已是人-机交互的迫切需要和人-机接口技术发展的必然趋势。智能人-机接口涉及机器感知,特别是图形图像识别与理解、语音识别、自然语言处理、不确切性信息处理、机器翻译等诸多 AI 技术,另外,还涉及多媒体、虚拟现实等技术。

2.1.19　模式识别

识别是人和生物的基本智能信息处理能力之一。事实上,人们几乎无时无刻不在对周围世界进行着识别。所谓模式识别,则指的是用计算机进行物体识别。这里的物体一般指文字、符号、图形、图像、语音、声音及传感器信息等形式的实体对象(但不包括概念、思想、意识等抽象或虚拟对象,后者的识别属于心理、认知及哲学等学科的研究范畴)。模式识别是人和生物的感知能力在计算机上的模拟和扩展,其应用十分广泛。诸如:信息、遥感、医学、影像、安全、军事等领域都是模式识别的用武之地。经过多年的研究,模式识别已有了长足进步和发展。例如,图像识别、人脸识别、语音识别、手写体文字识别等技术已经投入实际使用,而基于模式识别还出现了生物认证、数字水印等新技术。

2.1.20　智能机器人

智能机器人也是当前人工智能领域一个十分重要的应用领域和热门的研究方向。由于它直接面向应用,社会效益高,所以,其发展非常迅速。事实上,在媒体上已频频出现有关机器人的报道,诸如工业机器人、太空机器人、水下机器人、家用机器人、军用机器人、服务机器人、医疗机器人、运动机器人、助理机器人、机器人足球赛、机器人象棋赛,等等,几乎应有尽有。

智能机器人的研制几乎需要所有的人工智能技术,而且还涉及其他许多科学技术门类和领域。所以,智能机器人是人工智能技术的综合应用,其能力和水平已经成为人工智能技术水平甚至人类科学技术综合水平的一个代表和体现。

2.1.21　数据挖掘与知识发现

随着计算机、数据库、互联网等信息技术的飞速发展,人类社会已进入大数据(Big Data)时代。例如,企业中出现了以数据仓库为存储单位的海量数据,互联网上的 Web 页面更以惊人的速度不断增长。面对这些浩如烟海的数据,人们已经无法用人工方法或传统方法从中获取有用的信息和知识。而事实上这些数据中不仅承载着大量的信息,同时也蕴藏着丰富的知识。于是,如何从这些数据中归纳、提取出高一级的更本质、有用的规律性信息和知识,成了人工智能的一个重要研究课题。也正是在这样的背景下,数据挖掘(Data Mining,DM)与数据库中的知识发现(Knowledge Discovery in Databases,KDD)技术便应运而生。

其实,数据挖掘和数据库中的知识发现的本质含义是一样的,只是前者主要流行于统计、数据分析、数据库和信息系统等领域,后者则主要流行于人工智能和机器学习等领域。所以,现在有关文献中一般都把二者同时列出。

数据挖掘现已成为人工智能应用的一个热门领域和研究方向,其涉及范围非常广泛,如企业数据、商业数据、科学实验数据、管理决策数据等,尤其是 Web 数据的挖掘。所以,KDD 已几乎等同于 KD,或者说也可以简称为 KD。

2.1.22　计算机辅助创新

计算机辅助创新(Computer Aided Innovation,CAI)是以"发明问题解决理论(TRIZ)"

为基础,结合本体论(Ontology)、现代设计方法学、计算机技术而成的一种用于技术创新的新技术手段。计算机辅助创新现已成为新产品开发中的一项关键性基础技术,其可以看作是机器发明创造的初级形式。

在计算机辅助创新方面,Genrich Altshuller 等人(苏联)在分析了全世界近 250 万件高水平的发明专利,并综合多学科领域的原理和法则后,建立了一种被称为 TRIZ(TRIZ 由俄语拼写的单词首字母组成,用英语也可缩写为 TIPS,其全称为 Theory of Inventive Problem Solving)的发明创造理论和方法。TRIZ 是由解决技术问题和实现创新开发的各种方法、算法组成的综合理论体系,其基本原理是:企业和科学技术领域中的问题和解决方案是重复出现的;企业和科学技术领域的发展变化也是重复出现的;高水平的创新活动经常会应用到专业领域以外的科学知识。因此,技术系统的进化遵循客观的法则群,人们可以应用这些进化法则预测产品的未来发展趋势,把握新产品的开发方向。在解决技术问题时,如果不明确应该使用哪些科学原理法则,则很难找到问题的解决对策。TRIZ 就是提供解决问题的科学原理并指明解决问题的探索方向的有效工具。同时,产品创新需要和自然科学与工程技术领域的基本原理以及人类已有的科研成果建立千丝万缕的联系,而各学科领域知识之间又具有相互关联的特性。显然,对这些关联特性的有效利用会大大加快创新进程。

基于 TRIZ,人们已经开发出了不少计算机辅助创新软件,例如:

(1) 发明机器(Invention Machine)公司开发的 TechOptimizer 就是一个计算机辅助创新软件系统。TechOptimizer 软件是基于知识的创新工具,它以 TRIZ 为基础,结合现代设计方法学、计算机辅助技术及多学科领域的知识,以分析解决产品及其制造过程中遇到的矛盾为出发点,从而可解决新产品开发过程中遇到的技术难题而实现创新,并可为工程技术领域新产品、新技术的创新提供科学的理论指导,并指明探索方向。

(2) IWINT, Inc.(亿维讯)公司的计算机辅助创新设计平台 Pro/Innovator,它基于 TRIZ 将发明创造方法学、现代设计方法学与计算机软件技术融为一体。能够帮助设计者在概念设计阶段有效地利用多学科领域的知识,打破思维定势,拓宽思路,准确发现现有技术中存在的问题,找到创新性的解决方案,保证产品开发设计方向正确的同时实现创新。Pro/Innovator 已成为全球研究机构、知名大学、企业解决工程技术难题、实现创新的有效工具。这种基于知识的创新工具能帮助技术人员在不同工程领域产品的方案设计阶段,根据市场需求,正确地发现并迅速解决产品开发中的关键问题,高质量、高效率地提出可行的创新设计方案,并将设计引向正确方向,为广大企业提高自主创新能力和实现系统化创新提供行之有效的方法和方便实用的创新工具。

(3) 基于知识发现的计算机辅助创新智能系统(CAIISKD),这是国内学者研制的一个以创新工程与价值工程为理论基础,以知识发现为技术手段,以专家求解问题的认知过程为主线,以人机交互贯穿的多层递阶、综合集成的计算机辅助创新智能系统。

2.1.23 计算机文艺创作

在文艺创作方面,人们也尝试开发和运用人工智能技术。事实上,现在计算机创作的诗词、小说、乐曲、绘画时有报道。例如,下面两首诗词就是计算机创作的。

云松

銮仙玉骨寒，

松虬雪友繁。

大千收眼底，

斯调不同凡。

无题

白沙平舟夜涛声，

春日晓露路相逢，

朱楼寒雨离歌泪，

不堪肠断雨乘风。

下面的这篇英文小说也是计算机创作的。

Betrayal

Dave Striver loved the university. He loved its ivy-covered clocktowers, its ancient and sturdy brick, and its sun-splashed verdant greens and eager youth. He also loved the fact that the university is free of the stark unforgiving trials of the business world-only this isn't a fact: Academia has its own tests, and some are as merciless as any in the marketplace. A prime example is the dissertation defense: To earn the PhD, to become a doctor, one must pass an oral examination on one's dissertation. This was a test Professor Edward Hart enjoyed giving.

Dave wanted desperately to be a doctor. But he needed the signatures of three people on the first page of his dissertation, the priceless inscriptions that, together, would certify that he had passed his defense. One of the signatures had to come from Professor Hart, and Hart had often said-to others and to himself-that he was honored to help Dave secure his well-earned dream.

Well before the defense, Striver gave Hart a penultimate copy of his thesis. Hart read it and told Dave that it was absolutely first rate, and that he would gladly sign it at the defense. They even shook hands in Hart's book-lined office. Dave noticed that Hart's eyes were bright and trustful, and his bearing paternal.

At the defense, Dave thought that he eloquently summarized chapter 3 of his dissertation. There were two questions, one from Professor Rodman and one from Dr. Teer; Dave answered both, apparently to everyone's satisfaction. There were no further objections.

Professor Rodman signed. He slid the tome to Teer; she too signed, and then slid it in front of Hart. Hart didn't move.

"Ed?" Rodman said.

Hart still sat motionless. Dave felt slightly dizzy.

"Edward, are you going to sign?"

Later, Hart sat alone in his office in his big leather chair, saddened by Dave's failure. He tried to think of ways he could help Dave achieve his dream.

其汉语译文为：

背　叛

　　戴夫·斯特赖维尔喜爱这所大学。他喜爱校园里爬满常青藤的钟楼,那古色古香而又坚固的砖块,还有那洒满阳光的碧绿草坪和热情的年轻人。使他感到欣慰的还有这样一件事,即大学里完全没有商场上那些冷酷无情的考验——但事实恰恰并非如此:做学问也要通过考试,而且有的考试与市场上的考验一样不留情面。最好的例子就是论文答辩:为了取得博士学位,成为博士,博士生必须通过论文的口试,爱德华·哈特教授就喜欢主持这样的答辩考试。

　　戴夫迫切希望成为一名博士。但他需要让3个人在他论文的第一页上签上他们的名字,这3个千金难买的签名能够证明他通过了答辩。其中一个签名是哈特教授的。哈特常常对戴夫本人和其他人说,对于帮助戴夫实现他应该有的梦想,他感到很荣幸。

　　答辩之前,斯特赖维尔早早给哈特送去了他论文的倒数第二稿。哈特阅读后告诉戴夫,论文水平绝对一流,答辩时他会很高兴地在论文上签名。在哈特那四壁摆满书橱的办公室里,两人甚至还握了手。戴夫注意到,哈特两眼放光,充满信任,神情宛如慈父一般。

　　在答辩时,戴夫觉得自己流利地概括了论文的第三章。评审者提了两个问题,一个是罗德曼教授提的,另一个是蒂尔博士提的。戴夫分别作了回答,并且显然已让每个人都心悦诚服,再没有人提出异议。

　　罗德曼教授签了名。他把论文推给蒂尔,她也签上了名字,接着便把本子推到了哈特跟前。哈特没有动。

　　"爱德华?"罗德曼问道。

　　哈特仍然坐在那儿,毫无表情。戴夫感到有点眩晕。"爱德华,你打算签名吗?"

　　过后,哈特一个人待在办公室里,坐在那张宽大的皮椅里,他为戴夫未能通过答辩感到难过。他试图想出帮助戴夫实现他梦想的办法。

　　其实,上面这些都是多年前的作品了。现在计算机诗词已有了进一步发展。据报道,微软的小冰已经出版诗集了,还有人已经用计算机创作出《哈利·波特》的续集。在技术上也有了很大进展。以前的计算机诗词一般是用一种称为词语沙拉(Word Salad)的技术,以及后来的基于模板和模式、基于统计等方法生成的。用这些方法生成的诗词,要么是诗句之间缺乏语义连贯性,要么缺乏灵活性,而且都有别于诗词领域的专业知识,需要专家设计大量的人工规则,对生成诗词的格律和质量进行约束。近年来,基于神经网络的机器学习被引入机器写诗,例如基于RNN(循环网络)语言模型的方法,将诗歌的整体内容,作为训练语料送给RNN语言模型进行训练。训练完成后,先给定一些初始内容,然后就可以按照语言模型输出的概率分布进行采样得到下一个词,不断重复这个过程就产生完整的诗歌。另外,也可用LSTM(长短期记忆)网络实现一个写诗机器人。网上现在已推出了好几款写诗软件,用户只需输入几个随意想到的名词、形容词,计算机就能在数秒钟内完成一首现代诗。在计算机诗词领域,清华大学有一支劲旅,该团队推出了一款名为"九歌"的计算机自动作诗系统。

需要指出的是,以上我们仅给出了人工智能应用的部分领域和课题。事实上,除了上面所列举的例子外,还有智能材料、智能建筑、智能家居、智能服装、智能服务、智能传媒、智能检测、智能农业等不一而足。当今的人工智能研究与实际应用的结合越来越紧密,受应用的驱动越来越明显。现在,人工智能技术已同整个计算机科学技术、网络技术、信息技术紧密结合在一起,其应用也与传统的计算机应用越来越融合,有的则直接面向应用。归纳起来,AI 的应用形成了以下几条主线:

——从基于图搜索的问题求解到基于各种智能算法的问题求解。

——从图像识别、语音识别到景物分析、视频理解,再到自然语言人机对话。

——从专家(知识)系统到 Agent 系统和智能机器人系统。

——从机器学习到大数据挖掘与知识发现。

——从单机环境下的智能程序到以 Internet 和 WWW 为平台的分布式智能系统。

——从智能技术的单一应用到各种各样的智能产品、智能机器/仪器/设施和智能工程。

2.2 人工智能学科发展概况

2.2.1 孕育与诞生

现在公认,人工智能学科正式诞生于 1956 年。那年夏季,由美国达特莫斯(Dartmouth)大学的麦卡锡(J. McCarthy)、哈佛大学的明斯基(M. Minsky)、IBM 公司信息研究中心的洛切斯特(N. Rochester)、贝尔实验室的香农(C. E. Shannon)共同发起,并邀请 IBM 公司的莫尔(T. More)和塞缪尔(A. M. Samuel)、麻省理工学院的塞尔夫里奇(O. Selfridge)和索罗门夫(R. Solomonff)以及兰德公司和卡内基工科大学的纽厄尔(A. Newell)、西蒙(H. A. Simon)等,共十位来自数学、心理学、神经生理学、信息论和计算机等方面的学者和工程师,在达特莫斯大学召开了一次历时两个月的研究会,讨论关于机器智能的有关问题。会上经麦卡锡提议,正式采用了"人工智能"这一术语。从此,一门新兴的学科便正式诞生了。

人工智能学科虽然正式诞生于 1956 年,但之前已经被孕育十余年了。事实上,早在 20世纪 40 年代就有学者开始用数学方法研究人脑神经元的信息处理机制了。1950 年,当电子计算机刚问世不久,英国科学家图灵就发表了题为"计算机与智能"的论文,并提出了著名的"图灵测试"。

可见,人工智能实际上是数理科学、计算机科学、逻辑学、心理学、脑科学、神经生理学和信息科学等诸多学科发展的必然趋势和必然结果。

2.2.2 符号主义先声夺人

在 1956 年之后的十多年间,人工智能的研究取得了许多引人瞩目的成就。从符号主义的研究途径来看,主要有以下工作。

1956 年,美国的纽厄尔、肖和西蒙合作编制了一个名为逻辑理论机(Logic Theory Machine,LT)的计算机程序系统。该程序模拟了人用数理逻辑证明定理时的思维规律。利用 LT 纽厄尔等人证明了怀特海(Alfred North Whitehead)和罗素(Bertrand Russell)的名著——《数学原理》第 2 章中的 38 条定理(1963 年在另一台机器上证明了全部 52 条定理)。而美籍华人、数理逻辑学家王浩于 1958 年在 IBM-704 计算机上用 3～5 分钟证明了《数学原理》中有关命题演算的全部定理(220 条),并且还证明了谓词演算中 150 条定理的 85%。

1956 年,塞缪尔研制成功了具有自学习、自组织、自适应能力的跳棋程序。这个程序能从棋谱中学习,也能从下棋实践中提高棋艺,1959 年它击败了塞缪尔本人,1962 年又击败了美国一个州的冠军。

1959 年,籍勒洛特(H. Gelernter)发表了证明平面几何问题的程序,塞尔夫里奇推出了一个模式识别程序;1965 年罗伯特(Roberts)编制出了可以分辨积木构造的程序。

1960 年,纽厄尔、肖和西蒙等人通过心理学试验总结出了人们求解问题的思维规律,编制了通用问题求解程序(General Problem Solving,GPS)。该程序可以求解 11 种不同类型的问题。

1960 年,麦卡锡研制成功了面向人工智能程序设计的表处理语言 LISP。该语言以其独特的符号处理功能,很快在人工智能界风靡起来。它武装了几代人工智能学者,至今仍然是人工智能研究的一个有力工具。

1965 年,鲁宾逊(Robinson)提出了消解原理,为定理的机器证明做出了突破性的贡献。

在这一时期,虽然人工智能的研究取得了不少成就,但就所涉及的问题来看,大都是一些可以确切定义并具有良好结构的问题;就研究的内容来看,主要集中于问题求解中的搜索策略或算法,而轻视了与问题有关的领域知识。当时人们普遍认为,只要能找到几个推理定律,就可解决人工智能的所有问题。所以,这一时期人工智能的研究主要是以推理为中心,有人将这一时期称为人工智能的推理期。

推理期的人工智能基本上还是停留在实验室,没有面向真实世界的复杂问题。之后,在认真考察了现实世界中的各种复杂问题后,人们发现要实现人工智能,除了推理搜索方法外,还需要知识,于是人工智能的研究又开始转向知识。

1965 年,美国斯坦福大学的费根鲍姆(E. A. Feigenbaum)教授和他的团队所研制的基于领域知识和专家知识的名为 DENDRAL 的程序系统,标志着人工智能研究的一个新时期的开始。该系统能根据质谱仪的数据并利用有关知识,推断出有机化合物的分子结构。该系统当时的能力已接近于甚至超过有关化学专家的水平,后来在英、美等国得到了实际应用。由于 DENDRAL 系统的特点主要是依靠其所拥有的专家知识解决问题,因此,后来人们就称它为专家系统(Expert System,ES)。继 DENDRAL 之后,还有一些著名的专家系统,如医学专家系统 MYCIN、地质勘探专家系统 PROSPECTOR、计算机配置专家系统 R1 等也相继问世。这些专家系统进一步完善了专家系统的理论和技术基础,同时也扩大了专家系统的应用范围。

由于专家系统走出了实验室,能解决现实世界中的实际问题,被誉为“应用人工智能”,所以,专家系统很快成为人工智能研究中的热门课题,并受到企业界和政府部门的关注和支持。

在这一时期,还发生了一些重大学术事件,如 1969 年国际人工智能联合会议(International Joint Conferences on Artificial Intelligence,IJCAI)宣告成立;1970 年国际性的人工智能专业杂志 *Artificial Intelligence* 创刊;1972 年法国马赛大学的科麦瑞尔(A. Colmerauer)在 Horn 子句的基础上提出了逻辑程序设计语言 PROLOG;1977 年,在第五届国际人工智能会议上,费根鲍姆进一步提出了知识工程的概念。这样,人工智能的研究便从以推理为中心转向以知识为中心,进入了被人们称为的知识期。

从此以后,专家系统与知识工程便成为人工智能的一个最重要的分支领域。同时,知识是智能的基础和源泉的思想也逐渐渗透到人工智能的其他分支领域,如自然语言理解、景物分析、文字识别和机器翻译等。于是,运用知识(特别是专家知识)进行问题求解,便成为一种新的潮流。

20 世纪 80 年代后,专家系统与知识工程在理论、技术和应用方面都有了长足的进步和发展。专家系统的建造进入应用高级开发工具时期。专家系统结构和规模也在不断扩大,出现了多专家系统、大型专家系统、微专家系统和分布式专家系统等。同时,知识表示、不精确推理、机器学习等方面也都取得了重要进展。各个应用领域的专家系统更如雨后春笋般地在世界各地不断涌现。进一步,还出现了不限于专家知识的基于知识的系统(knowledge-based system)和知识库系统(knowledge base system)。专家系统、知识工程的技术应用于各种计算机应用系统,出现了智能管理信息系统、智能决策支持系统、智能控制系统、智能CAD 系统、智能 CAI 系统、智能数据库系统、智能多媒体系统等。

另外,20 世纪 80—90 年代,以 LISP 机和 PROLOG 机为代表的智能计算机成为各国竞相研发的重大课题,虽然取得了不少成果,但最终未达到预期目标。

2.2.3　连接主义不畏坎坷

在连接主义阵营,早在 20 世纪 40 年代就有一些学者开始了神经元及其数学模型的研究。例如,1943 年心理学家 McCulloch 和数学家 Pitts 提出了形式神经元的数学模型——MP 模型,1944 年 Hebb 提出了改变神经元连接强度的 Hebb 规则。MP 模型和 Hebb 规则至今仍在各种神经网络中起重要作用。

20 世纪 50 年代末到 60 年代初,开始了人工智能意义下的神经网络系统的研究。一些研究者结合生物学和心理学研究的成果,开发出一批神经网络,开始时用电子线路实现,后来较多的是用更灵活的计算机模拟。如 1957 年罗圣勃莱特(F. Rosenblatt)开发的称为感知器(Perceptron)的单层神经网络、1962 年维特罗(B. Windrow)提出的自适应线性元件(Adaline)等。这些神经网络已可用于诸如天气预报、电子线路分析、人工视觉等许多问题。当时,人们似乎感到智能的关键仅仅是如何构造足够大的神经网络的方法问题,但类似的网络求解问题的失败和成功同时并存,造成无法解释的困扰。人工神经网络研究开始了一个失败原因的分析阶段。作为人工智能创始人之一的著名学者明斯基应用数学理论对以感知器为代表的简单网络做了深入的分析,于 1969 年与白伯脱(Papert)共同发表了颇有影响的 *Perceptrons* 一书。书中证明了那时使用的单层人工神经网络无法实现一个简单的异或门(XOR)所完成的功能。因而明斯基本人也对神经网络的前景持悲观态度。

由于明斯基的理论证明和个人的威望,这本书的影响很大,使许多学者放弃了在该领域中继续努力,政府机构也改变基金资助的投向。另一方面,在此期间,基于逻辑与符号推理途径的研究不断取得进展和成功,也掩盖了发展新途径的必要性和迫切性。因此,神经网络的研究进入低谷。

然而,仍有少数杰出科学家,如寇耐(T. Kohonen)、葛劳斯伯格(S. Grossberg)、安特生(J. Andenson)等,在极端艰难的环境下仍然坚韧不拔地继续努力。

经过这些科学家的艰苦探索,神经网络的理论和技术在经过近20年的暗淡时期后终于有了新的突破和惊人的成果。1985年,美国霍布金斯大学的赛诺斯(T. Sejnowsk)开发了名为NETtalk英语读音学习用的神经网络处理器,输入为最多由7个字母组成的英语单词,输出为其发音,由于该处理器自己可以学习许多发音规则,因此从一无所知起步,经过3个月的学习所达到的水平已可同经过20年研制成功的语音合成系统相媲美。同年,美国物理学家霍普菲尔特(J. Hopfield)用神经网络迅速求得了巡回推销员路线问题(即旅行商问题)的准优解,显示它在求解"难解问题"上的非凡能力。实际上,早在1962年,霍普菲尔特就提出了著名的HNN模型。在这个模型中,他引入了"能量函数"的概念,给出了网络稳定性判据,从而开拓了神经网络用于联想记忆和优化计算的新途径。此外,还有不少成功的例子。这些重大突破和成功,轰动了世界,人们开始对冷落了近20年的神经网络又刮目相看了。另一方面,在这一时期,在符号主义途径上,人工智能虽然在专家系统、知识工程等方面取得很大的进展,但在模拟人的视觉、听觉和学习、适应能力方面,却遇到了很大的困难。这又使人们不得不回过头来对人工智能的研究途径做新的反思,不得不寻找新的出路。正是在这样的背景下,神经网络研究的热潮再度出现。

1987年6月,第一届国际神经网络会议(ICNN)在美国圣第亚哥召开。会议预定800人,但实际到会达2000多人。会上气氛之热烈,群情之激昂,据报道是国际学术会议前所未有的。例如,会上有人竟喊出了"AI is dead,Long live neural networks"的口号。会议决定成立国际神经网络学会,并出版会刊 *Neural Networks*。

从此之后,神经网络东山再起,其研究活动的总量急剧增长,新的研究机构、实验室等与日俱增,各国政府也在组织与实施有关的科研攻关项目。然而,之后的几年时间,却并未出现人们预期的结果。另一方面,1995年后,计算智能方面的研究工作,特别是统计学习方面的重大突破——支持向量机,也冲淡和分散了人们对神经网络的热情和注意力。于是,关于神经网络的研究热潮又再次降温。

但所幸的是,与上次"倒春寒"的情形一样,在这样的形势下,仍有学者依然锲而不舍,扎扎实实地进行着自己的研究工作。这其中的典型代表当推加拿大多伦多大学的 Geoffrey Hinton 教授和他的团队。他们不随波逐流,不见异思迁,而是在屡遭挫败的情况下,仍然"固执己见",坚持不懈,终于发现和提出了基于深度神经网络的"深度学习"技术并获得成功。深度学习,可以说是 AI 史上最重大的一次技术突破,虽然这一重大突破直到2012年后才真正被学术界承认,但它引起的轰动是"核弹"级的。深度学习再一次掀起了神经网络的研究热潮,也掀起了机器学习乃至人工智能的研究热潮。

2018年,ACM 将图灵奖颁发给了 Geoffrey Hinton、Yann LeCun 和 Yoshua Bengio 这三位深度学习的开创者,可谓实至名归。

这里还应该提及的是,多年来,德国学者 Jürgen Schmidhuber 和他的团队在神经网络和深度学习领域也有出色的工作和傲人的成就(详见微课)。

视频讲解

2.2.4　计算智能异军突起

继模拟人脑微观结构的神经计算之后,1962年福格尔(Fogel)受物竞天择的生物进化过程的启发,提出了进化程序设计(evolutionary programming,EP),亦称进化规划的概念和方法,开创了从脑和神经系统以外的生命世界中寻找智慧机理之先河。1964 年雷切伯格(Rechenberg)、施韦费尔(Schwefel)和比纳特(Bienert)提出了又一个被称为进化策略的搜索算法。1967 年 Bagley 和 Rosengerg 提出了遗传算法的初步想法。1975 年,霍兰德(Holland)的出色工作奠定了遗传算法的理论基础,使这个模拟生物有性繁殖、遗传变异和优胜劣汰的优化搜索算法付诸了实际应用。至此,现在被称为进化计算的研究方向基本形成。1980 年,Holland 教授实现了第一个基于遗传算法的机器学习系统——分类器系统(classifier system)。1989 年,D. J. Goldberg 总结了遗传算法的主要成果,全面论述了遗传算法的基本原理及其应用,奠定了现代遗传算法的科学基础。1992 年,Koza 将遗传算法应用于计算机程序设计,提出了遗传程序设计(Genetic Programming,GP)的新概念和新方法。

1965 年美国学者 L. A. Zadeh 推广传统集合的定义,提出了模糊集合(fuzzy set)的概念。基于模糊集合,人们又发展了模糊逻辑、模糊推理、模糊控制等,形成了处理不确切性信息和知识的一些理论和方法。

1994 年,关于神经网络、进化程序设计和模糊集合的三个 IEEE 国际会议联合举行了首届计算智能大会"The First IEEE World Congress on Computational Intelligence。"这标志着一个有别于符号智能的人工智能新领域——计算智能正式形成。

另外,在 20 世纪 90 年代前后,又涌现出了一批计算智能的新理论和新算法:

- 20 世纪 90 年代初,意大利学者多里戈(M. Dorigo)、马尼佐(V. Maniezzo)和科洛龙(A. Colorni)等人研究蚂蚁寻找路径的群体行为,提出了蚁群算法。
- 1986 年,Farmer 首次将人体免疫机理和人工智能结合起来。1990 年伯西尼(Bersini)首次使用免疫算法(immune algorithm)来解决实际问题。20 世纪末,福雷斯特(Forrest)等将免疫系统中抗体识别抗原的机理与遗传算法相结合,提出了免疫遗传算法,并将其用于计算机安全。同期,de Castro 和 Gaspar 分别从克隆选择原理出发建立了克隆选择算法和模式跟踪算法;Dasgupta 设计了阴性选择算法,并用于入侵检测问题;亨特(Hunt)等人又将免疫算法用于机器学习领域。
- 源于对鸟群捕食的行为研究,Eberhart 和 Kennedy 于 1995 年开发了粒群算法。
- 1991 年波兰数学家 Pawlak 提出了粗糙集(Rough Set)理论。

这些新理论和新算法的出现,进一步扩充了计算智能的内涵和外延。另外,在 Zadeh 的倡导下,模糊逻辑、神经计算、概率推理、遗传算法、混沌系统和信任网络等合起来又被称为软计算(soft computing)。

进入 21 世纪后,计算智能不论从理论上还是应用上都取得了长足的发展。特别是进化计算、免疫算法、蚁群算法、粒群算法等又构成了一个称为智能计算或智能算法的新领域,且出现了蓬勃发展的局面。其应用遍及网络安全、机器学习、数据挖掘和知识发现、模式识别、自动规划、自动配置、自动控制、故障诊断、加工调度、聚类分类和计量化学等众多领域,大大推进了人工智能技术的研究和发展,也大大扩展和加快了人工智能技术的实际应用。

2.2.5　统计智能默默奉献

虽然统计模式识别、统计学习、统计语言模型等技术几乎占了人工智能的半壁江山,但在一般的人工智能发展史的叙事中却未见关于"统计智能"的专门评说。为什么会有这种现象呢？原来，习惯上（至少在一些人的观念里）"人工智能"一词仅指符号智能，而"机器学习"也仅指连接学习和统计学习，因而往往就把机器学习、模式识别、计算智能等与人工智能并列而论。于是，用统计方法做模式识别、机器学习、自然语言处理（包括机器翻译）等的学者也就不觉得自己的工作与人工智能有何关联。然而，顾名思义，人工智能应该涵盖所有非自然智能，自然也应该包括用任何数学方法实现的智能。其实，大概从2012年深度学习成名之后，特别是2016年AlphaGo出现之后，学术界已经不成文地将"人工智能"正式扩展为涵盖符号智能、计算智能、个体智能、群体智能以及各类机器学习、模式识别、自然语言处理、数据挖掘与知识发现等的"大人工智能"或者说广义的人工智能了。现在家喻户晓的"人工智能"也就是这种"大人工智能"。其实，尽管统计学家们也许并未意识到或者并不认为用算法解决诸如分类、聚类、回归等问题是在实现人工智能，但他们的工作却实实在在地使机器具有了智能。例如，通过某一算法发现了分类判别函数或者实现了回归估计，这难道不是机器智能的表现吗？还需指出的是，神经网络与统计学习实际上有一定的交集，它们都基于样本数据进行学习，统计学习以神经网络作为学习模型，而好多神经网络学习算法则有统计学基础（例如多层感知器就是另一类非参数估计）。既然如此，那么，基于神经网络的机器学习能作为连接主义而归入人工智能，而统计学习为什么就不能是人工智能的一个分支呢？

正由于概念和观念上的不一致，导致了一直在默默地为人工智能做贡献的相关统计方法没有得到相应的名分，而长期被作为"编外成员"，这显然是不合情理的现象和局面。既然现在的人工智能是广义人工智能，就应该将统计学习、统计模式识别、统计自然语言处理等正式归入人工智能范畴，将基于统计方法而实现的人工智能称为统计智能，并填补统计智能在人工智能发展史上的空白。这也是本书安排这一小节的初衷。

当然，由于这方面的资料缺乏（专门的史料还未见到），加之作者的视野和水平所限，所以，本书于此也只是大体按时间顺序粗线条地罗列一些重大事件，算是抛砖引玉。

20世纪20年代，统计学进入推断统计学阶段。在上一个描述统计学阶段，统计规律（分布函数）已得到充分研究，而这一阶段则要找到一种可靠的统计推断方法，即给定一个来自某一函数依赖关系的经验数据集，推断这一函数依赖关系。

在随后的研究中，有两个著名的事件：

（1）R. A. Fisher提出了参数统计学统一框架下的统计推理主要模型；

（2）Gliveko、Cantelli和Kolmogorov开始了统计推理的一般分析。

这两个事件决定了统计推理的两种主要研究方法：

（1）特殊（参数化）推理方法，其目的是建立一类简单的统计推理方法，用于解决实际问题；

（2）通用方法，其目的是为任何统计推理问题找到一种（归纳）方法。

英国学者Fisher把统计推理问题简化为估计一个产生随机信号且属于一个已知函数族密度函数的问题。按照Fisher观点，统计学的主要目标就是从一个给定的（简单）模型族中估计观测到的事件的模型。

1930年至1960年为参数推理方法的黄金时期，它占据了统计推理的统治地位。在这期间，势函数、线性分类、最近邻方法已被提出，但由于没有实现这些算法的快速计算机或大型存储器，因而不能完全展示它们的潜力。

在这一时期，Fisher还提出了方差（variance）的概念和方差分析方法、Fisher准则函数、最大似然方法、随机化方法、重复性和统计控制的理论,以及各种相关系数的抽样分布。这一阶段贡献最大、最为著名的学者当推 R. A. Fisher,以致有人将这一时期称为统计学的 Fisher 时代。

1960 年后,计算机进入统计学研究,当人们试图利用计算机分析包含很多因子的复杂模型,或者想得到更精确的解时,参数推理方法的缺点和问题暴露了出来,于是,许多统计学家重新考虑整个统计工作的主要目标,提出了"数据分析"的新方向,拟实现基于数据的归纳推理,而不是利用纯统计技术来完成归纳推理。这一阶段的突出成果有 P. Huber 提出的参数统计学的鲁棒方法,J. Nedler 和 R. Wedernburn 提出的广义线性模型等。20 世纪 80 年代,L. Breiman、P. Huber 和 J. Friedman 开始用正则化经验风险最小化方法取代最大似然方法。

尽管人们做了很大努力,也取得了不少成果,但经典的参数体系的局限性仍然存在。于是,研究工作又回到统计推理的一般问题上。

20 世纪 60 年代后期,为了克服模式识别问题中的"维数灾难",V. N. Vapnik 和 A. Ya. Chervonenkis 提出了一种不同的方法,即 VC 理论。从而,开创了一个新的被称为"预测统计学"的体系。

20 世纪 60 年代末 70 年代初 Vapnik 和 Chervonenkis 在 F. Rosenblatt 的神经元模型——感知器及其学习方法的启发下,提出了经验风险最小化(Empirical Risk Minimization,ERM)原则,建立了模式识别问题的 ERM 理论。进而又推广了 Gliveko-Cantelli-Kolmogorov 理论,并提出了事件集合(指示函数)的容量和 VC 维的新概念。随后 Vapnik 又提出了结构风险最小化(SRM)原则。

1984 年 Valiant 提出了 PAC(Probably Approximately Correct)学习模型。

1995 年 Cortes 与 Vapnik 提出支持向量机(Support Vector Machine,SVM)这一统计学习新方法。接着 Boser、Guyon 和 Vapnik 又引入核技巧,提出非线性支持向量机。随后,支持向量机又被研究者们推广到多分类问题、回归问题、结构预测等领域而发展出一个支持向量机家族。2000 年代初,支持向量机又被进一步推广为核机器(Kernel Machine)。支持向量机具有泛化性能好、适合小样本、适用面宽和支持超高维(如 100000 维)等优点,将统计学习乃至机器学习提高到一个新的层次和水平,引起了轰动和广泛关注。

1995 年和 1998 年,Vapnik 先后出版了《统计学习理论的本质》和《统计学习理论》两部很有影响力的学术专著,全面总结并系统论述了主要由其研究、发展的一套基于经验数据估计依赖关系的一般理论,以及在此理论基础上的学习机器——支持向量机。统计学习理论与传统统计学理论相比有更好的实用性。它将统计学习中的判别方法(此外还有一种"生成方法")的理论和技术发展到了最高阶段(支持向量机方法就是一种判别方法)。Vapnik 教授则被认为是一位判别方法的开创者。

20 世纪 70 年代,统计方法被引入自然语言处理,出现了统计语言学,有力地推动了自然语言处理的进展。这其中的关键人物是 Frederrick Jelinek 和他领导的 IBM 华生实验室。他们采用基于统计的方法,将语音识别率从 70% 提升到 90%,语音识别的规模从几百个单词上升到几万个单词。

1988 年 IBM 的 Peter Brown 等人提出了基于统计的机器翻译方法。但由于当时没有足够的统计数据,也没有强大的计算能力,所以没有进行下去。

20世纪70年代,IBM华生实验室的James和Janet Baker将隐马尔科夫模型引入语音识别,从而使识别错误率从30%降至10%。90年代后隐马尔科夫模型陆续成功地应用于机器翻译、图像处理、手写体识别以及基因序列分析等领域。

基于统计方法的自然语言处理是在大量的语言资料(语料库)的基础上用统计和概率的理论和方法研究自然语言处理。基于统计的流派被称为"经验主义"学派,始于20世纪70年代后期。到了20世纪90年代,"经验主义"学派超越了基于规则的"理性主义"学派,成为NLP领域的后起之秀。

2.2.6 智能主体一统江湖,Agent & Robot

20世纪80年代中期,Agent(智能主体,或智能体)的概念被(明斯基)引入人工智能领域,形成了基于Agent的人工智能新理念。这里的Agent指的是一种具有智能的实体,它可以是智能软件、智能设备、智能机器人(Robot)或智能计算机系统等。Agent是集多种智能技术之大成,人们试图用Agent技术统一和发展人工智能技术。Agent的出现,标志着人们对智能认识的一个飞跃,从而开创了人工智能技术的新局面。从此,智能系统的结构形式和运作方式发生了重大变化,传统的"知识+推理"的脑智能模式发展为以Agent为基本单位的个体智能和社会智能新模式。20世纪90年代以后,Agent技术蓬勃发展,Agent与Internet和WWW相结合,更是相得益彰——人工智能的应用范围大为扩展,社会效益日渐明显,同时也促进了人工智能技术的进一步发展。

2.2.7 知识工程东山再起,机器学习领衔高歌

2010年后,互联网上的各种数据激增,人类进入所谓的大数据时代;同时,计算机的运算能力也不断提升(从CPU到GPU到TPU,再到云计算),这就使得蓄势待发的深度学习如鱼得水、如虎添翼,迅速展现了其威力和优势,占领了机器学习领域的制高点。在深度学习的带动下,强化学习也越来越受到人们的重视,而成为机器学习的另一个热点。这样,机器学习特别是基于神经网络的机器学习在深度学习的鼓舞、启发和影响下有了突飞猛进的发展,有力地推动了人工智能的发展和繁荣,极大地改变了人工智能的面貌、生态和社会地位,使人工智能彻底走出象牙塔而进入企业、社会与千家万户。

另一方面,2012年,Google将"知识图谱"技术引入其搜索引擎,建立了互联网上的知识库,进一步提高了搜索质量和效率。随后其他网站纷纷效仿,掀起了知识图谱的研究和应用热潮,使其成为人工智能的又一个热门领域,也使知识工程甚至符号智能也再度活跃起来。

2.2.8 现状与趋势

首先指出,由于人工智能技术的飞速发展及作者水平及视野的限制,因此,很难在这样一个小节的篇幅里,对人工智能的现状和发展趋势做出全面、准确的评估。但概括地讲,我们认为,当前人工智能的现状和发展呈现出如下特点。

(1) **多种途径齐头并进,多种方法协作互补。**

前面第1章给出了6种研究途径和方法,这里要特别提及的是,近年来迅速发展的认知计算(cognitive computing)和量子计算将会对人工智能的研究和发展有重要意义。

(2) **新思想、新技术不断涌现,新领域、新方向不断开拓。**

这里要特别提及的是,继深度学习算法获得成功后,人工智能芯片现在又成为一个新的研发热点,呈现出百花齐放的热闹局面。此外,关于"通用人工智能"的研究也逐渐热了起来。

(3) **理论研究更加深入,应用研究愈加广泛。**

人们从脑科学、认知科学、生命科学和系统科学中探究智能的原理和奥秘,同时又不断开发和拓展现有人工智能技术的应用领域。

(4) **企业公司进军 AI,协作竞争你追我赶。**

现在,国内外的许多大型企业和公司(有 IT 界的也有非 IT 界的)都纷纷加入 AI 的研发行列,例如美国的 IBM、微软、Google、Facebook、Amazon、非营利组织 OpenAI,中国的百度、腾讯、阿里等,而且大有"喧宾夺主"、后来居上的气势。另外,新创的专业 AI 公司更如雨后春笋,不计其数。

(5) **研究队伍日益壮大,AI 教育蔚然成风。**

现在大专院校和科研院所中与智能相关的学科、专业和研究方向越来越多;国内的许多大学已经成立了人工智能学院或开设了人工智能专业,理工科几乎所有专业都已经或将要开设人工智能通识课,甚至还准备在高中试验开设人工智能课。另外,社会上和网络上各种讲座、培训班、书讯等更是令人目不暇接。

(6) **各类活动空前活跃,社会影响与日俱增。**

社会上与人工智能有关的组织、团体、刊物、网站、网文急剧增多,相关活动、会议、赛事日益频繁;人工智能的产品、系统、工程几乎应有尽有;有关人工智能的新闻报道频频出现。可以说,"人工智能"已经家喻户晓。

以上特点展现了人工智能学科的繁荣景象和光明前景。虽然在通向其最终目标的道路上,还会有许多困难、问题和挑战,但前进和发展是大势所趋,一个智能化新时代正在向我们快步走来。

习题 2

1. 人工智能有哪些应用领域或课题?试举例说明。

2. 简述人工智能的发展概况。

3. 结合自己的专业,选择相关的人工智能应用课题,做一些资料查询和文献检索工作,为以后的研究和开发做准备。

4. 学了这两章,谈谈你对人工智能和人工智能发展前景的看法。

第 **3** 章

图搜索与问题求解

3.1 概述

搜索是人工智能技术中进行问题求解的基本技术,不管是符号智能还是计算智能以及统计智能和交互智能,不管是解决具体应用问题(如证明、诊断、规划、调度、配置和优化),还是智能行为本身(如学习和识别),最终往往都归结为某种搜索,都要用某种搜索算法来实现。

符号智能中的搜索是运用领域知识,以符号推演的方式,顺序地在问题空间中进行的,其中的问题空间又可表示为某种状态图(空间)或者与-或图的形式。所以,这种搜索也称为图搜索。图搜索技术是人工智能中发展最早的技术,已取得了丰硕成果。图搜索模拟的实际是人脑分析问题、解决问题的过程,它是基于领域知识的问题求解技术。

本章主要介绍状态图(空间)搜索技术及相应的问题求解。

3.2 状态图与状态图搜索

3.2.1 状态图

先看几个智力问题及其求解。

迷宫问题 走迷宫是人们熟悉的一种游戏,图 3-1 所示的就是一个迷宫。如果把该迷宫的每一个格子以及入口和出口都作为节点,把通道作为边,则该迷宫可以由一个有向图表示(如图 3-2 所示)。那么,走迷宫其实就是从该有向图的初始节点(入口)出发,寻找目标节点(出口)的问题,或者是在该有向图中寻找从初始节点到目标节点路径的问题。

八数码问题 在一个 3×3 的方格棋盘上放置 1,2,3,4,5,6,7,8 八个数码,每个数码占一格,另有一个空格。这些数码可在棋盘上移动,其移动规则是:与空格相邻的数码方可移

图 3-1　迷宫图

图 3-2　迷宫的有向图表示

入空格。现在的问题是：对于指定的初始棋局和目标棋局(如图 3-3 所示)，给出数码的移动序列。该问题被称为八数码问题或重排九宫问题。

可以想象，如果把整个棋盘所表示的一个棋局作为一个节点，则相邻的节点就可以通过移动数码一个一个地产生出来，这样，所有节点按相邻关系就

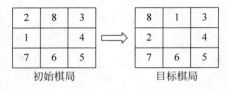

图 3-3　八数码问题示例

可连成一个有向图。可以看出，图中的一条边(即相邻两个节点的连线)对应一次数码移动；反之，一次数码移动也对应着图中的一条边。数码移动是按移动规则进行的，所以，图中的一条边也就代表一个移动规则或者移动规则的一次执行，于是，这个八数码问题也就是从该有向图的初始节点(初始棋局)出发寻找目标节点(目标棋局)的问题，或者是在该有向图中寻找一条从初始节点到目标节点的路径问题。

以上两个问题虽然内容不同，但抽象地看，它们都是在某个有向图中寻找目标或者路径的问题。在人工智能技术中，把这种描述问题的有向图称为状态空间图，简称**状态图**(state graph)。之所以称为状态图，是因为图中的节点代表问题中的一种格局，一般称为问题的一个状态；边表示两节点之间的某种联系，如可以是某种操作、规则、变换、算子、通道或关系等。在状态图中，从初始节点到目标节点的一条路径，或者所找的目标节点，就是相应问题的一个解。根据实际需要，路径解可以表示为边的序列或节点的序列。例如，迷宫问题的解可以是节点序列，而八数码问题的解可以是边(即棋步)序列。

状态图实际上是一类问题的抽象表示。事实上，有许多智力问题(如梵塔问题、旅行商问题、八皇后问题、农夫过河问题等)和实际问题(如路径规划、定理证明、演绎推理、机器人行动规划等)都可以归结为在某一状态图中寻找目标或者路径的问题。在状态图中寻找目标或者路径的基本方法就是搜索。因此，研究状态图搜索具有普遍意义。

3.2.2　状态图搜索

所谓搜索，顾名思义，就是从初始节点出发，在图中试探地前进，寻找目标节点的过程(也可以反向进行)。所以当目标节点找到后，路径也就找到了，寻找目标和寻找路径是一致的。可以想象，由于图中有许多节点和边，因此，搜索过程中经过的节点和边，按连接关系，便会构成一个树型的有向图。这种树型有向图称为**搜索树**。随着搜索的进行，搜索树会不断地生长，直到当搜索树中出现目标节点时，搜索便停止。这时从搜索树中就可找出从初始节点到目标节点的路径来。为此，在搜索过程中应当随时记录搜索轨迹。

上面仅是对搜索的通俗描述。现在我们考虑如何用计算机来实现上述搜索。

1. 搜索方式

用计算机来实现状态图的搜索有两种最基本的方式：树式搜索和线式搜索。

所谓树式搜索，形象地讲就是以"画树"的方式进行搜索，即从树根（初始节点）出发，一笔一笔地描绘出一棵树来。准确地讲，树式搜索就是在搜索过程中记录所经过的所有节点和边。所以，树式搜索所记录的轨迹始终是一棵"树"，这棵树也就是搜索过程中所产生的搜索树。

所谓线式搜索，形象地讲就是以"画线"的方式进行搜索。准确地讲，线式搜索在搜索过程中只记录那些当前认为是处在所找路径上的节点和边。所以，线式搜索所记录的轨迹始终是一条"线"（折线）。

线式搜索的基本方式可分为不回溯的和可回溯的两种。不回溯的线式搜索就是每到一个"岔路口"仅沿一条路继续前进，即对每一个节点始终都仅生成一个子节点（如果有子节点的话）。生成一个节点的子节点也称对该节点进行扩展。这样，如果扩展到某一个节点，该节点恰好就是目标节点，则搜索成功；如果直到不能再扩展时，还未找到目标节点，则搜索失败。可回溯的线式搜索也是对每一个节点都仅扩展一条边，但当不能再扩展时，则退回一个节点，然后再扩展另一条边（如果有的话）。这样，要么最终找到了目标节点，搜索成功；要么一直回溯到初始节点也未找到目标节点，则搜索失败。

由上所述可以看出，树式搜索成功后，还需再从搜索树中找出所求路径，而线式搜索只要搜索成功，则"搜索线"就是所找的路径，即问题的解。

那么，又怎样从搜索树中找出所求路径呢？这只需在扩展节点时记住节点间的关系即可。这样，当搜索成功时，从目标节点反向沿搜索树按所做标记追溯回去一直到初始节点，便得到一条从初始节点到目标节点的路径，即问题的一个解。

2. 搜索策略

由于搜索具有探索性，所以要提高搜索效率（尽快地找到目标节点），或要找最佳路径（最佳解）就必须注意搜索策略。对于状态图搜索，已经提出了许多策略，大体可分为盲目搜索和启发式（heuristic）搜索两大类。

通俗地讲，盲目搜索就是无"向导"的搜索，启发式搜索就是有"向导"的搜索。那么，树式盲目搜索就是穷举式搜索，即从初始节点出发，沿连接边逐一考察各个节点（看是否为目标节点），或者反向进行；而线式盲目搜索，对于不回溯的就是随机碰撞式搜索，对于回溯的则也是穷举式的搜索。

启发式搜索则是利用"启发性信息"引导的搜索。所谓"启发性信息"就是与问题有关的有利于尽快找到问题解的信息或知识。例如"欲速则不达""知己知彼，百战不殆""学如逆水行舟，不进则退"等格言，就是指导人们行为的启发性信息。常识告诉我们，如果有向导引路，则会少走弯路而事半功倍。所以，启发式搜索往往会提高搜索效率，而且可能找到问题的最优解。根据启发性信息的内容和使用方式的不同，启发式搜索又可分为许多不同的策略，如全局择优、局部择优（瞎子爬山法）、最佳图搜索等。

按搜索范围扩展顺序的不同，搜索又可分为广度优先和深度优先两种类型。树式搜索既可深度优先进行，也可广度优先进行。不回溯的线式搜索则总是深度优先进行。

3. 搜索算法

由于搜索的目的是为了寻找初始节点到目标节点的路径,所以在搜索过程中就得随时记录搜索轨迹。为此,我们用一个称为 CLOSED 表(如图 3-4 所示)的动态数据结构来专门记录考察过的节点。显然,对于树式搜索来说,CLOSED 表中存储的是一棵不断成长的搜索树;而对于线式搜索来说,CLOSED 表中存储的是一条不断伸长的折线,它可能本身就是所求的路径(如果能找到目标节点的话)。

OPEN 表

节点	父节点编号

CLOSED 表

编号	节点	父节点编号

图 3-4 OPEN 表与 CLOSED 表示例

另一方面,对于树式搜索来说,还得不断地把待考察的节点以某种顺序组织在一起,以便控制搜索的方向和顺序。为此,我们采用一个称为 OPEN 表(如图 3-4 所示)的动态数据结构来专门登记当前待考察的节点。

下面给出树式搜索和线式搜索的一般算法。

树式搜索算法:

---

(1) 把初始节点 S_0 放入 OPEN 表中。

(2) 若 OPEN 表为空,则搜索失败,退出。

(3) 移出 OPEN 表中第一个节点 N 放入 CLOSED 表中,并冠以顺序编号 n。

(4) 若目标节点 $S_g = N$,则搜索成功,结束。

(5) 若 N 不可扩展,则转步骤(2)。

(6) 扩展 N,生成一组子节点,对这组子节点做如下处理:

① 删除 N 的先辈节点(如果有的话)。

② 对已存在于 OPEN 表的节点(如果有的话)也将之删除;但删除之前要比较其返回初始节点的新路径与原路径,如果新路径"短",则修改这些节点在 OPEN 表中的原返回指针,使其沿新路返回(如图 3-5 所示)。

③ 对已存在于 CLOSED 表的节点(如果有的话),做与②同样的处理,并且再将其移出 CLOSED 表,放入 OPEN 表重新扩展。

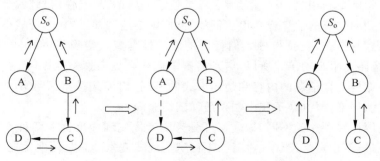

图 3-5 状态图搜索过程中修改返回指针示例

④ 对其余子节点配上指向 N 的返回指针后放入 OPEN 表中某处,或对 OPEN 表进行重新排序,转步骤(2)。

说明:

(1) 这里的返回指针也就是父节点在 CLOSED 表中的编号。

(2) 步骤(6)中修改返回指针的原因是,因为这些节点又被第二次生成,所以它们返回初始节点的路径已有两条,但这两条路径的"长度"可能不同,当新路短时自然要走新路。

(3) 这里对路径的长短是按路径上的节点数来衡量的,后面将会看到路径的长短也可以其"代价"(如距离、费用、时间等)衡量。若按其代价衡量,则在需修改返回指针的同时还要修改相应的代价值,或者不修改返回指针也要修改代价值(为了实现代价小者优先扩展)。

线式搜索算法分为不回溯的线式搜索和回溯的线式搜索两种。

不回溯的线式搜索

(1) 把初始节点 S_0 放入 CLOSED 表中。

(2) 令 $N=S_0$。

(3) 若 N 是目标节点,则搜索成功,结束。

(4) 若 N 不可扩展,则搜索失败,退出。

(5) 扩展 N,选取其一个未在 CLOSED 表中出现过的子节点 N_1 放入 CLOSED 表中,令 $N=N_1$,转步骤(3)。

回溯的线式搜索

(1) 把初始节点 S_0 放入 CLOSED 表中。

(2) 令 $N=S_0$。

(3) 若 N 是目标节点,则搜索成功,结束。

(4) 若 N 不可扩展,则移出 CLOSED 表的末端节点 N_e,若 $N_e=S_0$,则搜索失败,退出。否则,以 CLOSED 表新的末端节点 N_e 作为 N,即令 $N=N_e$,转步骤(3)。

(5) 扩展 N,选取其一个未在 CLOSED 表中出现过的子节点 N_1 放入 CLOSED 表中,令 $N=N_1$,转步骤(3)。

需说明的是,上述算法仅是搜索目标节点的算法,当搜索成功后,如果需要路径,则还须由 CLOSED 表再找出路径。找路径的方法是:对于树式搜索,从 CLOSED 表中序号最大的节点起,根据返回指针追溯至初始节点 S_0,所得的节点序列或边序列即为所找路径;对于线式搜索,CLOSED 表即是所找路径。

3.2.3 穷举式搜索

下面先讨论树型结构的状态图搜索,并仅限于树式搜索。

按搜索树生成方式的不同,树式穷举搜索又分为广度优先和深度优先两种搜索方式。这两种方式也是最基本的树式搜索策略,其他搜索策略都是建立在它们之上的。

1. 广度优先搜索

广度优先搜索就是始终先在同一级节点中考察,只有当同一级节点考察完之后,才考察下一级节点。或者说,是以初始节点为根节点,向下逐级扩展搜索树。所以,广度优先策略的搜索树是自顶向下一层一层逐步生成的。

例 3-1　用广度优先搜索策略求解八数码问题。

设初始节点 S_0 和目标节点 S_g 分别如图 3-3 所示的初始棋局和目标棋局,用广度优先搜索策略,则可得到如图 3-6 所示的搜索树。

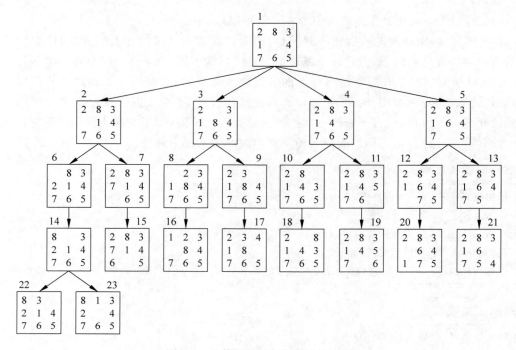

图 3-6　八数码问题的广度优先搜索

广度优先搜索算法:

(1) 把初始节点 S_0 放入 OPEN 表中。

(2) 若 OPEN 表为空,则搜索失败,退出。

(3) 取 OPEN 表中前面第一个节点 N 放在 CLOSED 表中,并冠以顺序编号 n。

(4) 若目标节点 $S_g = N$,则搜索成功,结束。

(5) 若 N 不可扩展,则转步骤(2)。

(6) 扩展 N,将其所有子节点配上指向 N 的指针依次放入 OPEN 表尾部,转步骤(2)。

其中 OPEN 表是一个队列,CLOSED 表是一个顺序表,表中各节点按顺序编号,正被考察的节点在表中编号最大。如果问题有解,OPEN 表中必出现目标节点 S_g,那么,当搜索到目标节点 S_g 时,算法结束,然后根据返回指针在 CLOSED 表中往回追溯直至初始节点,所得的路径即为问题的解。

广度优先搜索亦称为宽度优先或横向搜索。这种策略是完备的,即如果问题的解存在,用它则一定能找到解,且找到的解还是最优解(即最短的路径)。这是广度优先搜索的优点。但它的缺点是搜索效率低。

2. 深度优先搜索

深度优先搜索就是在搜索树的每一层始终先只扩展一个子节点,不断地向纵深前进,直到不能再前进(到达叶子节点或受到深度限制)时,才从当前节点返回到上一级节点,沿另一方向又继续前进。这种方法的搜索树是从树根开始一枝一枝逐步形成的。

深度优先搜索算法:

(1) 把初始节点 S_0 放入 OPEN 表中。

(2) 若 OPEN 表为空,则搜索失败,退出。

(3) 取 OPEN 表中前面第一个节点 N 放入 CLOSED 表中,并冠以顺序编号 n。

(4) 若目标节点 $S_g = N$,则搜索成功,结束。

(5) 若 N 不可扩展,则转步骤(2)。

(6) 扩展 N,将其所有子节点配上指向 N 的返回指针依次放入 OPEN 表的首部,转步骤(2)。

可以看出,这里的 OPEN 表为一个堆栈,这是与广度优先算法的唯一区别。

例 3-2 对于前面的八数码问题,应用深度优先搜索策略,可得如图 3-7 所示的搜索树。

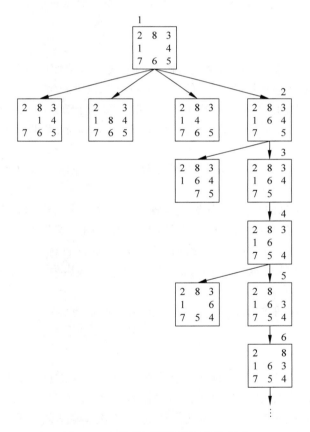

图 3-7 八数码问题的深度优先搜索

深度优先搜索亦称为纵向搜索。由于一个有解的问题树可能含有无穷分枝,深度优先搜索如果误入无穷分枝(即深度无限),则不可能找到目标节点。所以,深度优先搜索策略是不完备的。另外,应用此策略得到的解不一定是最佳解(最短路径)。

3.2.4　启发式搜索

1. 问题的提出

从理论上讲,穷举搜索法似乎可以解决任何状态空间的搜索问题,但实践表明,穷举搜索只能解决一些状态空间很小的简单问题,而对于那些大状态空间问题,穷举搜索就不能胜任了,因为大空间问题往往会导致"组合爆炸"。例如梵塔问题,当阶数较小(如小于 6)时,在计算机上求解并不难;但当阶数再增加时,其时空要求将会急剧地增加。例如当取阶数为 64 时,则其状态空间中就有 $3^{64} = 0.94 \times 10^{30}$ 个节点,最短的路径长度(节点数)$= 2^{64} - 1 \approx 2 \times 10^{19}$。这是现有任何计算机都存放不下,也计算不了的。又如博弈问题,计算机为了取胜,它可以将所有走法都试一下,然后选择最佳走步。找到这样算法并不难,但计算的时空消耗却大得惊人。例如:就可能有的棋局数讲,一字棋是 $9! \approx 3.6 \times 10^5$,西洋棋是 10^{78},国际象棋是 10^{120},围棋是 10^{761}。假设每步可以选择一种棋局,用极限并行速度(10^{-104} 秒/步)计算,国际象棋也得算 10^{16} 年。这些困难迫使人们不得不寻找更有效的搜索方法,于是提出了启发式搜索策略。

2. 启发性信息

启发式搜索就是利用启发性信息进行制导的搜索。启发性信息就是有利于尽快找到问题之解的信息。按其用途划分,启发性信息一般可分为以下三类:

(1) 用于扩展节点的选择,即用于决定应先扩展哪一个节点,以免盲目扩展。

(2) 用于生成节点的选择,即用于决定应生成哪些后续节点,以免盲目地生成过多无用节点。

(3) 用于删除节点的选择,即用于决定应删除哪些无用节点,以免造成进一步的时空浪费。

例如,由八数码问题的部分状态图可以看出,从初始节点开始,在通向目标节点的路径上,各节点的数码格局同目标节点相比较,其数码不同的位置个数在逐渐减少,最后为零。所以,这个数码不同的位置个数便是标志一个节点到目标节点距离远近的一个启发性信息,利用这个信息就可以指导搜索。可以看出,这种启发性信息属于上面的第一种类型。

需指出的是,不存在能适合所有问题的万能启发性信息,或者说,不同的问题有不同的启发性信息。

3. 启发函数

在启发式搜索中,通常用所称的启发函数来表示启发性信息。启发函数是用来估计搜索树上节点 x 与目标节点 S_g 接近程度的一种函数,通常记为 $h(x)$。

启发函数并无固定的模式,如何定义一个启发函数需要具体问题具体分析。通常可以参考的思路有:一个节点到目标节点的某种距离或差异的度量;一个节点处在最佳路径上的概率;根据经验的主观打分等。例如,对于八数码难题,$h(x)$ 就可定义为节点 x 的数码格局同目标节点相比数码不同的位置个数。

4. 启发式搜索算法

启发式搜索要用启发函数来导航,其搜索算法就要在状态图一般搜索算法基础上再增加启发函数值的计算与传播过程,并且由启发函数值来确定节点的扩展顺序。下面给出树型图的树式搜索的两种启发式搜索策略及算法。

1) 全局择优搜索

全局择优搜索就是利用启发函数制导的一种启发式搜索方法。该方法亦称为最好优先搜索法,其基本思想是:在 OPEN 表中保留所有已生成而未考察的节点,并用启发函数 $h(x)$ 对它们全部进行估价,从中选出最优节点进行扩展,而不管这个节点出现在搜索树的什么地方。

全局择优搜索算法:

(1) 把初始节点 S_0 放入 OPEN 表中,计算 $h(S_0)$。

(2) 若 OPEN 表为空,则搜索失败,退出。

(3) 移出 OPEN 表中第一个节点 N 放入 CLOSED 表中,并冠以序号 n。

(4) 若目标节点 $S_g = N$,则搜索成功,结束。

(5) 若 N 不可扩展,则转步骤(2)。

(6) 扩展 N,计算每个子节点 x 的函数值 $h(x)$,并将所有子节点配以指向 N 的返回指针后放入 OPEN 表中,再对 OPEN 表中的所有子节点按其函数值大小以升序排序,转步骤(2)。

例 3-3 用全局择优搜索法解八数码问题,初始棋局和目标棋局如图 3-8 所示。

解 设启发函数 $h(x)$ 为节点 x 的格局与目标格局相比数码不同的位置个数。以这个函数制导的搜索树如图 3-8 所示。图中节点旁的数字就是该节点的启发函数值。由图可见此八数码问题的解为: S_0, S_1, S_2, S_3, S_g。

图 3-8 八数码问题的全局择优搜索

视频讲解

2)局部择优搜索

局部择优搜索与全局择优搜索的区别是,扩展节点 N 后仅对 N 的子节点按启发函数值大小以升序排序,再将它们依次放入 OPEN 表的首部,故算法从略。

3.3 状态图搜索问题求解

状态图搜索可以解决许多没有算法解的实际问题,诸如规划、设计、诊断、控制、预测、决策、证明等都可以用状态图搜索技术来解决。用状态图搜索技术解决有关的实际问题,首先需要将实际问题表示为状态图搜索问题,然后选用合适的搜索算法进行求解。

3.3.1 问题的状态图表示

1. 状态

状态就是状态图中的节点。状态是问题在任一确定时刻的状况,它表征了问题特征和结构等,一般用一组数据表示。在程序中状态用字符、数字、记录、数组、结构、对象等表示。

2. 状态转换规则

状态转换规则就是能使问题状态改变的某种操作、法则、行为、变换、关系、函数、算子、过程等。状态转换规则也称为操作,问题的状态也只能被定义在其上的这种操作而改变。状态转换规则在状态图中表示为边,在程序中则可用数据对、条件语句、规则、函数、过程等实现。

3. 状态图表示

一个问题的状态图是一个三元组

$$(S, F, G)$$

其中,S 是问题的初始状态集合;F 是问题的状态转换规则集合;G 是问题的目标状态集合。

一个问题的全体状态及其关系就构成一个空间,称为状态空间。所以,状态图也称为状态空间图。

例 3-4 迷宫问题的状态图表示。

对于迷宫问题,可以每个格子作为一个状态,并用其标识符作为其表示。那么,两个标识符组成的序对就是一个状态转换规则。于是,该迷宫的状态图表示为

S:S_0

F:$\{(S_0,S_4),(S_4,S_0),(S_4,S_1),(S_1,S_4),(S_1,S_2),(S_2,S_1),(S_2,S_3),(S_3,S_2),$ $(S_4,S_7),(S_7,S_4),(S_4,S_5),(S_5,S_4),(S_5,S_6),(S_6,S_5),(S_5,S_8),(S_8,S_5),(S_8,S_9),$ $(S_9,S_8),(S_9,S_g)\}$

G:S_g

例 3-5 用状态图表示八数码问题。

首先,我们将棋盘中的 8 个格子分别用变量表示如下:

X_1	X_2	X_3
X_8	X_0	X_4
X_7	X_6	X_5

并用向量

$$A = (X_0, X_1, X_2, X_3, X_4, X_5, X_6, X_7, X_8)$$

表示棋盘。那么,一个棋局就可表示为变量 X_i($i=0,1,\cdots,8$)的一组取值;反之,变量 X_i 的一组合法取值也就代表了一个棋局。于是,向量 A 就是该问题的状态表达式。

设初始状态和目标状态分别为

$$S_o = (0,2,8,3,4,5,6,7,1)$$
$$S_g = (0,1,2,3,4,5,6,7,8)$$

易见,数码的移动规则就是该问题的状态变换规则,即操作。经分析,该问题共有 24 条移码规则,可分为 9 组。

0 组规则

r_1: $(X_0 == 0) \wedge (X_2 == n) \rightarrow (X_0 = n) \wedge (X_2 = 0)$

r_2: $(X_0 == 0) \wedge (X_4 == n) \rightarrow (X_0 = n) \wedge (X_4 = 0)$

r_3: $(X_0 == 0) \wedge (X_6 == n) \rightarrow (X_0 = n) \wedge (X_6 = 0)$

r_4: $(X_0 == 0) \wedge (X_8 == n) \rightarrow (X_0 = n) \wedge (X_8 = 0)$

1 组规则

r_5: $(X_1 == 0) \wedge (X_2 == n) \rightarrow (X_1 = n) \wedge (X_2 = 0)$

r_6: $(X_1 == 0) \wedge (X_8 == n) \rightarrow (X_1 = n) \wedge (X_8 = 0)$

2 组规则

r_7: $(X_2 == 0) \wedge (X_1 == n) \rightarrow (X_2 = n) \wedge (X_1 = 0)$

r_8: $(X_2 == 0) \wedge (X_3 == n) \rightarrow (X_2 = n) \wedge (X_3 = 0)$

r_9: $(X_2 == 0) \wedge (X_0 == n) \rightarrow (X_2 = n) \wedge (X_0 = 0)$

······

8 组规则

r_{22}: $(X_8 == 0) \wedge (X_1 == n) \rightarrow (X_8 = n) \wedge (X_1 = 0)$

r_{23}: $(X_8 == 0) \wedge (X_0 == n) \rightarrow (X_8 = n) \wedge (X_0 = 0)$

r_{24}: $(X_8 == 0) \wedge (X_7 == n) \rightarrow (X_8 = n) \wedge (X_7 = 0)$

于是,八数码问题可用状态图表示为

$$(\{S_o\}, \quad \{r_1, r_2, \cdots, r_{24}\}, \quad \{S_g\})$$

由于把一个与空格相邻的数码移入空格等价于把空格向数码方向移动一位,所以,上述 24 条规则也可以简化为 4 条,即空格上移、下移、左移、右移。不过,这时的状态(即棋局)就需要用矩阵来表示。

可以看出,这个状态图中仅给出了初始节点和目标节点,并未给出其余节点。而其余节点需用状态转换规则来产生。类似于这样表示的状态图被称为隐式状态图,或者说状态图的隐式表示。

例 3-6   梵塔问题的状态图表示。传说在印度的贝那勒斯的圣庙中,主神梵天做了一个由 64 个大小不同的金盘组成的"梵塔",并把它穿在一个宝石杆上,旁边另外再插上两个宝石杆。然后,他要求僧侣们把穿在第一个宝石杆上的 64 个金盘全部搬到第三个宝石杆上。搬动金盘的规则是:一次只能搬一个;不允许将较大的盘子放在较小的盘子上。于是梵天预言:一旦 64 个盘子都搬到了 3 号杆上,世界将在一声霹雳中毁灭。这就是梵塔问题。现在考虑梵塔问题是否能用状态图表示。

经计算,把 64 个盘子全部搬到 3 号杆上,需要穿插搬动盘子 $2^{64}-1=18\,446\,744\,073\,709\,511\,615$ 次,所以直接考虑原问题,将过于复杂。为了便于分析,我们仅考虑二阶梵塔(即只有两个金盘)问题。

设有三根宝石杆,在 1 号杆上穿有 A、B 两个金盘,A 小于 B,A 位于 B 的上面。要求把这两个金盘全部移到另一根杆上,而且规定每次只能移动一个盘子,任何时刻都不能使 B 位于 A 的上面。

我们用二元组 (S_A,S_B) 表示问题的状态,S_A 表示金盘 A 所在的杆号,S_B 表示金盘 B 所在的杆号,这样,全部可能的状态有 9 种,可表示如下

$$(1,1),(1,2),(1,3),(2,1),(2,2),(2,3),(3,1),(3,2),(3,3)$$

其实际状态如图 3-9 所示。

图 3-9   二阶梵塔的全部状态

这里的状态转换规则就是金盘的搬动规则,分别用 $A(i,j)$ 及 $B(i,j)$ 表示,$A(i,j)$ 表示把 A 盘从第 i 号杆移到第 j 号杆上;$B(i,j)$ 表示把 B 盘从第 i 号杆移到第 j 号杆上。经分析,共有 12 个操作,它们分别是

$$A(1,2),\quad A(1,3),\quad A(2,1),\quad A(2,3),\quad A(3,1),\quad A(3,2)$$
$$B(1,2),\quad B(1,3),\quad B(2,1),\quad B(2,3),\quad B(3,1),\quad B(3,2)$$

当然,规则的具体形式应是

$$\text{IF}\langle条件\rangle\text{THEN } A(i,j)$$
$$\text{IF}\langle条件\rangle\text{THEN } B(i,j)$$

这样由题意可知,问题的初始状态为(1,1),目标状态为(3,3),则二阶梵塔问题可用状态图表示为

$$(\{(1,1)\},\{A(1,2),\cdots,B(3,2)\},\{(3,3)\})$$

由这 9 种可能的状态和 12 种操作,二阶梵塔问题的状态空间图可如图 3-10 所示。

图 3-10　二阶梵塔状态空间图

视频讲解

例 3-7　旅行商问题(Traveling-Salesman Problem,TSP)的状态图表示。设有 n 个互相可直达的城市,某推销商准备从其中的 A 城出发,周游各城市一遍,最后又回到 A 城。要求为该推销商规划一条最短的旅行路线,这就是旅行商问题。下面我们考虑旅行商问题能否用状态图表示。

仔细分析旅行商问题不难发现,虽然问题中的旅行商是在交通图上移动,但该问题的状态并非交通图上的节点,而应为以 A 打头的已访问过的城市序列 $A\cdots$。这样

$$S_0 : A。$$
$$S_g : A,\cdots,A。$$

其中"$\cdots$"为其余 $n-1$ 个城市的一个序列。从而,状态转换规则如下。

r_1:如果当前城市的下一个城市还未去过,则去该城市,并把该城市名排在已去过的城市名序列后端;

r_2:如果所有城市都去过一次,则从当前城市返回 A 城把 A 也添在去过的城市名序列后端。

3.3.2　状态图搜索问题求解程序举例

例 3-8　下面是一个通用的状态图搜索程序。对于求解的具体问题,只需将其状态图的程序表示并入该程序即可。

/*状态图搜索通用程序*/

DOMAINS

```
            state = <领域说明>                              % 例如:state = symbol
        DATABASE – mydatabase
        open(state, integer)                                % 用动态数据库实现 OPEN 表
        closed(integer, state, integer)                     % 和 CLOSED 表
        res(state)
        open1(state, integer)
        min(state, integer)
        mark(state)
        fail_
    PREDICATES
        solve
        search(state, state)
        result
        searching
        step4(integer, state)
        step56(integer, state)
        equal(state, state)
        repeat
        resulting(integer)
        rule(state, state)
    GOAL
        solve.
    CLAUSES
        solve: – search(<初始状态>,<目标状态>),result.
    /* 例如
        solve: –
    search(st(0,1,2,3,4,5,6,7,8),st(0,2,8,3,4,5,6,7,1)),result.
        */
    search(Begin, End): –                                   % 搜索
        retractall(_, mydatabase),
        assert(closed(0, Begin, 0)),
        assert(open(Begin, 0)),                             % 步 1 将初始节点放入 OPEN 表
        assert(mark(End)),
        repeat,
        searching, !.
    result: –                                              % 输出解
        not(fail_),
        retract(closed(0,_,0)),
        closed(M,_,_),
        resulting(M), !.
    result: – beep, write("sorry don't find a road!").
    searching: –
        open(State, Pointer),                              % 步 2 若 OPEN 表空,则失败,退出
        retract(open(State, Pointer)),                     % 步 3 取出 OPEN 表中第一个节点,给其
        closed(No, _, _), No2 = No + 1,                    % 编号
        asserta(closed(No2, State, Pointer)),              % 放入 CLOSED 表
        !, step4(No2, State).
    searching: – assert(fail_).

                                                           % 步 4 若当前节点为目标节点,则成功
    step4(_, State): – mark(End), equal(State, End).       % 转步 2
    step4(No, State): – step56(No, State), !, fail.
```

```
step56(No,StateX): -                    % 步 5 若当前节点不可扩展,转步 2
        rule(StateX,StateY),            % 步 6 扩展当前节点 X 得 Y
        not(open(StateY,_)),            % 考察 Y 是否已在 OPEN 表中
        not(closed(_,StateY,_)),        % 考察 Y 是否已在 CLOSED 表中
        assertz(open(StateY,No)),       % 可改变搜索策略
        fail.
step56(_,_): -!.
equal(X,X).
repeat.
repeat: - repeat.
resulting(N): - closed(N,X,M),asserta(res(X)),resulting(M).
resulting(_): - res(X),write(X),nl,fail.
resulting(_): -!.
rule(X,Y): -<问题中的状态转换规则>.              % 例如:rule(X,Y): - road(X,Y).
```

例 3-9 迷宫问题的求解程序。

下面仅给出初始状态、目标状态和状态转换规则集,搜索程序用例 3-8 的通用程序。

```
DOMAINS
     state = symbol
CLAUSES
     solve: - search(a,e), result.
/* 把该问题的状态转换规则挂接在通用程序的规则上 */
     rule(X,Y): - road(X,Y).
/* 下面是该问题的状态转换规则(其实也就是迷宫图)集,需并入通用程序后 */
road(a,b). road(a,c). road(b,f). road(f,g). road(f,ff). road(g,h).
road(g,i). road(b,d). road(c,d). road(d,e). road(e,b).
```

延伸学习导引

本章介绍了状态图搜索以及相应的问题求解方法。关于状态图搜索,进一步还有加权状态图搜索以及著名的 A 算法和 A* 算法等;另外,图搜索技术中还有与或图搜索以及博弈树搜索等。这些延伸学习内容,可参见文献[118]第 3 章。

习题 3

1. 何为状态图?状态图搜索与问题求解有什么关系?
2. 什么是状态图问题的解?什么是最优解?
3. 综述状态图搜索的方式和策略。
4. 设有三只琴键开关一字排开,初始状态为"关、开、关",问连按三次后是否会出现"开、开、开"或"关、关、关"的状态?要求每次必须按下一个开关,而且只能按一个开关。另外,画出这个琴键开关的状态空间图。

    注:琴键开关有这样的特点,即若第一次按下时它为"开",则第二次按下时它就变成了"关"。

5. 农夫过河问题：有一农夫带一只狼、一只羊和一筐菜欲从河的左岸乘船到右岸，但受下列条件限制：

（1）船太小，农夫每次只能带一样东西过河；

（2）如果没有农夫看管，则狼要吃羊，羊要吃菜。

设计一个过河方案，使得农夫、狼、羊、菜都能不受损失地过河，并画出相应的状态变化图。

视频讲解

提示：

（1）用四元组(农夫、狼、羊、菜)表示状态，其中每个元素都可为0或1，用0表示在左岸，用1表示在右岸；

（2）把每次过河的一种安排作为一个算符，每次过河都必须有农夫，因为只有他可以划船。

6. 阐述状态空间的一般搜索过程。OPEN 表与 CLOSED 表的作用是什么？

7. 试述广度优先搜索、深度优先搜索和启发式搜索各有什么特点。

第 **4** 章

知识表示与机器推理(一)

知识表示与相应的机器推理是人工智能的重要研究内容之一。本章首先概述知识表示与机器推理的基本原理,然后简要介绍几种常用的知识表示形式与相应的机器推理技术。

4.1 概述

4.1.1 知识及其表示

1. 知识概述

"知识"是我们熟悉的名词。但究竟什么是知识呢?我们认为,知识就是人们对客观事物(包括自然的和人造的)及其规律的认识;知识还包括人们利用客观规律解决实际问题的方法和策略等。

对客观事物及其规律的认识,包括对事物的现象、本质、属性、状态、关系、联系和运动等的认识,即对客观事物的原理的认识。利用客观规律解决实际问题的方法和策略,既包括解决问题的步骤、操作、规则、过程、技术、技巧等具体的微观方法,也包括诸如战术、战略、计谋、策略等宏观方法。所以,就内容而言,知识可分为(客观)原理性知识和(主观)方法性知识两大类。

就形式而言,知识可分为显式的和隐式的。显式知识是指可用语言、文字、符号、形象、声音及其他人能直接识别和处理的形式,明确地在其载体上表示出来的知识。例如,我们学习的书本知识就是显式表示的知识。隐式知识则是不能用上述形式表达的知识,即那些"只可意会,不可言传或难以言传"的知识。如游泳、驾车、表演的有些知识就属于隐式知识。隐式知识只可用神经网络存储和表示。

进一步,显式知识又可分为符号的和形象的。所谓符号的,就是可用语言(指口语)、文字以及其他专用符号(如数学符号、化学符号、音乐符号、图示符号等)表示的知识。所谓形象的就是用图形、图像以及实物等表示的知识。符号式知识具有逻辑性,而形象式知识具有直观性;前者在逻辑思维中使用,后者在形象思维中使用。这就是说,从逻辑和思维科学的角度看,知识又可分为逻辑的和直觉的。

　　就严密性和可靠性而言,知识又可分为理论知识和经验知识(即实践知识)。理论知识一般是严密而可靠的,经验知识一般是不严密或不可靠的。例如命题"平面上一个三角形的内角和为180度"就是一条理论知识,而命题"在雪地上行走容易跌跤"就是一条经验知识。

　　就确定性而言,知识又可分为确定性知识和不确定性知识。例如命题"若天阴,则下雨"就是一条不确定性知识。

　　就确切性而言,知识又可分为硬的、确切描述的知识和软的、非确切描述的知识。例如,"奥运会冠军"就是一个确切的"硬"概念,而"优秀运动员"就是一个不确切的"软"概念。

　　就性质而言,我们认为,原理性知识具有抽象、概括性,因为它是特殊事物的聚类和升华;而方法性知识具有一般、通用(含多用)性,因为只有通用(相对而言)才有指导意义,才配作知识。这两个条件是知识与数据、信息及资料的分水岭。

　　可以看出,我们上面的知识没有包括诸如人名、地名、原始数据记录、新闻报道、有关历史事件和人物的记载、故事情节、记忆中大量的音容笑貌与湖光山色等。虽然这类信息大量存在于我们的头脑和环境中,有时还要学习和记忆它们,但我们认为,这些信息只是一些资料,而并非知识。当然,这些资料是知识的基础和来源,知识也正是从这些资料信息中提取出来的。因此,不严格地说,人们把这些资料有时也称为知识。

2. 知识表示

　　知识表示是指面向计算机的知识描述或表达形式和方法。知识表示与知识本身的性质、类型有关,它涉及知识的逻辑结构研究与设计。我们知道,面向人的知识表示可以是语言、文字、数字、符号、公式、图表、图形、图像等多种形式,这些表示形式是人所能接受、理解和处理的形式。但面向人的这些知识表示形式,目前还不能完全直接用于计算机,因此就需要研究适于计算机的知识表示模式。具体来讲,就是要用某种约定的(外部)形式结构来描述知识,而且这种形式结构还要能够转换为机器的内部形式,使得计算机能方便地存储、处理和利用。

　　知识表示并不神秘。实际上,我们已经接触过或使用过,例如,通常所说的算法,就是一种知识表示形式。它刻画了解决问题的方法和步骤(即它描述的是知识),又可以在计算机上用程序实现。又如一阶谓词公式,它是一种表达力很强的形式语言,它也可以用程序语言实现,所以它也可作为一种知识表示形式。

　　知识表示是建立专家系统及各种知识系统的重要环节,也是知识工程的一个重要方面。经过多年的探索,现在人们已经提出了不少的知识表示方法,诸如:一阶谓词、产生式规则、框架、语义网络(知识图谱)、类和对象、因果网络(贝叶斯网络)以及脚本、过程等。这些表示法都是显式地表示知识,亦称为知识的局部表示。另外,利用神经网络也可表示知识,这种表示法是隐式地表示知识,亦称为知识的分布表示。

　　在有些文献中,还把知识表示分为陈述表示和过程表示。陈述表示是把事物的属性、状态和关系按内在逻辑描述出来;而过程表示则是把事物的行为和操作、解决问题的方法和步骤具体地、显式地表达出来。一般称陈述表示为知识的静态表示,称过程表示为知识的动态表示。

　　有些知识既可陈述表示,也可过程表示。例如,对于求 $n!$ 这个问题,我们可以给出两个求解公式

(1) $n!=n\times(n-1)!$

(2) $n!=n\times(n-1)\times(n-2)\times\cdots\times3\times2\times1$

这里 $n>0$, $0!=1$。

我们知道,用这两个公式编程,都可求出 $n!$。这就是说,这两个公式都是求解阶乘问题的知识。然而,这两个公式的表示风格却迥然不同。第一个公式仅描述了 $n!$ 与 $(n-1)!$ 之间的关系,第二个公式则给出了求解的具体步骤。所以,第一个公式就是知识的陈述表示,而第二个公式就是知识的过程表示。反映在程序设计上,基于这两个公式的程序风格也不一样。基于第一个公式的程序是递归结构,而基于第二个公式的程序则是迭代结构。

上面的例子也说明,知识的过程表示实际已有很多成果。通常程序设计中的许多常用算法,例如,数值计算中的各种计算方法、数据处理(如查找、排序)中的各种算法,都是一些成熟的过程表示的知识。

随着知识系统复杂性的不断增加,人们发现单一的知识表示方法已不能满足需要,于是又提出了混合知识表示。另外,还有不确定性和不确切性知识的表示问题。所以,知识表示仍是人工智能、知识工程中的一个重要研究课题。

上面谈的知识表示,仅是指知识的逻辑结构或形式。那么,要把这些外部的逻辑形式转化为机器的内部形式,还需要程序语言的支持。原则上讲,一般的通用程序设计语言都可实现上述的大部分表示方法,但使用专用的面向某一知识表示的语言更为方便和有效。因此,几乎每一种知识表示方法都有其相应的专用实现语言。例如,支持谓词逻辑的语言有PROLOG 和 LISP;专门支持产生式的语言有 OPS5;专门支持框架的语言有 FRL;支持面向对象表示的语言有 Smalltalk、C++ 和 Java 等;支持神经网络表示的语言有 AXON。另外,还有一些专家系统工具或知识工程工具,也支持某一种或几种知识表示方法。

4.1.2　机器推理

机器推理与知识表示密切相关。事实上,对于不同的知识表示有不同的推理方式。例如,基于一阶谓词和产生式规则的推理主要是演绎方式的推理,而基于框架、语义网络和对象知识表示的推理是一种称为继承方式的推理。

在形式逻辑中推理分为演绎推理、归纳推理和类比推理等基本类型。演绎推理是目前实现得较好的一种机器推理,特别是其中的三段论和假言推理。除了基于经典二值逻辑的推理外,机器推理还涉及基于各种非经典(或非标准)逻辑的推理。如:模态逻辑、时态逻辑、动态逻辑、模糊逻辑、真度逻辑、软语言真值逻辑、多值逻辑、多类逻辑和非单调逻辑等。这些逻辑为机器推理提供了理论基础,同时也开辟了新的推理理论和方法。如基于非单调逻辑的非单调推理。随着推理的需要,还会出现一些新的逻辑,同时,这些新逻辑也会提供一些新的推理方法。事实上,推理与逻辑是相辅相成的。一方面,推理为逻辑提出课题;另一方面逻辑为推理奠定基础。

除了传统的符号推理外,人们还发展了更多的推理技术,如约束推理、定性推理、范例推理等。

由于信息和知识中往往存在不确定性和不确切性,于是,人们又开发出了相应的不确定性推理和不确切性推理技术。不确定性推理是一种基于不确定性知识的或然推理(如概率推理和基于某种信度的推理);不确切性推理是一种基于不确切知识的近似推理。

由于受机器硬件的限制等原因,传统的机器推理基本上都是串行推理。为了提高推理速度,并行推理已是一个重要的研究方向。事实上,关于并行推理已有不少研究成果,并提出了一些并行推理算法和语言,如并行 PROLOG。

4.2　一阶谓词及其推理

基于一阶谓词(first-order predicate)的机器推理也称自动推理,它是人工智能早期的主要研究内容之一。一阶谓词是一种表达力很强的形式语言,而且这种语言很适合数字计算机处理,因而就成为知识表示的首选。基于这种语言,不仅可以实现类似于人类推理的自然演绎法机器推理,而且也可实现不同于人类的归结(或称消解)法机器推理。本节主要介绍作为一种知识表示形式的一阶谓词和基于它的机器推理。

4.2.1　谓词,函数,量词

定义 4-1　表达式

$$P(t_1, t_2, \cdots, t_n)$$

称为一个 n 元谓词,或简称谓词。其中,P 是谓词名或谓词符号,也称谓词,表示对象的属性、状态、关系、联系或行为;$t_1, t_2, \cdots, t_n$ 称为谓词的项,一般代表个体对象。

例如:

$$\text{prime}(2)$$
$$\text{friend}(张三,李四)$$

就是两个谓词。其中 prime(2) 是一元谓词,表示"2 是个素数";friend(张三,李四)是二元谓词,表示"张三和李四是朋友"。

谓词中的项 $t_1, t_2, \cdots, t_n$ 可以是代表具体事物的符号或数值,这样的项称为**个体常元**;也可以是取不同的值的变元,这样的项称为**个体变元**。显然,当项 $t_1, t_2, \cdots, t_n$ 全为常元时,$P(t_1, t_2, \cdots, t_n)$ 就表示一个命题。但当项 $t_1, t_2, \cdots, t_n$ 中含有变元时,$P(t_1, t_2, \cdots, t_n)$ 则是一个**命题形式**,称为(n 元)命题函数或谓词命名式。个体变元的取值范围称为**个体域**(或论述域),包揽一切事物的集合称为**全总个体域**。

由于谓词有严格的语法格式,所以,谓词实际上就是一种形式语言,它可以表示自然语言命题。换句话说,谓词就是自然语言命题的一种形式化表示。

同一个体域的个体之间往往存在某种对应关系。例如在人类集合中,每一个人都有一个母亲。又如在实数域中任何两个数都有它们的和与之对应。为了表达个体之间的对应关系,谓词逻辑中通常借用数学中函数的概念和记法,用如下形式

$$f(x_1, x_2, \cdots, x_n)$$

表示个体 $x_1, x_2, \cdots, x_n$ 所对应的个体 y,并称之为(n 元)个体函数,简称**函数**(或**函词**、函词命名式),其中 f 是函数符号。有了函数的概念和记法,谓词的表达能力就更强了。例如,可用 doctor(father(Li))表示"小李的父亲是医生",用 equa(sq(x),y)表示"x 的平方等于 y"。

下面约定用大写英文字母作为谓词符号,用小写字母 f, g, h 等表示函数符号,用小写

字母 x,y,z 等作为个体变元符号,用小写字母 a,b,c 等作为个体常元符号。

谓词逻辑中,符号 ¬、∧、∨、→、←→依次表示(命题)连接词"非""并且""或者""如果…则""当且仅当",称为否定词、合取词、析取词、蕴涵词、等价词,它们也就是 5 个逻辑运算符。

谓词逻辑中,将"所有""一切""任一""全体""凡是"等词统称为**全称量词**(universal quantifier),记为 ∀;"存在""一些""有些""至少有一个"等词统称为**存在量词**(existential quantifier),记为 ∃。

引入量词后,谓词的表达能力被进一步扩充。例如命题"凡是人都有名字",就可以表示为

$$\forall x(P(x) \rightarrow N(x))$$

其中 $P(x)$ 表示"x 是人",$N(x)$ 表示"x 有名字",该式可读作"对于任一 x,如果 x 是人,则 x 有名字"。这里的个体域取为全总个体域。如果把个体域取为人类集合,则该命题就可以表示为

$$\forall xN(x)$$

同理,可以把命题"存在不是偶数的整数"表示为

$$\exists x(I(x) \wedge \neg E(x))$$

其中 $I(x)$ 表示"x 是整数",$E(x)$ 表示"x 是偶数",此式可读作"存在 x,x 是整数并且 x 不是偶数"。

在谓词前加上量词,称作谓词中相应的个体变元被量化(被量化的变元称为**约束变元**,否则称为**自由变元**),例如 $\forall xA(x)$ 中的 x 被量化,$\exists yB(y)$ 中 y 被量化。如果一个谓词中的所有个体变元都被量化,则这个谓词就变为一个命题。例如,设 $P(x)$ 表示"x 是素数",则 $\forall xP(x)$,$\exists xP(x)$ 就都是命题。这样就有两种从谓词(即命题函数)得到命题的方法:一种是给谓词中的个体变元代入个体常元,另一种就是把谓词中的个体变元全部量化。

需要说明的是,仅个体变元被量化的谓词称为**一阶谓词**。如果不仅个体变元被量化,而且函数符号和谓词符号也被量化,则那样的谓词称为**二阶谓词**。本书只涉及一阶谓词,所以,以后提及的谓词都是指一阶谓词。

如果一个命题形式中的所有个体变元都被量化,或者所有变元都是约束变元(或无自由变元),则这个命题形式就是一个命题。特别地,称 $\forall xA(x)$ 为全称命题,$\exists xA(x)$ 为特称命题。对于这两种命题,当个体域为有限集时(设有 n 个元素),有下面的等价式

$$\forall x A(x) \Leftrightarrow A(a_1) \wedge A(a_2) \wedge \cdots \wedge A(a_n)$$
$$\exists x A(x) \Leftrightarrow A(a_1) \vee A(a_2) \vee \cdots \vee A(a_n)$$

这两个式子也可以推广到个体域为可数无限集。

4.2.2　谓词公式

定义 4-2

(1) 个体常元和个体变元都是项。

(2) 设 f 是 n 元函数符号,若 $t_1,t_2,\cdots,t_n$ 是项,则 $f(t_1,t_2,\cdots,t_n)$ 也是项。

(3) 只有有限次使用(1)、(2)得到的符号串才是项。

定义 4-3　设 P 为 n 元谓词符号,$t_1,t_2,\cdots,t_n$ 是项,则 $P(t_1,t_2,\cdots,t_n)$ 称为原子谓词

公式,简称原子公式或者原子。

从原子谓词公式出发,通过命题联结词和量词,可以组成复合谓词公式。下面给出谓词公式的严格定义,即谓词公式的生成规则。

定义 4-4

(1) 原子公式是谓词公式。

(2) 若 P、Q 是谓词公式,则 $\neg P,P \wedge Q,P \vee Q,P \rightarrow Q,P \longleftrightarrow Q,\forall xP,\exists xP$ 也是谓词公式。

(3) 只有有限步应用(1)、(2)生成的公式才是谓词公式。

由项的定义,当 $t_1,t_2,\cdots,t_n$ 全为个体常元时,所得的原子谓词公式就是原子命题公式。所以,全体命题公式也都是谓词公式。谓词公式亦称为谓词逻辑中的合式公式,记为 Wff。

定义 4-5 设 G、H 是两个谓词公式,D 是它们的公共个体域,若对于 D 中的任一解释(简单讲,就是将 D 中的个体赋值给 G、H 中的相应变元,使 G、H 变为两个具体命题),当 G 为真时 H 也为真,则称在个体域 D 中公式 G 逻辑蕴涵公式 H。若在所有个体域中 G 都逻辑蕴涵 H,则称 G 逻辑蕴涵 H,或称 H 是 G 的逻辑结果,记为 $G \Rightarrow H$。

表 4-1 所列的就是形式逻辑中常用的一些逻辑蕴涵式。

表 4-1　常用逻辑蕴涵式

I_1	$P \Rightarrow P \vee Q$	附加律
I_2	$P \wedge Q \Rightarrow P,P \wedge Q \Rightarrow Q$	简化律
I_3	$(P \rightarrow Q) \wedge P \Rightarrow Q$	假言推理(分离规则)
I_4	$(P \rightarrow Q) \wedge \neg Q \Rightarrow \neg P$	拒取式
I_5	$(P \vee Q) \wedge \neg P \Rightarrow Q$	析取三段论
I_6	$(P \rightarrow Q) \wedge (Q \rightarrow R) \Rightarrow P \rightarrow R$	假言三段论
I_7	$P \rightarrow Q \Rightarrow (Q \rightarrow R) \rightarrow (P \rightarrow R)$	
I_8	$(P \rightarrow Q) \wedge (R \rightarrow S) \Rightarrow P \wedge R \rightarrow Q \wedge S$	
I_9	$(P \longleftrightarrow Q) \wedge (Q \longleftrightarrow R) \Rightarrow P \longleftrightarrow R$	
I_{10}	$P,Q \Rightarrow P \wedge Q$	合取式
I_{11}	$\forall xA(x) \Rightarrow A(y)$	y 是个体域中任一确定元素　全称指定规则(Universal Specification,US)
I_{12}	$\exists xA(x) \Rightarrow A(y)$	y 是个体域中某一确定元素　存在指定规则(Existential Specification,ES)
I_{13}	$A(y) \Rightarrow \forall xA(x)$	y 是个体域中任一确定元素　全称推广规则(Universal Generalization,UG)
I_{14}	$A(y) \Rightarrow \exists xA(x)$	y 是个体域中某一确定元素　存在推广规则(Existential Generalization,EG)
I_{15}	$\forall xA(x) \Rightarrow \exists xA(x)$	
I_{16}	$\forall xA(x) \vee \forall xB(x) \Rightarrow \forall x(A(x) \vee B(x))$	
I_{17}	$\exists x(A(x) \wedge B(x)) \Rightarrow \exists xA(x) \wedge \exists xB(x)$	
I_{18}	$\forall x \forall yP(x,y) \Rightarrow \exists y \exists xP(x,y)$	
I_{19}	$\exists y \forall xP(x,y) \Rightarrow \forall x \exists yP(x,y)$	
I_{20}	$\forall x \exists yP(x,y) \Rightarrow \exists y \exists xP(x,y)$	

4.2.3　自然语言命题的谓词形式表示

由上所述我们看到,利用谓词公式这种形式语言可以将自然语言中的陈述语句严格地表示为一种符号表达式。将自然语言命题用谓词形式表示的一般方法是:

(1) 简单命题可以直接用原子公式来表示。

(2) 复合命题则需要先找出支命题,并将其符号化为原子公式,然后根据支命题之间的逻辑关系选用合适的连接词($\neg$,$\wedge$,$\vee$,$\rightarrow$,$\leftarrow$)和量词($\forall$,$\exists$)将这些原子公式连接起来。

例 4-1　命题"如果角 $A=A'$ 并且角 $B=B'$ 并且边 $AB=A'B'$,则 $\triangle ABC$ 与 $\triangle A'B'C'$ 全等"用谓词公式可表示为

$$\text{equal}(A,A') \wedge \text{equal}(B,B') \wedge \text{equal}(AB,A'B') \rightarrow \text{congruent}(\triangle ABC,\triangle A'B'C')$$

一般说来,一个复合命题的形式化表示法并不唯一,即同一个复合命题可能符号化为不同形式的谓词公式。

由于不同的个体变元可能有不同的个体域,为了方便和统一起见,用谓词公式表示命题时,一般总取全总个体域,然后再采取使用限定谓词的办法来指出每个个体变元的个体域。具体来讲,就是:

(1) 对全称量词,把限定谓词作为蕴涵式之前件加入,即 $\forall x(P(x)\rightarrow \cdots)$。

(2) 对存在量词,把限定谓词作为一个合取项加入,即 $\exists x(P(x) \wedge \cdots)$。

这里的 $P(x)$ 就是限定谓词。

例 4-2　用谓词公式表示命题:不存在最大的整数。

解　用 $I(x)$ 表示:x 是整数,用 $D(x,y)$ 表示:x 大于 y,则原命题就可形式化为

$$\neg \exists x(I(x) \wedge \forall y(I(y) \rightarrow D(x,y)))$$

或

$$\forall x(I(x) \rightarrow \exists y(I(y) \wedge D(y,x)))$$

例 4-3　设有命题:对于所有的自然数 x,y,均有 $x+y>x$,用谓词公式表示。

解　用 $N(x)$ 表示:x 是自然数,$S(x,y)$ 表示函数 $s=x+y$,$D(x,y)$ 表示:x 大于 y,则原命题可形式化为谓词公式

$$\forall x \forall y(N(x) \wedge N(y) \rightarrow D(S(x,y),x))$$

例 4-4　将命题"某些人对某些食物过敏"用谓词公式表示。

解　用 $P(x)$ 表示:x 是人,用 $F(x)$ 表示:x 是食物,用 $A(x,y)$ 表示:x 对 y 过敏,则原命题可用谓词公式表示为

$$\exists x \exists y(P(x) \wedge F(y) \wedge A(x,y))$$

需注意的是,全称量词 $\forall$ 与存在量词 $\exists$ 不满足交换律。从而

$$\forall x \exists yP(x,y) \neq \exists y \forall xP(x,y)$$

事实上,如果将 $P(x,y)$ 解释为:y 是 x 的母亲,则 $\forall x \exists yP(x,y)$ 的意思就是:任何人都有母亲;而 $\exists y \forall xP(x,y)$ 的意思则是:有一个人是所有人的母亲。

4.2.4　基于谓词公式的形式演绎推理

我们知道,推理是由一个或几个命题(称为前提)得到一个新命题(称为结论)的(思维

过程。可以看出,若把一个推理过程符号化,其形式就是一个蕴涵式。一个正确的有效的推理首先要求其推理形式必须正确。正确的推理形式是推理中应该遵循的形式,所以,在逻辑学中,正确的推理形式称为**推理规则**。上面表 4-1 中的逻辑蕴涵式都是推理规则。这些推理规则也就是从形式逻辑中抽象出来的谓词公式的变换规则。这样,如果我们将待推理的前提命题表示成谓词公式,则就可以利用推理规则把基于自然语言的逻辑推理转化为基于谓词公式的符号变换,即实现所称的形式推理。

下面通过举例介绍基于谓词公式的形式演绎推理方法。

例 4-5　设有前提:

(1) 凡是大学生都学过计算机;

(2) 小王是大学生。

试问:小王学过计算机吗?

解　令 $S(x)$ 表示: x 是大学生; $M(x)$ 表示: x 学过计算机; a 表示:小王,则上面的两个命题可用谓词公式表示为

(1) $\forall x(S(x) \rightarrow M(x))$

(2) $S(a)$

下面遵循有关推理规则进行符号变换和推理:

(1) $\forall x(S(x) \rightarrow M(x))$ 　　　　　[前提]

(2) $S(a) \rightarrow M(a)$ 　　　　　　　　[(1),US]

(3) $S(a)$ 　　　　　　　　　　　　[前提]

(4) $M(a)$ 　　　　　　　　　　　　[(2),(3),I_3]

得结果: $M(a)$,即"小王学过计算机"。

例 4-6　证明: $\neg P(a,b)$ 是 $\forall x \forall y(P(x,y) \rightarrow W(x,y))$ 和 $\neg W(a,b)$ 的逻辑结果。

证

(1) $\forall x \forall y(P(x,y) \rightarrow W(x,y))$ 　[前提]

(2) $\forall y(P(a,y) \rightarrow W(a,y))$ 　　　[(1),US]

(3) $P(a,b) \rightarrow W(a,b)$ 　　　　　　[(2),US]

(4) $\neg W(a,b)$ 　　　　　　　　　　[前提]

(5) $\neg P(a,b)$ 　　　　　　　　　　[(3),(4),I_4]

例 4-7　证明: $\forall x(P(x) \rightarrow Q(x)) \wedge \forall x(R(x) \rightarrow \neg Q(x)) \Rightarrow \forall x(R(x) \rightarrow \neg P(x))$。

证

(1) $\forall x(P(x) \rightarrow Q(x))$ 　　　　　[前提]

(2) $P(y) \rightarrow Q(y)$ 　　　　　　　　[(1),US]

(3) $\neg Q(y) \rightarrow \neg P(y)$ 　　　　　　[(2),逆否变换]

(4) $\forall x(R(x) \rightarrow \neg Q(x))$ 　　　　[前提]

(5) $R(y) \rightarrow \neg Q(y)$ 　　　　　　　[(4),US]

(6) $R(y) \rightarrow \neg P(y)$ 　　　　　　　[(3),(5),I_6]

(7) $\forall x(R(x) \rightarrow \neg P(x))$ 　　　　[(6),UG]

可以看出,上述的推理过程完全是一个符号变换过程。这种推理十分类似于人们用自然语言推理的思维过程,因而也称为自然演绎推理。同时,这种推理实际上已几乎与谓词公

式所表示的含义完全无关,而是一种纯形式的推理。这种形式推理是传统谓词逻辑中的基本推理方法。

由谓词公式的形式推理特点,人们会想到将这种推理方法引入机器推理。但是,这种形式推理在机器中具体实施起来却存在许多困难。例如,推理规则太多,应用规则需要很强的模式识别能力,中间结论的指数递增等。所以,在机器推理中完全照搬谓词逻辑中的形式演绎推理方法,会有很多困难。因此,人们开发了一些受限的自然演绎推理技术,例如,选用少数几条推理规则,甚至仅用表 4-1 中的 I_3(假言推理,这是通常使用最频繁的推理规则)一条推理规则进行推理;或者另辟蹊径,发明了所称的**归结演绎推理**技术。但由于篇幅所限,这里不再详述。

4.3　产生式规则及其推理

4.3.1　产生式规则

产生式(Production)一词,是由美国数学家波斯特(E. Post)首先提出来的。波斯特根据替换规则提出了一种称为波斯特机的计算模型,模型中的每一条规则当时被称为一个产生式。后来,这一术语几经修改扩充,被用到更多领域。例如,形式语言中的文法规则就称为产生式。产生式也称为产生式规则,或简称规则。

产生式规则的一般形式为

$$IF〈前件〉\quad THEN\quad 〈后件〉$$

或者更形式化地表示为

$$〈前件〉\to 〈后件〉$$

其中,前件就是前提或条件,后件是结论或动作。前件和后件可以是一个原子谓词公式或者其简化形式(如一个语言值或谓词名),也可以是原子谓词公式或其简化形式经逻辑运算符 AND、OR、NOT 组成的复合谓词公式或逻辑表达式。

产生式规则的语义是:如果前提成立或条件满足,则可得结论或者执行相应的动作,即后件由前件来触发。所以,前件是规则的执行条件,后件是规则体。

例如,下面就是几个产生式规则:

(1) IF 银行存款利率下调,THEN 股票价格会上涨。

(2) IF 如果炉温超过上限,THEN 立即关闭风门。

(3) IF 键盘突然失灵 AND 屏幕上出现怪字符,THEN 是病毒发作。

(4) IF 胶卷感光度为 200 AND 光线条件为晴天 AND 目标距离不超过 5 米,THEN 快门速度取 1/250 AND 光圈大小取 f16。

这是用自然语言表示的产生式规则,在应用中则需要将其形式化表示而且尽可能简化。例如,在上下文约定的情况下,规则(1)则可形式化表示为

(1′) being-cut(利率) $\to$ be-rising(股价)　(这是将前、后件用一阶谓词形式表示)

或者进一步简化为

(1″)〈利率〉下调 $\to$〈股价〉上涨

而规则(4)也可以用变量描述为

$(4')$ IF $x_1=200$ AND $x_2=$"晴天"AND $x_3\leqslant5$,THEN $y_1=1/250$ AND $y_2=$f16

或者

$(4'')$ $x_1=200$ $\wedge$ $x_2=$"晴天"$\wedge$ $x_3\leqslant5$ → $y_1=1/250$ $\wedge$ $y_2=$f16

产生式规则描述了事物之间的一种对应关系(如因果关系、蕴涵关系、函数关系等),其外延十分广泛。例如,图搜索中的状态转换规则和问题变换规则就都是产生式规则。另外还有程序设计语言的文法规则、逻辑中的逻辑蕴涵式和等价式、数学中的微分和积分公式、化学中的化学方程式和分子结构式的分解变换规则等,也都是产生式规则;体育比赛中的规则、国家的法律条文、单位的规章制度等,也都可以表示成产生式规则。所以,产生式规则就是一种最常见、最常用的一种知识表示形式。可以看出,产生式规则与逻辑蕴涵式非常相似。逻辑蕴涵式就是一种产生式规则。不过,除蕴涵命题外,产生式规则还包括逻辑蕴涵命令。蕴涵命题的前、后件有真假联系,前件是后件的充分条件。蕴涵命令的前件是后件的触发条件,后件是对前件的响应,前、后件并无直接的真假意义的蕴涵关系。这种规则只是表示了其前、后件之间的一种关联,这种关联可能是客观的,也可能是主观的。蕴涵命题一般表示客观规律,蕴涵命令一般表示人的主观意志,两者都可以表示人们的经验知识。蕴涵命题的后件是断言或结论。蕴涵命令的后件可以是各种操作、规则、变换、算子、函数等,比如上例中的(4)就是一个蕴涵命令式的产生式规则。

4.3.2　基于产生式规则的推理

由产生式规则的含义可知,当有事实可与某一规则的前件匹配(即规则的前提成立)时,就得到该规则后件中的结论(即结论也成立);当测试到某一规则的前提条件满足时,就执行其后件中的命令(这称为该规则被触发或点燃)。这一过程可表示为

$$\frac{\begin{array}{c} A \rightarrow B \\ A \end{array}}{B}$$

这就是基于产生式规则的推理模式。

从形式上看,这种基于产生式规则的推理模式,与形式逻辑中的假言推理(对常量规则而言)和三段论(对变量规则而言)完全一样。不过,这种基于产生式规则的推理是更广义的推理。

在实际问题中,相关的产生式规则按逻辑关系往往会形成一个与或图,称为**推理网络**。例如,下面的 6 条规则便可形成图 4-1 所示的推理网络。

$A_1 \wedge A_2 \wedge A_3 \rightarrow B_1$

$A_4 \vee A_5 \rightarrow B_2$

$B_1 \rightarrow C$

$B_2 \rightarrow C$

$B_1 \wedge B_2 \rightarrow D$

$B_3 \rightarrow D$

图 4-1　由产生式形成的推理网络示例

而下面的规则集也可形成一个推理网络,部分网络如图 4-2 所示。

图 4-2　规则集形成的部分推理网络

r_1：若某动物有奶，则它是哺乳动物。

r_2：若某动物有毛发，则它是哺乳动物。

r_3：若某动物有羽毛且生蛋，则它是鸟。

r_4：若某动物是哺乳动物且有爪且有犬齿且目盯前方，则它是食肉动物。

r_5：若某动物是哺乳动物且吃肉，则它是食肉动物。

r_6：若某动物是哺乳动物且有蹄，则它是有蹄动物。

r_7：若某动物是有蹄动物且反刍食物，则它是偶蹄动物。

r_8：若某动物是食肉动物且黄褐色且有黑色条纹，则它是老虎。

r_9：若某动物是食肉动物且黄褐色且有黑色斑点，则它是金钱豹。

r_{10}：若某动物是有蹄动物且长腿且长脖子且黄褐色且有暗斑点，则它是长颈鹿。

r_{11}：若某动物是有蹄动物且白色且有黑色条纹，则它是斑马。

r_{12}：若某动物是鸟且不会飞且长腿且长脖子且黑白色，则它是鸵鸟。

r_{13}：若某动物是鸟且不会飞且会游泳且黑白色，则它是企鹅。

r_{14}：若某动物是鸟且善飞且不怕风浪，则它是海燕。

基于这种推理网络的机器推理是用**产生式系统**来实现的。所谓产生式系统，就是由规则库、推理机和动态数据库等组成的一个机器推理系统，其结构如图 4-3 所示。产生式系统可进行由因导果的正向推理，也可进行执果索因的反向推理，还可进行双向推理，从而可实现图搜索问题求解。产生式系统实际上是一种人工智能问题求解系统的通用模型。由于篇幅所限，这里不再详述。

图 4-3　产生式系统的结构图

4.4　语义网络

4.4.1　语义网络的概念

语义网络(Semantic Network)是由节点和边(也称有向弧)组成的一种有向图。其中节点表示事物、对象、概念、行为、性质、状态等;有向边表示节点之间的某种联系或关系。例如图 4-4 就是一个语义网络,其中,边上的标记就是边的语义。

图 4-4　苹果的语义网络示例

4.4.2　语义网络的表达能力

由语义网络的结构特点可以看出,语义网络不仅可以表示事物的属性、状态、行为等,而且更适合于表示事物之间的关系和关联。而表示一个事物的层次、状态、行为的语义网络,也可以看作是该事物与其属性、状态或行为的一种关系。如图 4-5 所示的语义网络,就表示了专家系统这个事物(的内涵),同时也可以看作是表示了专家系统与"智能系统""专家知识""专家思维""困难问题"这几个事物之间的关系或关联。所以,抽象地说,语义网络可表示事物之间的关系。因此,关系(或关联)型的知识和能化为关系型的知识都可以用语义网络来表示。下面就给出常见的几种。

1. 实例关系

实例关系表示类与其实例(个体)之间的关系。这是最常见的一种语义关系,例如,"小华是一个大学生"就可表示为图 4-6。其中,关系"是一个"一般标识为 is-a 或 ISA。

2. 分类(或从属、泛化)关系

分类关系是指事物间的类属关系,图 4-7 就是一个描述分类关系的语义网络。在图 4-7 中,下层概念节点除了可继承、细化、补充上层概念节点的属性外,还出现了变异的情况:鸟是鸵鸟的上层概念节点,其属性是"有羽毛""会飞",但鸵鸟的属性只是继承了"有羽毛"这一属性,而把鸟的"会飞"变异为"不会飞"。其中,关系"是一种"一般标识为 a-kind-of。

图 4-5　专家系统的语义网络表示示例

图 4-6　表示实例关系的语义网络示例

图 4-7　表示分类关系的语义网络示例

3. 组装关系

如果下层概念是上层概念的一个方面或者一部分,则称它们的关系是组装关系。例如图 4-8 所示的语义网络就是一种组装关系。其中,关系"一部分"一般标识为 a-part-of。

4. 属性关系

属性关系表示对象的属性及其属性值。例如,图 4-9 表示 Simon 是一个人,男性,40 岁,职业是教师。

图 4-8　表示组装关系的语义网络示例

图 4-9　表示属性关系的语义网络示例

5. 集合-成员关系

意思是"是……的成员",它表示成员(或元素)与集合之间的关系。例如,"张三是计算机学会会员"可表示为图 4-10。其中,关系"是成员"一般标识为 a-member-of。

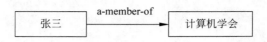

图 4-10　表示集合-成员关系的语义网络示例

6. 逻辑关系

如果一个概念可由另一个概念推出,两个概念间存在因果关系,则称它们之间是逻辑关系。图 4-11 所示的语义网络就是一个逻辑关系。

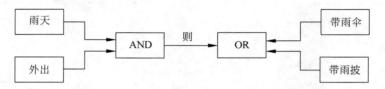

图 4-11　表示逻辑关系的语义网络示例

7. 方位关系

在描述一个事物时,经常需要指出它发生的时间、位置,或者指出它的组成、形状等,此时可用相应的方位关系语义网络表示。例如事实:

> 张宏是石油大学的一名助教;
> 石油大学位于西安市电子二路;
> 张宏今年 25 岁。

可用图 4-12 所示的语义网络表示。

图 4-12　表示方位关系的语义网络示例

8. 所属关系

所属关系表示"具有"的意思。例如"狗有尾巴"可表示为图 4-13。

语义网络中的语义关系是多种多样的,一般根据实际关系定义。如常见的还有 before、after、at 等表示时间次序关系和 located-on、located-under 等表示位置关系。进一步,还可对带有全称量词和存在量词的谓词公式的语义加以表示。

图 4-13　表示所属关系的语义网络示例

由上所述可以看出,语义网络实际上是一种复合的**二元关系图**。网络中的一条边就是一个二元关系,而整个网络可以看作是由这些二元关系拼接而成。

上面是从关系角度考察语义网络的表达力的。下面从语句角度来考察语义网络。例

如,对于如下的语句(或事件):

　　　　小王送给小李一本书。

用语义网络可表示为图 4-14,其中 S 代表整个语句。这种表示被称为是自然语言语句的深层结构表示。

图 4-14　表示事件的语义网络示例

　　语义网络也能表示用谓词公式表示的形式语言语句。例如:

$$\exists x(\text{student}(x) \land \text{read}(x,三国演义))$$

即"某个学生读过《三国演义》",其语义网络表示为图 4-15。

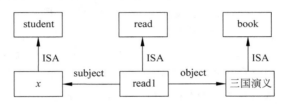

图 4-15　表示谓词公式的语义网络示例

又如:

$$\forall x(\text{student}(x) \rightarrow \text{read}(x,三国演义))$$

即"每个学生读过《三国演义》",其语义网络表示为图 4-16,这是一个分块语义网络。

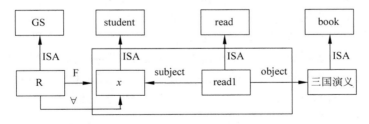

图 4-16　分块语义网络示例

　　由上所述可见,语义网络有很强的表达能力。所以,它已成为一种重要的知识表示形式,广泛地应用于人工智能、专家系统、知识工程以及自然语言处理领域中。

4.4.3　基于语义网络的推理

　　基于语义网络的推理是**继承**。所谓继承就是实例可拥有所属类的属性值。继承是通过匹配、搜索实现的。问题求解时,首先根据问题的要求构造一个网络片断,然后在知识库中查找可与之匹配的语义网络,当网络片断中的询问部分与知识库中的某网络结构匹配时,则与询问处匹配的事实,就是问题的解。例如,要通过图 4-4 所示的语义网络(假设它已存入知识库),查询富士苹果有什么特点,那么,我们可先构造如图 4-17 所示的一个网络片段。然后,使其与知识库中的语义网络进行匹配。匹配后 x 的值应为"脆甜"。当然,这是一个简单的问题。如果问题复杂,也可能不能通过直接匹配得到结果,那么还需要沿着有关边进行搜索,通过继承来获得结果。例如要问:吃富士苹果对人的健康有何意义?那么,通过上述网络片断不能直接获得答案,这时,就需沿着边 AKO 一直搜索到节点"水果",由水果的"富有营养"性,通过特性继承便得到富士苹果也富有营养。

图 4-17 语义网络片断示例

4.5 知识图谱

所谓知识图谱(knowledge graph),从知识表示角度讲,也就是上节所述的语义网络。但这一术语还有另一层意思,那就是已经被工程实现了的可付诸实际应用的语义网络。更具体地讲,就是 Google 用知识图谱(语义网络)这种知识表示形式在互联网上实现的一个大型知识库,而且这个知识库的名称就叫 Knowledge Graph(KG)。

2012 年 Google 将语义网络这一知识表示技术以"知识图谱"冠名而引入其搜索引擎,从而引领了知识图谱的研究和应用热潮。现在,知识图谱已经成为人工智能研究和应用的一个热门领域。除了搜索引擎外,还有诸如推荐系统、问答系统、自然语言处理、个人助理、专家系统、数字图书馆等也都引入了知识图谱技术。特别是,知识图谱已在和将在语义 Web 中扮演重要角色。

也可以说,知识图谱是对原语义网络的概念扩充和技术提升。知识图谱已是当前最通用的语义知识表示形式化框架。它的节点就是语义学里面的"符号根基(symbol grounding)",它的边则是语义学里面的"角色指派(role assignment)"。语义结构表示框架中,现有的知识图谱可以完美描述实体、关系、属性(状态)及其值等语义要素。但诸如事件、时间、空间、因果条件、逻辑模态等语义要素的表示,还需要做进一步研究和探讨。这就是说,知识图谱技术本身还需要不断发展和改进。另外,围绕知识图谱,相应的在互联网环境下的知识获取、知识组织与存储,以及搜索和推理等一系列理论和方法也都需要进一步研究和发展。其实,这方面的研究工作已经展开,也正是在知识图谱的推动下,一度相对沉寂的知识工程和符号智能现在又活跃了起来。

延伸学习导引

- 关于一阶谓词与机器推理的更多内容(特别是归结演绎推理)可参见文献[118]中的第 5 章。
- 关于产生式系统的更多内容可参见文献[118]中的第 6 章。
- 文献[118]中的第 7 章中还有元组、框架、类和对象等结构化知识表示的介绍。

习题 4

1. 将下列句子用一阶谓词形式表示。

(1) 雪是白的。

(2) 数 a 和数 b 之和大于数 c。

(3) 201 班的学生每人都有一台笔记本电脑。

(4) 如果明天天气晴朗且我们有时间,则我们去郊游。

(5) 一个三角形是等腰三角形,当且仅当其有两个角相等。

2. 试举几个产生式规则的实例。

3. 请把下列命题表示的事实用一个语义网络表示出来,以构造相应的知识图谱。

(1) 树和草都是植物。

(2) 树和草都是有根有叶的。

(3) 水草是草,且长在水中。

(4) 果树是树,且会结果。

(5) 樱桃树是一种果树,它会结樱桃。

第5章

知识表示与机器推理(二)

本章简要介绍不确定性和不确切性知识的表示与推理方法。

5.1 不确定性和不确切性信息处理

首先声明：这里的信息一词是广义的,它也包含知识。

1. 什么是不确定性信息

这里的不确定性信息(uncertain information)是指那些不能确定真实性的信息。例如：

　　明天下雨。

　　如果头痛且发烧,则患了感冒。

所描述的信息和知识就是不确定性信息。

对于不确定性信息,只能对其为真的可能性给出某种估计。在通常的语言和文字交流中,我们用"可能""大概"等副词来表述不确定性信息为真的可能性程度。例如,

　　明天可能下雨。

　　如果头痛且发烧,则大概是患了感冒。

需要注意的是,我们这里所说的不确定性(uncertainty)仅指因事物的随机性或者人们对事物的认识不足而导致的(信息)不确定性,而并非有些文献中所说的那种包括模糊性(即不确切性)以及非专一性、不一致性、不协调性、无知性和时变性等的不确定性,它也不包括不可靠、不稳定、不准确、不完全及含糊性等(在文献[82]中我们曾将这些性质统称广义不确定性,而将不肯定称为狭义不确定性)。

2. 什么是不确切性信息

这里的不确切性信息(imprecise information)是指那些意思不够明确、不够严格(有一定弹性)的信息。例如,

小王是个高个子。

这句话所表达的信息就是不确切性信息。因为多高的个子算是"高个子",并没有一个明确的、严格的、刚性的标准。

其实,造成信息不确切的原因是其中有的词语的含义不确切。例如上面的"高个子"一词的含义就不确切。又如:

小明是个好学生。

张三和李四是好朋友。

如果向左转,则身体就向左稍倾。

这几个命题中的"好学生""好朋友""稍倾"等词语的含义都是不确切的。所以,这几个命题所描述的信息就是不确切的,亦即不确切性信息。

需要说明的是,这里的不确切(imprecise,在有些文献中译为不精确)也就是模糊集理论中的模糊(fuzzy),但模糊技术中并未明确地将含义模糊的信息称为不确切性信息。笔者发现,所谓"模糊"(fuzzy),本质上更应该是"柔软""灵活""有一定弹性"(flexible)。所以,这种"模糊性"(fuzziness)实际上是一种不确切性(imprecision)。

3. 不确定性与不确切性的区别与联系

从表达方式看,不确切性信息由相关语句直接表达(其不确切性就表现在相关语句中的词语上),不确定性信息一般不能直接表达,它要借助于一个含有"可能""大概"等词的主-从式复合语句(我们将其称为可能型模态命题)来间接表达。例如,上面的不确定性信息"明天下雨"就是通过"明天可能下雨"亦即"'明天下雨'是可能的"这种模态命题来表达的。

由上所述,我们看到:不确定性信息是指那些不能确定真伪的信息,即其所表达的事件或者事物性状、关系或行为是不确定、不肯定的;而不确切性信息则是对事物的性状、关系或行为描述得不够具体、不够严格、不够精确的信息。可见,不确定性和不确切性(或者说确定性和确切性)是两个相互独立的信息属性。于是,基于这两个属性,信息就可分为确定-确切性信息、不确定-确切性信息、确定-不确切性信息和不确定-不确切性信息等四大类。前三类信息的存在是显而易见的。那么,存在第四类不确定-不确切性信息吗? 答案是肯定的。例如,下面的命题:

明天下大雨。

如果头很痛并且发高烧,则患了重感冒。

所表达的就是不确定-不确切性信息。

4. 不确定性信息处理与不确切性信息处理

既然不确定性信息与不确切性信息是两种性质不同的信息,那么,针对不确定性的信息处理即不确定性信息处理(uncertain-information processing)与针对不确切性的信息处理即不确切性信息处理(imprecise-information processing)也就是性质不同的两种信息处理。事实上,不确定性信息处理解决的是信息真(或伪)的可能性问题,不确切性信息处理解决的是信息真(或伪)的强弱性问题。从问题求解的角度看,不确定性信息处理解决可能解的问题,不确切性信息处理解决近似解的问题。

除了对信息进行常规的各种处理外,在人工智能中,这两种信息处理还有而且主要是推理、计算、归纳、抽象、挖掘、学习、转换等智能性处理,以解决有关预测、诊断、分类、识别、决策、控制、规划等实际问题。可见,这两种信息处理实际上贯穿于人工智能的各个领域。它们对于人工智能的重要性及在人工智能中的地位是不言而喻的。

最后需要说明的是,对于不确定性信息处理,人们已经有了相当深入的研究并取得了丰硕的成果。由于有概率和数理统计的支持,不确定性信息处理已形成较为成熟和完善的理论和技术体系。相比之下,不确切性信息处理还缺乏坚实的理论基础,其技术还不够成熟。尽管自 1965 年美国的 Zadeh 教授提出模糊集合的概念以来,以模糊集理论为基础的模糊技术发展迅速,并在不确切性信息处理中取得了不少成绩,但时至今日,模糊技术中一些重要理论和技术问题仍未得到很好解决。虽然有不少学者致力于模糊集理论的改进和发展,提出了许多新见解、新理论和新方法,但总体来讲,大家的认识还未统一,所存在问题还未真正解决,因此,不确切性信息处理仍然是一个需要认真研究的重大课题。

对于不确切信息处理,本书作者自己也做了一些工作。经过多年的潜心钻研,笔者发现,信息的不确切性源于事物特征量值的连续分布或变化(或者说事物的均匀连锁相似)现象和人脑对此的软聚类处理方式。于是,笔者便以此为依据,并结合日常语言中人脑对不确切性信息的处理方式,全面探讨不确切性信息处理的原理和方法,结果得到了一系列有别于

视频讲解

模糊技术的新理论和新方法,形成了一个新的不确切性信息处理理论和技术体系。于是,便明确地提出了不确切性信息与不确切性信息处理的概念,并于 2009 年出版了专著《不确切性信息处理原理》(科学出版社),2016 年又推出了该书的第二版 *Principles of Imprecise-Information Processing*: *A New Theoretical and Technological System*(Springer Nature)。

后面的 5.3 节将简要介绍笔者在不确切性知识表示及推理方面的一些研究成果,以供读者参考和讨论。

5.2　不确定性知识的表示及推理

5.2.1　不确定性知识的表示

对于不确定性知识(uncertain knowledge),其表示的关键是如何描述不确定性。一般的做法是用**信度**(believability)来量化不确定性。一个命题的信度是指该命题为真的可信程度。例如,

(这场球赛甲队取胜,0.9)

这里的 0.9 就是命题"这场球赛甲队取胜"的信度。它表示"这场球赛甲队取胜"这个命题为真(即该命题所描述的事件发生)的可能性程度是 0.9。

一般地,设 $c(S)$ 为命题 S 的信度。这样,二元组 $(S, c(S))$ 就可作为不确定性命题的一种表示形式,进而我们将不确定性产生式规则 $A \rightarrow B$ 表示为

$$(A \rightarrow B, c(A \rightarrow B)) \tag{5-1}$$

或

$$A \rightarrow (B, c(B \mid A)) \tag{5-2}$$

其中 $c(B|A)$ 表示规则的结论 B 在前提 A 为真的情况下为真的信度。例如,对上节中给出

的不确定性条件命题,若采用式(5-2),则可表示为

　　　　如果头痛且发烧,则患了感冒(0.8)。

这里的 0.8 就是对应规则结论的信度,它们代替了原命题中的"可能"。

　　信度一般是基于概率的一种度量,或者就直接以概率作为信度。例如,著名的专家系统 MYCIN 中的信度就是基于概率而定义的,而在贝叶斯网络中就是直接以概率作为信度的。对于上面的式(5-2),要直接以概率作为信度则只需取 $c(B|A)=P(B|A)$ 即可。

5.2.2　不确定性推理

　　基于不确定性知识的推理一般称为不确定性推理(uncertain reasoning)。如果我们用信度来量化前提的不确定性,则推理的结果仍然应含有信度。这就是说,不确定性推理时,除了要进行符号推演操作外,还要进行信度计算。不确定性推理的一般模式可简单地表示为

不确定性推理 = 符号推演 + 信度计算

可以看出,不确定性推理与通常的确定性推理相比,区别在于多了一个信度计算过程。然而,正是因为含有信度及其计算,所以不确定性推理与通常的确定性推理就存在显著差别。

　　(1) 不确定性推理中规则的前件能否与证据事实匹配成功,不但要求两者的符号模式能够匹配(合一),而且要求证据事实所含的信度必须达到一定的阈值。

　　(2) 不确定性推理中一个规则的触发,不仅要求其前提能匹配成功,而且前提条件的总信度还必须至少达到阈值。

　　(3) 不确定性推理中所推得的结论是否有效,也取决于其信度是否达到阈值。

　　(4) 不确定性推理还要求有一套关于信度的计算方法,包括"与"关系的信度计算、"或"关系的信度计算、"非"关系的信度计算和推理结果信度的计算等。这些计算也就是在推理过程中要反复进行的数值计算。

　　总之,不确定性推理要涉及信度、阈值以及信度的各种计算和传播方法的定义和选取。所有这些就构成了所谓的**不确定性推理模型**。

　　20 世纪 70 年代专家系统的建造引发和刺激了关于不确定性推理的研究,人们相继提出了许多不确定性推理模型,其中有传统的概率推理、有别于纯概率推理的信度推理和基于贝叶斯网络的不确定性推理等。

　　概率推理就是直接以概率作为不确定性度量,并基于概率论中的贝叶斯公式而进行规则结论的后验概率计算的推理方法。最初人们对这一方法充满希望,但是很快发现这种方法无法大规模发展,因为在全联合概率分布中所需要的概率数目呈指数级增长。结果,大约从 1975 年到 1988 年,人们对概率方法失去了兴趣。于是,各种各样的不确定性推理模型作为替代方法便应运而生。

　　不确定性推理模型中比较著名和典型的有确定性理论(或确定因素方法)、主观贝叶斯方法和证据理论等,这些模型都有一定的特色和很好的应用实例,特别是证据理论,曾被认为是最有前途、能与传统概率推理竞争的一种不确定性推理模型。但实践证明这些经典的不确定性推理模型也都有一些局限和缺点,比如缺乏坚实的数学基础。

　　20 世纪 80 年代中期以后,出现了称为贝叶斯网络的不确定性知识表示及其推理的新

方法。贝叶斯网络为人们提供了一种方便的框架结构来表示因果关系,这使得不确定性知识在逻辑上变得更为清晰,可理解性更强。贝叶斯网络是一种表示因果关系的概率网络,基于贝叶斯网络的推理是一种基于概率的不确定性推理。贝叶斯网络的出现,使概率推理再度兴起。事实上,自从1988年被Pearl提出后,贝叶斯网络现已成为不确定性推理领域的研究热点和主流技术,已在专家系统、故障诊断、医疗诊断、工业控制、统计决策等许多领域得到了广泛应用。例如,在我们熟知的Microsoft Windows中的诊断修理模块和Microsoft Office中办公助手中都使用了贝叶斯网络。

5.3   不确切性知识的表示及推理*

5.3.1   软语言值及其数学模型

考察"大""小""多""少""高""低""快""慢""热""冷""很""非常"等形容词和副词,可以看出,这些词语都是相应的一批数量值的概括描述。所以,它们也就是相应数量值域上的一种值——**语言值**。又由于它们所概括的数量值一般并没有硬性的明确的边界,或者说其边界有一种柔性或弹性,所以,我们称这类语言值为**软语言值**(flexible linguistic value)。软语言值的语义也就是**软概念**(flexible concept)。

有了软语言值这个术语,我们就可以说,信息的不确切性是由软语言值造成的。或者说,正是软语言值才导致了信息的不确切性。

定义 5-1   设 A 是论域 $U=[a,b]$ 上的一个软语言值,令

$$c_A(x) = \begin{cases} \dfrac{x - s_A^-}{c_A^- - s_A^-}, & a \leqslant x \leqslant \xi_A \\[2mm] \dfrac{s_A^+ - x}{s_A^+ - c_A^+}, & \xi_A \leqslant x \leqslant b \end{cases} \tag{5-3}$$

称为该软语言值 A 的相容函数。对于 $\forall x \in U, c_A(x)$ 称为 x 与 A 的相容度。其中区间 $[s_A^-, s_A^+]$ 为 A 的支持集,记为 $\mathrm{supp}(A)$,s_A^- 和 s_A^+ 为 A 的临界点;$[c_A^-, c_A^+]$ 为 A 的核,记为 $\mathrm{core}(A)$,c_A^- 和 c_A^+ 为 A 的核界点;ξ_A 为 A 的峰值点;集合 $\{x \mid x \in U, 0.5 < c_A(x) \leqslant 1\}$ 称为 A 的扩展核,记为 $\mathrm{core}(A)^+$。

相容函数 $c_A(x)$ 的图像如图 5-1 所示。

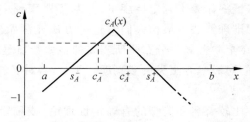

图 5-1   软语言值 A 的相容函数 $c_A(x)$ 示意图

例 5-1   设"低""中等""高"为男性成人的身高域 $[1.2, 2.2]$(假设)上的三个相邻的软语言值。我们设"中等"的两个临界点分别为 $1.5(\mathrm{m})$ 和 $1.8(\mathrm{m})$,两个核界点分别为 $1.6(\mathrm{m})$ 和

1.7(m)。由上面的定义式(5-3),"中等"的相容函数就是

$$c_{中等}(x) = \begin{cases} 10x - 15, & 1.2 \leqslant x \leqslant 1.65 \\ 18 - 10x, & 1.65 \leqslant x \leqslant 2.2 \end{cases}$$

其图像如图 5-2 所示(略去了横轴下面的部分)。"低"和"高"的相容函数留给读者完成。

图 5-2 软语言值的相容函数示例

由上面的定义和例子可以看出:

(1) 一个软语言值的相容函数完全由其核和支持集确定。

(2) 相容函数的值域为区间 $[\alpha, \beta]$ $(\alpha \leqslant 0, 1 \leqslant \beta)$。

(3) 论域 U 上一个相容函数就决定了或者说定义了 U 上的一个软语言值。所以,相容函数就是软语言值(软概念)的数学模型。

说明:软概念还有一种数学模型——**软集合**(flexible set,详见文献[96]的 Chapter 2)。软集合与软语言值是对应的,前者可以看作是后者的数值模型。

软语言值还有全峰和半峰之分。全峰软语言值的相容函数为三角形函数,而半峰软语言值的相容函数为线性函数,其图像只有一条斜线。一般来讲,位于论域边界处的软语言值为半峰软语言值(其峰值点刚好为论域的边界点)。例如,图 5-2 中"中等"就是全峰软语言值,而"低"和"高"则是半峰软语言值。这样,上面式(5-3)所定义的相容函数只是全峰软语言值的相容函数,而半峰软语言值的相容函数则仅有一个表达式。

从图 5-2 可以看出,在"低""中等""高"这组软语言值中,前一个语言值的临界点同时也是后一个语言值的核界点,后一个语言值的临界点同时也是前一个语言值的核界点。这种关系的两个软语言值实际是一种互否关系,称为**互否软语言值**。这样,"低""中等""高"这三个软语言值之间就是依次两两互否。一组依次两两互否的软语言值,如果还刚好覆盖了所属论域,则称这组软语言值为相应论域上的一个**基本软语言值组**。据此,"低""中等""高"构成了论域 $[1.2, 2.2]$ 上的一个基本软语言值组。

5.3.2 不确切性知识的表示

传统的知识表示中,软语言值也被作为符号来处理。现在有了相容函数和相容度,我们就可以用其对软语言值进行量化表示。例如,用

$$(胖, 1.2)$$

刻画一个人"胖"的程度。

我们把这种附有相容度的软语言值称为**程度化软语言值**(flexible linguistic value with degree)。其一般形式为

$$(W, d)$$

其中,W 为软语言值,d 为程度,即

$$(\langle 软语言值\rangle,\langle 程度\rangle)$$

下面,我们就利用这种程度即相容度和程度化软语言值实现不确切性知识(imprecise knowledge)的表示。我们将元组、谓词、规则、框架、语义网等通常的知识表示形式量化为程度化元组、程度化谓词、程度化规则、程度化框架、程度化语义网。

1. 程度化元组

其一般形式为

$$(\langle 对象\rangle,\langle 特征\rangle,(\langle 语言值\rangle,\langle 程度\rangle)) \tag{5-4}$$

或用变量表示为

$$(x,F,(W,c_W(x))) \tag{5-5}$$

例如:

$$(这个苹果,味道,(甜,0.95))$$

这就是一个程度化元组,可解释为:这个苹果比较甜。

2. 程度化谓词

谓词也就是语言值。按照程度化语言值的做法,给谓词也附以程度,即细化为程度化谓词,以精确刻画相应个体对象的特征。根据谓词的形式特点,我们将程度化谓词书写为

$$P_d(\langle 对象_1,对象_2,\cdots,对象_n\rangle) \tag{5-6}$$

或

$$dP(\langle 对象_1,对象_2,\cdots,对象_n\rangle) \tag{5-7}$$

其中,P 表示谓词,d 表示程度;P_d 为下标表示法,dP 为乘法表示法。

或者用变量表示为

$$P_d(x_1,x_2,\cdots,x_n) \tag{5-8}$$

或

$$dP(x_1,x_2,\cdots,x_n) \tag{5-9}$$

其中 $d=c_p(x_1,x_2,\cdots,x_n)$。

例如

$$white_{1.0}(雪) 或 1.0white(雪)$$

就是程度化谓词,可解释为:雪是白的。又如

$$friends_{1.15}(张三,李四) 或 1.15friends(张三,李四)$$

也是程度化谓词,可解释为:张三和李四是好朋友。

3. 程度化规则

含有程度化语言值的产生式规则称为程度化产生式规则,简称程度化规则。单条件程度化规则的一般形式为

$$(\langle 对象\rangle,\langle 特征\rangle,(\langle 语言值\rangle,\langle 程度\rangle)) \rightarrow (\langle 对象\rangle,\langle 特征\rangle,(\langle 语言值\rangle,\langle 程度\rangle)) \tag{5-10}$$

或者

$$(A,d) \rightarrow (B,f(d)) \tag{5-11}$$

其中,$d=c_A(x)$ 是规则前件语言值 A 的程度,函数值 $f(d)$ 是规则后件语言值 B 的程度,$f(d)$ 为原规则 $A(x)\rightarrow B(y)$ 的伴随程度函数(即后件语言值的程度与前件语言值的程度之

间的函数关系(其及求取方法可参见文献[96]的 Chapter 14)。

例如

$$(香蕉,颜色,(黄,0.7)) \rightarrow (香蕉,生熟,(熟,0.9))$$

就是一个程度化规则,可解释为:如果香蕉有些黄,则就比较熟。

又如,设有规则:如果严重鼻塞、头很痛并且发高烧,则患了重感冒。用程度化规则可描述如下:

$$(严重(鼻塞),d_x) \wedge ((头)很痛,d_y) \wedge (高烧,d_z) \rightarrow (重感冒,1.2(0.3d_x + 0.2d_y + 0.5d_z))$$

4. 程度化框架

含有程度化语言值的框架称为程度化框架。例如下面是一个描述大枣的程度化框架。

    框架名:〈大枣〉

      类属:(〈干果〉,0.8)

      形状:(圆,0.7)

      颜色:(红,1.0)

      味道:(甘,1.1)

      用途:范围:(食用,药用)

         缺省:食用

5. 程度化语义网(知识图谱)

含有程度化语言值的语义网称为程度化语义网。例如,如图 5-3 所示的就是一个描述狗的程度化语义网(或程度化知识图谱)。

图 5-3 程度化语义网示例

可以看出,用程度刻画不确切性,其思想类似于用概率刻画不确定性。

5.3.3 基于软语言规则的推理

我们将前件或者后件中含有软语言值的产生式规则称为**软语言规则**(flexible linguistic rule),简称**软规则**(flexible rule)。基于软语言规则的推理是不确切性信息处理的一个核心技术。这种推理有多种形式和方法,如自然推理、真度推理、程度推理、多规则程度推理、带数据转换的程度推理、基于程度推理的近似推理、并行程度推理、AT 推理等,由于篇幅所限,本节仅简要介绍其中 3 种方法。

1. 自然推理

所谓自然推理(natural reasoning)就是通常的那种演绎推理。虽然软语言规则中的符号(语言值)是软的,但在证据事实与相应规则的前提完全匹配的情况下,基于软语言规则的推理与通常基于一般规则的推理并无区别。然而,由于软语言值与数量值可以互相转换(转换方法见文献[118]第14章),所以基于软语言规则的自然推理就有其独特之处了。事实上,配上数据转换接口,基于软语言规则的自然推理就可实现数量值到软语言值、软语言值到数量值和数量值到数量值的变换(详见文献[118]14.3节)。

2. 程度推理

基于伴随程度函数和程度计算的软语言规则推理称为**程度推理**(reasoning with degrees),其形式如下:

$$
\begin{array}{c}
(A,d) \to (B,f(d)) \\
(A,d_A) \\
\hline
(B,d_B)
\end{array}
\tag{5-12}
$$

或者更简单地写为

$$
\begin{array}{c}
(A \to B,f(d)) \\
(A,d_A) \\
\hline
(B,d_B)
\end{array}
\tag{5-13}
$$

其中,$f(d)$是原规则$A(x) \to B(y)$的伴随程度函数,$d_A = c_A(x_0) > 0.5$是证据事实命题$A(x_0)$中语言值A的程度,$d_B = f(d_A) > 0.5$是推理结果命题$B(y_0)$中语言值B的程度,即$c_B(y_0)$。

程度推理的语义是:如果x具有A的程度$d_A > 0.5$,则y具有B的程度$f(d_A) > 0.5$。现已知某x_0具有A的程度为d_A且>0.5,所以,存在y_0,其具有B的程度$d_B = f(d_A)$,而且$d_B > 0.5$。

程度推理的过程是:先进行证据事实语言值与规则前件语言值的符号模式匹配,再判断是否$d_A > 0.5$;如果是,则将d_A代入$f(d)$,得$d_B = f(d_A)$;进而得结果(B,d_B),由伴随程度函数的值域(见文献[96]的Section 14.2)可知,一定有$d_B > 0.5$。

可以看出,程度推理实际上是一种谓词层次上的推理。故程度推理的基本原理简单来讲就是:**谓词符号推演＋程度计算**。

例5-2　设有软语言规则:如果市场对某商品的需求旺盛而供货却不足,则该商品的价格就会上涨。又已知事实:该商品的需求大增(假设具体数量对"旺盛"相容度为1.25)并且供货有些不足(假设具体供货量对"不足"的相容度为0.78)。试用程度推理给出该货物价格情况的预测。

解　设A_1,A_2和B分别表示软语言值"旺盛""不足"和"涨"。则原规则就是$A_1 \wedge A_2 \to B$,而已知事实为:$(A_1,1.25)$和$(A_2,0.78)$。根据上述的程度推理一般模式,拟进行的程度推理就是

$$
\begin{array}{c}
(A_1 \wedge A_2 \to B;\ f(d)) \\
(A_1 \wedge A_2,d_{A_1 \wedge A_2}) \\
\hline
(B,d_B)
\end{array}
$$

可以看出,要进行这一程度推理,则需要先构造规则$A_1 \wedge A_2 \to B$的伴随程度函数$f(d)$,再将原来的证据事实$(A_1,1.25)$和$(A_2,0.78)$合成为$(A_1 \wedge A_2,d_{A_1 \wedge A_2})$。

为简单起见,参照文献[96]的 Section 14.3 中所给出的参考模型,我们直接取规则 $A_1 \wedge A_2 \rightarrow B$ 的伴随程度函数 $f(d)$ 为

$$f(d) = \frac{\beta_B - 0.5}{\beta_\wedge - 0.5}(d - 0.5) + 0.5$$

其中 $\beta_\wedge = \min\{\beta_{A_1}, \beta_{A_2}\}$,$\beta_{A_1}$ 和 β_{A_2} 分别为 A_1 和 A_2 的相容度最大值,β_B 为 B 的相容度最大值。现假设 $\beta_{A_1} = 2.5$,$\beta_{A_2} = 1.7$,则得 $\beta_\wedge = \min\{2.5, 1.7\} = 1.7$;又假设 $\beta_B = 2.0$。将这两个数代入上面所设的函数式,得规则 $A_1 \wedge A_2 \rightarrow B$ 的实际伴随程度函数 $f(d)$ 为

$$f(d) = 1\frac{1}{4}d - \frac{1}{8}$$

又由程度化软语言值的运算法则(见文献[96]的 Chapter 7)

$$(A_1, 1.25) \wedge (A_2, 0.78)$$
$$= (A_1 \wedge A_2, d_{A_1 \wedge A_2} = \min\{1.25, 0.78\})$$
$$= (A_1 \wedge A_2, 0.78)$$

现在,该程度推理的大、小前提分别为

$$\left(A_1 \wedge A_2 \rightarrow B; \quad 1\frac{1}{4}d_A - \frac{1}{8}\right)$$

和

$$(A_1 \wedge A_2, 0.78)$$

显然,小前提中的合成语言值 $A_1 \wedge A_2$ 与大前提中的前件语言值完全匹配,而且 $d_{A_1 \wedge A_2} = 0.78 > 0.5$。因此,相应的程度推理可以进行。

将 $d_{A_1 \wedge A_2} = 0.78$ 代入函数 $f(d) = \frac{15}{16}d + \frac{1}{32}$ 得 $f(d_{A_1 \wedge A_2}) = 0.85$,即 $d_B = 0.85$。于是,该程度推理的结果为:$(B, 0.85)$。可解释为:该商品的价格会有一定上涨,且强度为 0.85。

程度推理实际是真度推理(reasoning with truth-degrees)的一种变体,而真度推理则是在真度逻辑(truth-degrees logic)和软语言真值逻辑及其推理的基础上产生的,一方面,它实际是"偏真-全称假言推理"和"约真-全称假言推理"的进一步量化(详见文献[96]的 Chapter 15),故程度推理有坚实的逻辑基础;另一方面,程度推理也是软谓词推理的量化,是一种兼有定性与定量的谓词逻辑推理。程度推理也可看作是传统谓词推理的一种推广。事实上,伴随程度函数为 $f(d) = d_A$ 且程度 $d_A = 1$ 的程度推理就相当于传统的谓词推理。

最后需要说明的是:程度推理虽然有其特定的模式和方法,但如果灵活运用,则用其可实现多种情况和多种要求的推理,如带数据转换的推理、多步推理、多路推理、并行推理甚至近似推理和计算等。

3. AT 推理

基于软语言规则的近似推理还有一种重要方法——AT(Approximate-degree transmission and Translation transformation,近似度传递与平移变换)推理。其具体描述如下。

设有软语言规则 $A \rightarrow B$ 和近似于软语言值 A 的 A',则可用以下步骤导出相应的结论软

语言值 B'：

(1) 求出软语言值 A 和 A' 的峰值点 ξ_A 和 $\xi_{A'}$，再用 ξ_A 和 $\xi_{A'}$ 求出扩展核 $X_{A'}$ 与 X_A 的距离 $d_{A'A}$；

(2) 用公式 $d_{B'B} = d_{A'A} \dfrac{r_B}{r_A}$ 计算距离 $d_{B'B}$（r_A，r_B 分别为 A，B 的近似半径，即扩展核半径）；

(3) 根据规则 $A \rightarrow B$ 所决定的方位对应关系，确定扩展核 $Y_{B'}$ 相对于 Y_B 的方位，然后选用式(5-14)～(5-19)中的合适公式求出软语言值 B' 的临界点 $s_{B'}^-$，$s_{B'}^+$ 和核界点 $c_{B'}^-$，$c_{B'}^+$，得到 B' 的扩展核 $Y_{B'}$，进而(如果需要的话)写出 B' 的相容函数 $c_{B'}(y)$；或者用式(5-20)～式(5-22)直接对软语言值 B 的相容函数 $c_B(y)$ 做平移变换而求出 B' 的相容函数 $c_{B'}(y)$。

从式(5-14)～式(5-19)中选取公式的原则是：

当 B 为负半峰值，即 $Y_{B'}$ 位于 Y_B 的负方时，取

$$s_{B'}^- = s_B^- - d_{B'B}, \quad s_{B'}^+ = s_B^+ - d_{B'B} \tag{5-14}$$

$$c_{B'}^- = c_B^- - d_{B'B}, \quad c_{B'}^+ = c_B^+ - d_{B'B} \tag{5-15}$$

当 B 为正半峰值，即 $Y_{B'}$ 位于 Y_B 的正方时，取

$$s_{B'}^- = s_B^- + d_{B'B}, \quad s_{B'}^+ = s_B^+ + d_{B'B} \tag{5-16}$$

$$c_{B'}^- = c_B^- + d_{B'B}, \quad c_{B'}^+ = c_B^+ + d_{B'B} \tag{5-17}$$

当 B 为全峰值，即 $Y_{B'} = Y_B$ 时，取

$$s_{B'}^- = s_B^-, \quad s_{B'}^+ = s_B^+ \tag{5-18}$$

$$c_{B'}^- = c_B^-, \quad c_{B'}^+ = c_B^+ \tag{5-19}$$

从式(5-20)～式(5-22)中选取公式的原则是：

当 B 为负半峰值，即 $Y_{B'}$ 位于 Y_B 的负方时，取

$$c_{B'}(y) = c_B(y + d_{B'B}) \tag{5-20}$$

当 B 为正半峰值，即 $Y_{B'}$ 位于 Y_B 的正方时，取

$$c_{B'}(y) = c_B(y - d_{B'B}) \tag{5-21}$$

当 B 为全峰值，即 $Y_{B'} = Y_B$ 时，取

$$c_{B'}(y) = c_B(y) \tag{5-22}$$

例 5-3　设有软语言规则"如果炉温低，就将风门开大"和事实"炉温有些低"。试用 AT 推理进行近似推理，并做出控制风门大小的决策。

解　设炉温域为 $U = [100, 1000]$，风门的开启度域为 $V = [0, 100]$，"低"和"大"分别为 U 和 V 的软语言值，且都是半峰值，"低"为正半峰，"大"为负半峰。从而规则前后件软语言值的方位对应关系为：正-负。将 U 上的软语言值"低"和"有些低"记为 A 和 A'，将 V 上的软语言值"大"记为 B；定义 A 的正临界点 $s_A^+ = 500$，正核界点 $c_A^+ = 300$，峰值点 $\xi_A = 100$；定义 A' 的正临界点 $s_{A'}^+ = 600$，正核界点 $c_{A'}^+ = 400$，峰值点 $\xi_{A'} = 200$；定义 B 的负临界点 $s_B^- = 50$，负核界点 $c_B^- = 80$，峰值点 $\xi_B = 100$。相应的相容函数如下

$$c_A(x) = \frac{500 - x}{200}, \quad x \in U$$

$$c_{A'}(x) = \frac{600 - x}{200}, \quad x \in U$$

$$c_{B}(y) = \frac{y - 50}{30}, \quad y \in V$$

其函数曲线如图 5-4 和图 5-5 所示。

图 5-4 软语言值"低"和"有些低"

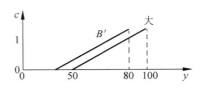

图 5-5 软语言值"大"和"B'"

可以看出,软语言值 A' 位于 A 的正方。于是,所求的 B' 应该位于 B 的负方。又容易求得:中位点 $m_A^+ = 400$,$m_B^- = 65$,近似半径 $r_A^+ = m_A^+ - \xi_A = 300$,近似半径 $r_B^- = \xi_B - m_B^- = 35$,距离 $d_{A'A} = \xi_{A'} - \xi_A = 100$,于是,距离

$$d_{B'B} = d_{A'A} \frac{r_B^-}{r_A^+} = 100 \times 35/300 \approx 11.7$$

进而,由于 $Y_{B'}$ 位于 Y_B 的负方,于是由式(5-20),B' 相容函数为

$$c_{B'}(y) = c_B(y + d_{B'B}) = \frac{y - 38.3}{30}, \quad y \in V$$

函数曲线如图 5-5 所示。

从距离和函数曲线来看,软语言值 B' 可命名为"有些大"。这就是说,由近似推理得到的决策为:把风门开大一些。

这个 AT 推理是由近似推理的数学本质和软语言函数近似求值的 AT 方法而得(详见文献[96]的 Chapter 16 和 Chapter 17),它有坚实的数学基础。

延伸学习导引

- 关于不确定性知识表示及推理,文献[118]中的第 8 章中还有确定性理论、主观贝叶斯方法、证据理论等不确定性推理模型及贝叶斯网络等内容,可进一步延伸学习。
- 关于不确切性知识表示及推理,文献[96]中有系统、完整的论述,有兴趣的读者可在本章的基础上参阅此书,继续延伸学习。

习题 5

1. 何为不确定性信息?何为不确切性信息?二者有何区别?
2. 举一个不确定性产生式规则实例,并用附有信度的规则形式表示。

3. 什么是不确定性推理? 它与确定性推理的区别何在?

4. 举一个不确切性产生式规则实例,并用程度规则形式表示。

5. 试写一个程度化语义网络。

6. 试写出天气"热""温和""冷"这三个软语言值的相容函数。

7. 写出例 5-1 中软语言值"低"和"高"的相容函数。

第 6 章

机器学习与知识发现(一)

6.1 概述

学习是系统积累经验或运用规律指导自己的行为或改进自身性能的过程,而发现则是系统从所接收的信息中发现规律的过程。学习与发现相辅相成、关系密切,因此在不少文献中二者几乎是同义语。

当今人工智能中的机器学习主要指机器对自身行为的修正或性能的改善(这类似于人类的技能训练和对环境的适应)和机器对客观规律的发现(这类似于人类的科学发现)。

机器学习从 20 世纪 50 年代就开始被研究,现在已取得了卓越成就,并分化出了许多研究方向,主要有符号学习、连接学习(即神经网络学习)、统计学习和交互学习等。

机器对于客观规律的发现,也称为知识发现(KD)。早在 20 世纪 70—80 年代,知识发现就取得了很多重要成果。例如,发现了一些数学概念和定理,还重新发现了不少物理、化学定律。

20 世纪 80 年代以后,知识发现又有一个重要研究和应用领域,被称为数据库中的知识发现(KDD)或数据挖掘(DM)。KDD 主要指从海量数据(如数据仓库、Internet 和 Web 上的数据信息)中提取有用信息和知识。数据挖掘自然也要用到机器学习,反过来,它又促进和发展了机器学习。就是说,二者相辅相成、相得益彰。

在如今的大数据时代,DM 和 KD 就显得更为重要,事实上,它们已成为人工智能研究和应用的一个热门领域。

需要指出的是,虽然机器学习的研究现在已经取得了长足的进步和发展,但其内容和成果还主要是机器的直接发现式学习,而类似人类通过听讲、阅读等形式获取前人或他人所发现的知识(书本知识)的这种间接继承性学习,还涉及甚少。显然,这种间接继承性机器学习的意义是巨大的。由于后者的特点是需要"理解"(包括自然语言理解和图形图像理解等),而且多数情况下面对的是非结构化信息,因此,这种机器学习将是机器学习领域又一个新的重要课题,也是对机器学习乃至人工智能的一个挑战。

6.2 基本原理与分类

6.2.1 机器学习的概念

顾名思义,机器学习(ML)就是让计算机模拟人的学习行为,或者说让计算机也具有学习的能力。但什么是学习呢?

心理学中对学习的解释是:学习是指(人或动物)依靠经验的获得而使行为持久变化的过程。人工智能和机器学习领域的几位著名学者也对学习提出了各自的说法。例如,Simon认为:如果一个系统能够通过执行某种过程而改进它的性能,这就是学习;Minsky认为:学习是在人们头脑中(心理内部)进行有用的变化;Tom M. Mitchell 在《机器学习》一书中对学习的定义是:对于某类任务 T 和性能度 P,如果一个计算机程序在 T 上以 P 衡量的性能随着经验 E 而自我完善,那么,我们称这个计算机程序从经验 E 中学习。

基于以上对于学习的解释,在当前关于机器学习的许多文献中也大都认为:学习是系统积累经验以改善其自身性能的过程。也可以说,机器学习是计算机从学习对象中发现知识的过程。

6.2.2 机器学习的原理

从以上对于学习的解释可以看出:

(1) 学习与经验有关;

(2) 学习可以改善系统性能;

(3) 学习是一个有反馈的信息处理与控制过程。因为经验是在系统与环境的交互过程中产生的,而经验中应该包含系统输入、响应和效果等信息,所以经验积累和性能的完善正是通过重复这一过程而实现的。

于是,我们将机器学习原理图解如下(见图 6-1)。

图 6-1　机器学习原理图解 1

这里的输入信息是指系统在完成某任务时,接收到的环境信息;响应信息是指对输入信息做出的回应;执行是指根据响应信息实施相应的动作或行为。按照图 6-1,机器学习的流程就是:①对于输入信息,系统根据目标和经验做出决策予以响应,即执行相应动作;

②对目标的实现或任务的完成情况进行评估;③将本次的输入、响应和评价作为经验予以存储记录。可以看出,第一次决策时系统中还无任何经验,但从第二次决策开始,经验便开始积累。这样,随着经验的丰富,系统的性能自然就会不断改善和提高。

图 6-1 所示的学习方式类似于人类在环境中的学习,它是通过交互、记忆、修正等方式学习的。例如,Samuel 的跳棋程序就采用这种学习方法,它实际上也是人类和动物的一种基本学习方式。然而,这种依靠经验来提高性能的记忆学习存在严重不足:其一,由于经验积累是一个缓慢过程,所以系统性能的改善也很缓慢;其二,由于经验毕竟不是规律,故仅凭经验对系统性能的改善是有限的,有时甚至是靠不住的。

所以,学习方式需要延伸和发展。可想而知,如果能在积累的经验中进一步发现规律,然后利用所发现的规律即知识来指导系统行为,那么,系统的性能将会得到更大的改善和提高,于是,我们有图 6-2 所示的机器学习原理图解 2。

图 6-2 机器学习原理图解 2

可以看出,这才是一个完整的学习过程。它可分为三个子过程,即经验积累过程、知识生成过程和知识运用过程。事实上,这种学习方式就是人类和动物的技能训练或者更一般的适应性训练过程,如骑车、驾驶、体操、游泳等。所以,图 6-2 所示这种学习方式也适合于机器的技能训练,如机器人的驾车训练。

但现在的机器学习研究中,往往都省去了上面的经验积累过程,而是一开始就把事先组织好的经验数据(包括实验数据和统计数据)直接输入学习系统,让学习系统对其进行归纳、分析、推导、计算而发现其中的规律或模式,亦即知识,然后再用所得知识去指导行为、改善性能。这一过程如图 6-3 所示。在这里组织好的经验数据被称为样例(examples),

由样例到知识的转换过程称为学习或训练,因为这一过程仍然是一个反复"试探-评估-修正"的过程。

图 6-3　机器学习原理图解 3

6.2.3　机器学习的分类

从图 6-3 可以看出,机器学习有"数据""发现""知识"三个要素,它们分别是机器学习的对象、方法和目标。那么,谈论一种机器学习,就要考察这三个要素,而分别基于这三个要素,就可以对机器学习进行分类。例如,由于数据可有语言符号型与数值型之分,所以基于数据,机器学习可分为符号学习和数值学习;而基于知识的形式,机器学习又可分为规则学习和函数学习等;若基于发现的逻辑方法,则机器学习可分为归纳学习、演绎学习和类比学习等。这样的分类也就是分别从"从哪儿学?""怎样学?""学什么?"这三个着眼点对机器学习进行的分类。可想而知,这样得到的类型数目应该是不小的。另外,人们还从机器学习的总体策略、学习的风格、模拟人脑学习的层次、所用的数学模型、算法特点、实现途径等不同侧面对机器学习进行分类,这就使得机器学习的类别更加繁多,而且现在新的机器学习名称还在不断涌现。所以,要对机器学习进行全面分类是困难的。下面我们从不同的视角,仅对一些常见的、典型的机器学习方法进行归类。

考察我们人脑的学习机理可以发现,其实,人脑的学习可分为心理级的学习和生理级的学习。心理级的学习就是基于显式思维过程(即可以用语言表达的心理活动过程)的一种学习。这种学习输入的是语言符号型数据信息;所用的方法是逻辑推理,包括归纳、演绎和类比;学得的知识也是语言型的,如概念或规则。例如我们的理论知识学习就是这样的学习。生理级的学习是基于隐式思维过程(即不可以用语言表达的神经信息处理过程)的一种学习。这种学习输入的是数量型数据信息;所用的方法是神经计算;所得的知识也是数量型的,而且只能存储于神经网络之中而无法准确地用语言显式地表达出来。例如我们的技能训练就是这样的一种学习。

另外,对于数量型的数据,绕过人脑的心理和生理学习机理,而采用纯数学的方法(如代数、几何、统计、概率等)也可以推导计算出相应的知识,如函数、集合等。这就是说,采用纯数学方法也可以实现机器学习。事实上,在模式识别、数据挖掘等领域往往采用的就是这种学习方法。

基于以上分析,我们给出如下的机器学习分类。

1. 基于学习途径的分类

(1) 符号学习:模拟人脑的宏观心理级学习过程,以认知心理学原理为基础,以符号数据为输入,以符号运算为方法,用推理过程在图或状态空间中搜索,学习的目标为概念或规则等。符号学习的典型方法有记忆学习、示例学习、演绎学习、类比学习、规则学习、解释学习等。

(2) 神经网络学习(或连接学习):模拟人脑的微观生理级学习过程,以脑和神经科学原理为基础,以人工神经网络为拓扑结构模型,以数值数据为输入,以数值运算为方法,用迭代过程在权向量空间中搜索,学习的目标为函数或类别。连接学习的典型方法有权值修正学习、拓扑结构学习。

这里要特别提及的是,近年来,在神经网络学习中生长出的一种称为"深度学习"的学习方法,其发展迅猛,现已成为神经网络学习乃至机器学习的一个重要方法。

(3) 统计学习:运用统计、概率及其他数学理论和方法对样本数据进行处理,从中发现相关模式和规律的一种机器学习方法。

(4) 交互学习:智能体通过与环境的交互而获得相关知识和技能的一种机器学习方法。交互学习的典型方法就是强化学习。强化学习以环境反馈(奖/惩信号)作为输入,以统计和动态规划技术为指导,学习目标为最优行动策略。

2. 基于学习方法的分类

(1) 归纳学习:基于归纳推理(由特殊到一般)的学习,又可分为以下几种。

- 符号归纳学习,如目标为概念的示例学习,目标为规则的决策树学习;
- 函数归纳学习,如目标为函数的统计学习和神经网络学习;
- 类别归纳学习,如无监督学习。

(2) 演绎学习:基于演绎推理(从一般到特殊)的学习。

(3) 类比学习:基于类比推理的学习。如案例(范例)学习(case-based learning)、基于实例的学习、迁移学习。

(4) 分析学习:利用先验知识和演绎推理来扩大样例信息的一种学习方法。典型的分析学习有解释学习。

3. 基于样本数据特点的分类

(1) 有监督学习(supervised learning,亦称有导师学习)。

有监督学习的样本数据为一些由向量$(x_1, x_2, \cdots, x_n)$和一个对应值y组成的序对(如$((1.5, 2.6, 3.8), 4.5), ((3.0, 6.5, 8.6), 9.7), \cdots)$。这里的$x_1, x_2, \cdots, x_n$和$y$可以是离散值也可以是连续的实数值。当$y$取离散值(如$1, 2, \cdots$)时一般表示类别标记(也称为指示函数值);当$y$取连续值时则表示函数值。这个对应值$y$就是所谓的"导师信号","监督"之义也由此而生。监督学习就是用当前由$(x_1, x_2, \cdots, x_n)$所求得的函数值y'与原对应值y做比较,然后根据误差决定是否对所选用函数模型的参数进行修正。监督学习以概率函数、代数函数或者人工神经网络为基本函数模型,采用迭代计算的方法来拟合相应的数据集,学习结果为函数(即隐藏于样本数据中的规律)。监督学习被用于分类问题和回归问题,以对未知进行预测。

(2) 无监督学习(*unsupervised learning*,亦称无导师学习)。

无监督学习的样本数据仅为一些向量$(x_1,x_2,\cdots,x_n)$(而无对应值 y),其学习方法就是聚类,即把相似的对象作为一类,学习结果为数据类别,即隐藏于样本数据中的模式(类)或结构。无监督学习被用于聚类问题,也可用于数据降维(*dimensionality reduction*)和图像压缩(*image compression*)等。聚类学习和竞争学习都是典型的无监督学习。

4. 基于数据形式的分类

(1) 结构化学习:以结构化数据为输入,以数值计算或符号推演为方法。典型的结构化学习有神经网络学习、统计学习、决策树学习和规则学习。

(2) 非结构化学习:以非结构化数据为输入,典型的非结构化学习有类比学习、案例学习、解释学习,以及用于文本挖掘、图像挖掘和 *Web* 挖掘等的学习。

5. 基于学习目标的分类

(1) 概念学习:学习的目标和结果为概念,或者说是为了获得概念的一种学习。典型的概念学习有示例学习。

(2) 规则学习:学习的目标和结果为规则,或者说是为了获得规则的一种学习。典型的规则学习有决策树学习、关联规则发现。

(3) 函数学习:学习的目标和结果为函数,或者说是为了获得函数的一种学习。典型的函数学习有神经网络学习和统计学习中的监督学习。

(4) 类别学习:学习的目标和结果为对象类,或者说是为了获得类别的一种学习。典型的类别学习有无监督学习。

(5) 贝叶斯网络学习:学习的目标和结果为贝叶斯网络,或者说是为了获得贝叶斯网络的一种学习。其又可分为结构学习和参数学习。

当然,以上仅是机器学习的一些分类而并非全面分类。事实上,除了以上分类外,还有许多其他分类方法和提法。例如,深度学习、迁移学习、半监督学习、集成学习、对偶学习、稀疏学习、懒惰学习、概率学习、*PAC*(*Probably Approximately Correct*)学习、在线学习、分析学习、发现学习、分布式学习等。有些机器学习还需要背景知识作指导,这就又有了基于知识的机器学习类型,如解释学习就是一种基于知识的机器学习。

6.3　符号学习

符号学习属于符号智能。如前所述,符号学习是一种模拟人脑的宏观心理级学习过程,以认知心理学原理为基础,以符号数据为输入,以符号运算亦即逻辑推理为方法,学习的目标为语言表述的概念或规则等。符号学习的典型方法有记忆学习、示例学习、演绎学习、类比学习、规则学习、解释学习等。

以下简单介绍几种典型的符号学习方法。

6.3.1 记忆学习

记忆学习也称死记硬背学习或机械学习。这种学习方法不要求系统具有复杂问题求解能力,也就是学习系统没有推理技能,其学习方法就是直接记录问题有关的信息,然后检索并利用这些存储的信息来解决问题。例如,对于某个数据 x,经过某种计算过程得到的结果是 y,那么系统就把(x,y)作为联想对象存储起来,以后再要对 x 作同样的计算时,就可以通过查询(而不是计算)直接得到 y。又如,对于某个事实 A,经过某种推理而得到结论 B,那么可以把序对(A,B)作为一条规则记录下来,以后就可以由 A 直接得到 B。

使用记忆学习方法的一个成功例子是 Samuel 的跳棋程序(1959 年开发),这个程序是靠记住每一个经过评估的棋局势态来改进弈棋的水平。程序采用极小-极大分析的搜索策略来估计可能的未来棋盘局势,学习环节只存储这些棋盘势态估值及相应的索引,以备以后弈棋使用。例如某一个势态 A 轮到程序走步,这时程序考虑向前搜索三步,根据假设的端节点静态值,用极小-极大分析法可求得 A 的倒推值 A_v,这时系统记住了该棋局及其倒推值 $[A,A_v]$。现在假定以后弈棋中,棋局 E 的搜索树端节点中出现了 A,这时就可以检索已存的 A_v 来使用,而不必再去计算其静态估值。这不仅提高了搜索效率,更重要的是 A 的倒推值比 A 的静态值更准确。用了所记忆的 A 的倒推值,对棋局 E 来说,相当于局部搜索深度加大到 6,因而 E 的结果得到了改善。根据文献报道,Samuel 程序由于有记忆学习机制,最后竟能战胜跳棋冠军。

机械学习基于记忆和检索进行学习,学习方法简单,但学习系统需要具备以下几种能力。

(1) 能实现有组织的存储信息。为了使利用一个已存储的信息比重新计算该值更快,必须有一种快速存取的方法。如在 Samuel 的程序中,通过对棋子位置的布局上加几个重要特征(如棋盘上棋子的数目)作为索引以利于检索。

(2) 能进行信息综合。通常存储对象的数目可能很大,为了使其数目限制在便于管理的范围内,需要有某种综合技术。在 Samuel 的程序中,被存储的对象数目就是博弈中可能出现的各种棋局棋子位置数目,该程序用简单的综合形式来减少这个数目,例如只存储一方棋子位置,既可以使存储的棋子位置数目减少一半,又可以利用对称关系进行综合。

(3) 能控制检索方向。当存储对象越来越多时,其中可能有多个对象与给定的状态有关,这样就要求程序能从有关的存储对象中进行选择,以便把注意力集中到有希望的方向上来。Samuel 的程序采用优先考虑相同评分下具有较少走步的方法就能到达那个对象的方向。

6.3.2 示例学习

示例学习也称实例学习,它是一种归纳学习。示例学习是从若干实例(包括正例和反例)中归纳出一般概念或规则的学习方法。例如学习程序要学习"狗"的概念,可以先给程序提供各种动物,并告知程序哪些动物是狗,哪些不是狗,系统学习后就能概括出狗的概念模型或类型定义,利用这个类型定义就可以作为动物世界中识别狗的分类的准则。这种构造类型定义的任务称为概念学习,当然这个任务所使用的技术必须依赖于描述类型(概念)的方法。下面使用 Winston(1975 年开发)提出的结构化概念学习程序的例子作为模型来说明示例学习的过程。

  Winston 的程序是在简单的积木世界领域中运行,其目的是要建立积木世界中物体概念定义的结构化表示,例如学习房子、帐篷和拱的概念,构造出这些概念定义的结构化描述。

  系统的输入是积木世界某物体(或景象)的线条图,使用语义网络来表示该物体结构化的描述。例如系统要学习拱桥概念,就给学习程序输入第一个拱桥示例,得到的描述如图 6-4 所示,这个结构化的描述就是拱桥概念的定义;接着再向程序输入第二个拱桥示例,其描述如图 6-5 所示,这时学习程序可归纳出如图 6-6 所示的描述。

图 6-4　第一个拱桥的语义网络

图 6-5　第二个拱桥的语义网络

  假定下一步向程序输入一个拱桥概念的近似样品(不同之处是 B、D 相切),并告知程序这不是拱桥(即拱桥的反例),则比较程序会发现当前的定义描述(图 6-6)与近似样品的描述只是在 B、D 节点之间,"不接触"的链接弧有区别。由于近似样品不是拱桥,不是推广当前定义描述去概括它,而是要限制该定义描述适用的范围,因而就要把"不接触"链修改为"必须不接触",这时拱桥概念的描述如图 6-7 所示。这就是机器最后学到的拱桥概念。

图 6-6　学习程序归纳出的语义网络

图 6-7　拱桥概念的语义网络

示例学习不仅可以学习概念,也可以获得规则。这样的示例学习一般是用所谓的示例空间和规则空间实现学习的。示例空间存放着系统提供的示例和训练事件,规则空间存放着由示例归纳出的规则。反过来,这些规则又需要进一步用示例空间的示例来检验,同时也需要运用示例空间中的示例所提供的启发式信息来引导对规则空间的搜索。所以,示例学习可以看作是示例空间和规则空间相互作用的过程。下面给出双空间示例学习的例子。

例 6-1 假设示例空间中有桥牌"同花"概念的两个示例。

示例 1: 花色$(c_1,梅花) \wedge$ 花色$(c_2,梅花) \wedge$ 花色$(c_3,梅花) \wedge$ 花色$(c_4,梅花) \rightarrow$ 同花(c_1,c_2,c_3,c_4)

示例 2: 花色$(c_1,红桃) \wedge$ 花色$(c_2,红桃) \wedge$ 花色$(c_3,红桃) \wedge$ 花色$(c_4,红桃) \rightarrow$ 同花(c_1,c_2,c_3,c_4)

对这两个示例,学习系统运用变量代换常量进行归纳推理,得到一条关于同花的一般性规则:

花色$(c_1,x) \wedge$ 花色$(c_2,x) \wedge$ 花色$(c_3,x) \wedge$ 花色$(c_4,x) \rightarrow$ 同花(c_1,c_2,c_3,c_4)

当然,这条规则还需用更多的示例加以验证。

6.3.3 演绎学习

演绎学习是基于演绎推理的一种学习。演绎推理是一种保真变换,即若前提真则推出的结论也为真。在演绎学习中,学习系统由给定的知识进行演绎的保真推理,并存储有用的结论。例如,当系统能证明$A \rightarrow B$且$B \rightarrow C$,则可得到规则$A \rightarrow C$,那么以后再要求证C,就不必再通过规则$A \rightarrow B$和$B \rightarrow C$去证明,而直接应用规则$A \rightarrow C$即可。演绎学习包括知识改造、知识编译、产生宏操作、保持等价的操作和其他保真变换。

6.3.4 类比学习

这是一种基于类比推理的学习方法。具体来讲,就是寻找和利用事物之间可类比的关系,从已有的知识推导出未知的知识。例如,学生在做练习时,往往在例题和习题之间进行对比,企图发现相似之处,然后利用这种相似关系解决习题中的问题。

类比学习的过程包括以下主要步骤:

(1) 回忆与联想,即当遇到新情况或新问题时,先通过回忆与联想,找出与之相似的已经解决了的有关问题,以获得有关知识。

(2) 建立对应关系,即建立相似问题知识和求解问题之间的对应关系,以获得求解问题的知识。

(3) 验证与归纳,即检验所获知识的有效性,如发现有错,就重复上述步骤进行修正,直到获得正确的知识。对于正确的知识,经过推广、归纳等过程取得一般性知识。

例如,设对象的知识是用框架集来表示,则类比学习可描述为把原框架中若干个槽的值传递到目标框架中的一些槽中,这种传递分两步进行:

(1) 利用原框架产生若干个候选的槽,这些槽值准备传递到目标框架中。

(2) 利用目标框架中现有的信息来筛选第一步提出来的某些相似性。

案例(范例)学习就是一种典型的类比学习。案例学习利用问题之间的某种相似关系,将已有成功案例的参数、模型或者方法等用于解决类似的问题,这方面已有不少成功的案例。

近年来在神经网络学习中兴起的迁移学习(transfer learning)也是一种类比学习。迁移学习利用问题之间的某种相似关系,将已经训练好的网络模型参数用于新的网络模型,以加快新模型的训练。

总之,类比学习使机器具有"举一反三""触类旁通"的能力,以期收到事半功倍的效果。

6.3.5　决策树学习 *

决策树学习是一种重要的归纳学习。其原理是用构造树形数据结构的方法从一批事实数据集中归纳总结出若干条分类、决策规则。

1. 什么是决策树

决策树(decision tree)也称判定树,它是由对象的若干属性、属性值和有关决策组成的一棵树。其中的结点为属性(一般为语言变量),分枝为相应的属性值(一般为语言值)。从同一结点出发的各个分枝之间是逻辑"或"关系;

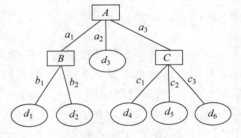

根结点为对象的某一个属性;从根结点到每一个叶子结点的所有结点和边,按顺序串连成一条分枝路径,位于同一条分枝路径上的各个"属性-值"对之间是逻辑"与"关系,叶子结点为这个与关系的对应结果,即决策。例如图 6-8 就是一棵决策树。其中,A,B,C 代表属性,a_i,b_j,c_k 代表属性值,d_l 代表对应的决策。处于同一层的属性(如图中的 B、C)可能相同,也可能不相同,所有叶子

图 6-8　决策树示意图

结点(如图中的 d_l,$l=1,2,\cdots,6$)所表示的决策中也可能有相同者。

从图 6-8 不难看出,在一棵决策树上从根结点到每一个叶子结点的分枝路径上的诸"属性-值"对和对应叶子结点的决策,刚好构成一个产生式规则:诸"属性-值"对的合取构成规则的前提,叶子结点的决策就是规则的结论。例如,图 6-8 中从根结点 A 到叶子结点 d_2 的这一条分枝路径就构成规则

$$A=a_1 \wedge B=b_2 \Rightarrow d_2$$

而不同分枝路径所表示的规则之间为析取关系。

这样,一棵决策树实际上就表示了一组产生式规则;反过来,一组特定的产生式规则也可以表示成一棵决策树。这就是说,决策树也是一种知识表示形式。由产生式规则的表达能力可知,决策树也可以描述分类、决策、预测、诊断、评判、控制、概念判定等性质的知识。下面再举几个决策树的例子。

例 6-2　机场指挥台关于飞机起飞的简单决策树(见图 6-9)。

例 6-3　一个描述"兔子"概念的决策树(见图 6-10)。

图 6-9 飞机起飞的简单决策树   图 6-10 "兔子"概念的决策树

2. 怎样学习决策树

决策树学习要有一个实例集。实例集中的实例都含有若干"属性-值"对和一个相应的决策、结果或结论。一个实例集中的实例要求应该是相容的,即相同的前提不能有不同的结论(当然,不同的前提可以有相同的结论)。对实例集的另一个要求是,其中各实例的结论既不能完全相同也不能完全不相同,否则该实例集无学习意义。

决策树学习的基本方法和步骤是:

首先,选取一个属性,按这个属性的不同取值对实例集进行分类,并以该属性作为根结点,以这个属性的诸取值作为根结点的分枝,开始画树。

然后,考察所得的每一个子类,看其中的实例的结论是否完全相同。如果完全相同,则以这个相同的结论作为相应分枝路径末端的叶子结点,否则,选取一个非父结点的属性,按这个属性的不同取值对该子集进行分类,并以该属性作为结点,以这个属性的诸取值作为结点的分枝,继续画树。如此继续,直到所分的子集全都满足:实例结论完全相同,而得到所有的叶子结点为止。这样,一棵决策树就被生成。下面进一步举例说明。

设表 6-1 所示的是某保险公司的汽车驾驶保险类别划分的部分实例,将这张表作为一个实例集,用决策树学习来归纳该保险公司的汽车驾驶保险类别划分规则。

表 6-1 汽车驾驶保险类别划分实例集

序号	实 例			
	性别	年龄段	婚姻状况	保险类别
1	女	＜21	未	C
2	女	＜21	已	C
3	男	＜21	未	C
4	男	＜21	已	B
5	女	≥21且≤25	未	A
6	女	≥21且≤25	已	A
7	男	≥21且≤25	未	C

序号	实例			
	性别	年龄段	婚姻状况	保险类别
8	男	≥21 且≤25	已	B
9	女	>25	未	A
10	女	>25	已	A
11	男	>25	未	B
12	男	>25	已	B

可以看出,该实例集中共有 12 个实例,实例中的性别、年龄段和婚姻状况为三个属性,保险类别就是相应的决策项。为表述方便起见,下面将这个实例集简记为

$S = \{(1,C),(2,C),(3,C),(4,B),(5,A),(6,A),(7,C),(8,B),(9,A),(10,A),$
$\quad (11,B),(12,B)\}$

其中每个元组表示一个实例,前面的数字为实例序号,后面的字母为实例的决策项保险类别(下同)。另外,为了简洁,在下面的决策树中用"小""中""大"分别代表"<21""≥21 且≤25""≥25"这三个年龄段。

显然,S 中各实例的保险类别取值不完全一样,所以需要将 S 分类。对于 S,按属性"性别"的不同取值将其分类。由表 6-1 可见,这时 S 应被分类为两个子集

$$S_1 = \{(3,C),(4,B),(7,C),(8,B),(11,B),(12,B)\}$$
$$S_2 = \{(1,C),(2,C),(5,A),(6,A),(9,A),(10,A)\}$$

于是,得到以性别作为根结点的部分决策树,见图 6-11。

S: {(1,C), (2,C), (3,C), (4,B), (5,A), (6,A), (7,C), (8,B), (9,A), (10,A), (11,B), (12,B)}

性别

男　　　女

S_1: {(3,C), (4,B), (7,C), (8,B), (11,B), (12,B)}　　S_2: {(1,C), (2,C), (5,A), (6,A), (9,A), (10,A)}

图 6-11　决策树生成过程-1

考察 S_1 和 S_2,可以看出,在这两个子集中,各实例的保险类别也不完全相同。这就是说,还需要对 S_1 和 S_2 进行分类。对于子集 S_1,按"年龄段"将其分类;同样,对于子集 S_2,也按"年龄段"对其进行分类(注意:对于子集 S_2,也可按属性"婚姻状况"进行分类)。据此,分别得到子集 S_{11},S_{12},S_{13} 和 S_{21},S_{22},S_{23},并进一步得到含有两层结点的部分决策树,如图 6-12 所示。

应当注意到,这时除了 S_{12} 和 S_{13} 外,其余子集中各实例的保险类别已完全相同。所以,无须再对其进行分类,而每一个子集中那个相同的保险类别值就可以作为相应分枝的叶子结点。添加上这些叶子结点,又进一步得到发展了的部分决策树,如图 6-13 所示。

接着对 S_{12} 和 S_{13},按属性"婚姻状况"进行分类(也只能按"婚姻状况"进行分类)。由于所得子集 S_{121},S_{122} 和 S_{131},S_{132} 中都只含有一个实例,因此无须对它们再进行分类。这时这 4 个子集中各自唯一的保险类别值也就是相应分枝的叶子结点。添加上这 4 个叶子结点,就得到如图 6-14 所示的决策树。

图 6-12 决策树生成过程-2

图 6-13 决策树生成过程-3

图 6-14 决策树生成过程-4

至此,全部分类工作宣告结束。现在,再去掉图 6-14 中的所有实例集,就得到关于这个保险类别划分问题的一棵完整的决策树,如图 6-15 所示。

图 6-15 完整的决策树

由这个决策树得到下面的规则集:
① 女性且年龄在 25 岁以上,则给予 A 类保险;
② 女性且年龄在 21～25 岁,则给予 A 类保险;
③ 女性且年龄在 21 岁以下,则给予 C 类保险;
④ 男性且年龄在 25 岁以上,则给予 B 类保险;
⑤ 男性且年龄在 21～25 岁且未婚,则给予 C 类保险;
⑥ 男性且年龄在 21～25 岁且已婚,则给予 B 类保险;
⑦ 男性且年龄在 21 岁以下且未婚,则给予 C 类保险;
⑧ 男性且年龄在 21 岁以下且已婚,则给予 B 类保险。

这个规则集就是通过决策树学习得到的某保险公司的汽车驾驶保险类别划分规则。从 12 个实例中归纳出 8 条规则(当然,①、②两条规则还可以手工地合并为 1 条规则),这 8 条规则之间是析取关系。

由上面的例子可以看到,决策树的构造是基于实例集的分类进行的,或者说,决策树的构造过程也就是对实例集的分类过程;最终得到的从根结点到叶子结点的一条路径对应实例集的一个子类,同时也就描述了该子类的判别规则。

所以,由一个实例集得到的一棵决策树就覆盖了实例集中的所有实例。如果实例集中的实例本身就是规则,则决策树学习相当于规则约简。更重要的是,决策树还能对实例集之外的相关对象进行分类决策。

本节介绍了决策树学习的基本过程,但根结点和其他子结点的属性都是随意选取的。显而易见,不同的属性选择会得到不同的决策树,而不同的决策树意味着不同的学习效率和学习效果。自然,我们希望得到最简的决策树,于是就出现了一个问题:怎样选取属性才能使得决策树最简呢? 对于这个问题,已有不少解决方案。由于篇幅所限,这里不再介绍。

6.4 强化学习

6.4.1 简单原理

强化学习(RL),亦称增强学习,是针对智能机器人或更一般的智能体(Agent,后面第 9 章将介绍)在与环境交互的过程中获得最优动作决策和最优行动策略(policy,即最优动作序列)的一种机器学习方法。

强化学习所解决的一类问题可简单描述如下。

(1) 如图 6-16 所示,设机器人 R 在某个环境(environment)E 中工作,E 有若干个不同的状态(state)$s_1, s_2, \cdots, s_n$,相邻两个状态 s_i 与 s_j 之间可通过 R 的某一动作(action)a 相联系或转换,即在状态 s_i 下机器人 R 执行动作 a 后环境 E 的状态就变为状态 s_j(这也就相当于机器人 R 从状态 s_i 到达了状态 s_j)。(设想机器人 R 在房间内将一个箱子从某处搬到另一处的货架上,则其每一个动作就会使房间中的场景发生微小变化。)

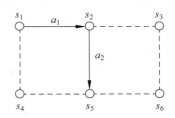

图 6-16 环境 E 的状态与机器人 R 的动作之间的关系图示示例

(2) 设机器人 R 要从某个起始状态 s_s 到达目标状态 s_g(假设从 E 的任一状态 s 出发都能到达目标状态 s_g),但他并不知道在当前状态下该做哪一个动作(即每一步该如何走)才能最快到达目标 s_g。(对于上面那个例子,相当于机器人 R 开始时不知道该如何搬运箱子。)

(3) 所幸的是 R 执行一个动作之后,环境 E 一般会立即对其做出评判,给 R 反馈一个奖/惩(reward)值。反馈奖/惩值的原则和做法是:如果在当前状态下机器人 R 所做的一个动作是在到达目标状态 s_g 的正确的"路径"或"方向"上,则给 R 反馈一个正分值作为"奖赏";如果这个动作不在正确的"路径"和"方向"上甚至在错误的"路径"或"方向"上,则反馈一个 0 值或负分值作为"惩罚"。机器人 R 与环境 E 的这种交互如图 6-17 所示。

图 6-17 机器人 R 与环境 E 的交互关系示意

(4) 现在的问题是:在与环境的交互过程中,机器人 R 如何得到一系列最优动作决策而形成一个从起始状态 s_s 到达目标状态 s_g 的最优行动策略,即一个最优动作序列?

可以看出,如果仅考虑一个起始状态 s 到相应目标状态 s_g 的动作序列问题,那实际就是一个路径规划问题。于是,用状态图搜索方法(3.2 节),以奖/惩值作为启发式信息来引导搜索,就可以求得一个最优动作序列。然而,这类问题的情况是,任一非目标状态 s 都可能作为起始状态,因而对任一非目标状态都要确定一个到达目标状态 s_g 的最优动作序列。由图 6-16 不难看出,这实际上就是对任一非目标状态 s,要选择其下的一个有利于尽快到达目标状态的最优动作 a。用数学语言来表述,就是要构造环境 E 的状态集合 S 到机器人 R

的动作集合 A 的一个映射 π：

$$S \to A, a = \pi(s)$$

使得对于任一状态 $s \in S$，都有一个最优动作 $a \in A$ 与之对应。例如，图 6-18 所示的就是一个这样的映射 π：$(s_1,$ $a_{11}), (s_2, a_{22}), (s_3, a_{31}), (s_4, a_{42}), (s_5, a_{51})$。这类似于在一个城市中的每一个岔路口都设立了一个指向某一地点(如市中心)的路标。

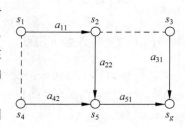

图 6-18 状态集合 S 到动作集合 A 的映射 π 图示示例

可以看出，这样的一个映射 π 就蕴含了从任一状态 s 到目标状态 s_g 的一个最优动作序列。于是，从映射 π 就可以进一步得到起始于任一特定状态的最优行动策略。所以，这个映射 π 也就是机器人 R 的一个行动总策略，而强化学习的任务就是要学习这个总策略 π。

如何学习这个总策略 π 呢？

假设在所讨论的问题中，每个状态 $s \in S$ 下的每个动作 a 都有一个即时反馈奖/惩值 $f(s,a)$。设想机器人 R 可通过某种方式遍历所有状态和动作并记下相应的即时奖/惩值 $f(s,a)$。于是，最终得到一个包含所有 $f(s,a)$ 的数据表。然后，机器人 R 再通过接连进行"查表-选择"得到一个策略 π。这个策略 π 也就是机器人 R 通过与环境交互所学到的解决相应问题的知识。

6.4.2 Q 学习算法 *

上面的学习方法仅适用于那些对机器人 R 的每一个动作，环境 E 都给出即时奖/惩值(就像城市中的每个岔路口都有路标)的问题，然而，在许多实际问题中并非每个动作都有即时奖/惩值(就像乡间小道上的岔路口一般都没有什么路标)，有些问题(例如下棋)甚至只有到达目标状态时相应动作的奖/惩值才会被揭晓。这个仅最后一个动作才有的即时奖/惩值也称为整个动作序列的即时奖/惩值，而对于动作序列中的其余动作，这个奖/惩值则是一种延迟奖/惩值(delayed reward)。

还有一种情况，就是仅由即时奖/惩值来确定最优动作而得到的策略和行动序列未必一定是最优的。因为延迟奖/惩值对一个动作的优劣也有一定影响，所以，将即时奖/惩值和延迟奖/惩值结合起来考量，方可更准确地选出最优动作，从而进一步得到最优策略 π。

为了能在更广泛的实际问题中使用强化学习而且使学习所得的策略 π 尽可能最优，人们又提出了不少理论和方法，如引入了价值函数(value function)、Q 函数和 Q 学习算法等概念和方法。由于篇幅所限，下面简单介绍一下 Q 学习算法(在下面的叙述中，用更一般的智能体即 Agent 替换机器人 R)。

用 $r(s,a)$ 标记状态 s 下动作 a 的即时奖/惩值，用 s' 标记状态 s 下由动作 a 产生的新状态，用 a' 标记状态 s' 下的动作。令

$$Q(s,a) = r(s,a) + \gamma \max_{a'} Q(s',a') \tag{6-1}$$

称为 **Q 函数**，其中 $0 \leqslant \gamma < 1$ 为一常数，称为折算因子。

此式是 Q 函数的递归定义，此式可以用迭代的方法求得每一对 (s,a) 的最大积累奖/

惩值。但由于每个状态下的每个动作的即时奖/惩值不一定全部被提供,Q 函数值一般不能直接求得。于是,用 Q' 来表示学习器对实际 Q 函数的估计,或者说假设,并用一个大表表示 Q',其中为每一个"状态-动作"对 (s,a) 设置了一个表项,用来存储 $Q'(s,a)$ 的值,即对未知的 $Q(s,a)$ 值做出的假设。此表可被初始化为随机值(一般被置为 0),于是,就有了 Agent 学习 Q 函数[实际是通过 Q 函数求每个(s,a)的最大积累奖/惩值]的算法。

Q 学习(Q-learning)算法

对每个(s,a),初始化表项 $Q'(s,a)$ 为 0,

重复下面的过程(episode),直到所有 $Q'(s,a)$ 被更新并收敛[即 $\max\limits_{s\in S}|Q'^{(t+1)}(s)-Q'^{(t)}(s)|<\theta$]:

选取一个状态作为当前状态 s,

重复以下步骤,直到 s 为目标状态 s_g:

选择 s 下的一个动作 a 并执行,

接收即时奖/惩值 $r(s,a)$,

在新状态 s' 下,对 $Q'(s,a)$ 按下式更新

$$Q'(s,a)=r(s,a)+\gamma\max\limits_{a'}Q'(s',a')$$

将新状态 s' 作为当前状态 s。

从此算法可以看出,表 Q' 中的各表项被初始化以后,Agent 选取一个状态作为当前状态 s,然后选取状态 s 下的一个动作 a 并执行而收到即时奖/惩值 $r(s,a)$,当 Agent 从当前状态 s 进入后继的新状态 s' 后,将新状态的 Q' 值反回来向后传播给旧状态 s,即用 $r(s,a)+\gamma\max\limits_{a'}Q'(s',a')$ 更新 $Q'(s,a)$;然后,又将新状态 s' 作为当前状态 s。这一过程反复进行,直到某一次所转换的新状态为目标状态 s_g。这个从初始状态到目标状态的转换过程称为一个训练情节或片段(episode)。当有足够多的训练情节时,反馈信息会从有非 0 即时奖/惩值或非 0 的 Q' 值的动作向后传播到整个"状态-动作"空间,最终得到一个 Q' 表,其中的表项就是每一个状态下每一个动作的 Q' 值。

那么,这样得到的 Q' 值能代替相应的 Q 函数值而作为相应动作的最大积累奖/惩值吗?已经通过数学证明,只要系统满足:①被建模为一个确定性马尔科夫决策过程(Markov Decision Process,MDP,即由动作 a 所产生的新状态 s_n 只与当前状态 s 和动作 a 相关而与 s 之前的状态和动作无关);②奖/惩值 $r(s,a)$ 有界;③动作的选择能使每个"状态-动作"对被无限频繁访问,则使用此算法所得的 Q' 在极限时会收敛到实际的 Q 函数。上面的 Q 学习算法正是在前两个约定下设计的,至于第三个条件,人们则想了一些让 Agent 探索(exploration)前进的方法,如赋予每个动作一个非 0 概率来控制动作选择。

这样,有了这个 Q' 表就可以进一步由各动作的 Q' 值来确定每个状态下的一个最优动作,而得到一个最优策略 π^*,进而得到一个从起始状态到目标状态的最优行动策略。

下面看一个简单的例子。如图 6-19 所示,环境 E 有 6 个状态:s_{11}、s_{12}、s_{13}、s_{21}、s_{22}、s_{23},分别用 6 个小圆圈表示,其中 s_{13} 为目标状态。图中两个状态结点的连线表示两个结点的转换关系;无箭头虚线表示双向关系但未有动作实施;带箭头实线表示由箭头尾端的状态发出的动作;每个状态结点附近连线旁边的数字为该状态下各动作的 Q' 值。另外,设置所有即时奖/惩值 $r(s,a)=0$,设置折算因子 $\gamma=0.9$。图 6-19(a)中的数字是学习前的初

始 Q' 表（注意：这里连接目标状态 s_{13} 的两个动作的初始 Q' 值为 100 而非 0）；图 6-19(b)中的数字是第一轮学习（即第一个情节）结束后的 Q' 表中的数据。

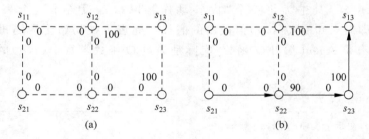

图 6-19　Q 学习过程图示

从带箭头实线及其方向可以看出，第一轮学习时 Agent 首先选取 s_{21} 为当前状态，并选向右的动作执行，于是，Agent 进入状态 s_{22}，用式(6-2)更新状态 s_{21} 的 Q' 值

$$Q'(s_{21}, a_{\text{right}}) = r(s, a_{\text{right}}) + \gamma \max_{a'} Q'(s_{22}, a')$$
$$= 0 + 0.9 \max\{0, 0, 0\} \quad (r(s, a_{\text{right}}) = 0, \gamma = 0.9)$$
$$= 0 \tag{6-2}$$

然后，Agent 将 s_{22} 作为当前状态，并选向右的动作执行，于是，Agent 进入状态 s_{23}，接着用式(6-3)更新状态 s_{22} 的 Q' 值

$$Q'(s_{22}, a_{\text{right}}) = r(s, a_{\text{right}}) + \gamma \max_{a'} Q'(s_{23}, a')$$
$$= 0 + 0.9 \max\{0, 100\}$$
$$= 90 \tag{6-3}$$

然后，Agent 将 s_{23} 作为当前状态，并选向上的动作执行，于是，Agent 进入状态 s_{13}。由于 s_{13} 已是目标状态，所以 Agent 不再更新状态 s_{23} 向上动作的 Q' 值。至此，第一轮学习结束。比较图 6-19(a)和图 6-19(b)中的 Q' 值，可以看出，通过第一轮学习，状态 s_{22} 向右动作的 Q' 值由原来的初始化预设值 0 变为 90，向上动作的 Q' 值则未改变，其余状态的所有 Q' 值也均未改变。

由于状态 s_{21} 的 Q' 值并未改变，所以下一轮学习时 Agent 仍可首先选择 s_{21} 为当前状态，并选向右或向上的动作执行。不难看出，这时当 Agent 执行向右的动作时，相应的 Q' 值 $Q'(s_{21}, a_{\text{right}})$ 会被更新为 81；但再继续向右或向上移动直到目标状态 s_{13}，所经状态 s_{22}、s_{23} 或 s_{12} 的相应 Q' 值并未改变。这样，通过多轮学习之后，各状态下的各动作的 Q' 值全部被更新（如图 6-20 所示），而且保持不变（其余 Q' 值的更新过程留给读者完成）。这样，就得到一张记录各状态下各动作的 Q' 值亦即最大积累奖/惩值的数据表，即 Q' 表。

有了这个 Q' 表，Agent 就可以通过查表很容易地得到所求的最优策略 $\pi^*: S \to A$。事实上，观察图 6-20 可以看出，下面的 5 个序对就构成一个最优策略 π^*：

$$(s_{11}, a_{\text{right}}), (s_{12}, a_{\text{right}}), (s_{21}, a_{\text{right}}), (s_{22}, a_{\text{right}}), (s_{23}, a_{\text{up}})$$

其直观表示如图 6-21 所示。

图 6-20 最终学得的 Q' 表图示

图 6-21 最优策略 π^* 图示

有了这个最优策略 π^*,就可以进一步得到以任一非目标状态为起始状态的最优行动策略。例如,以 s_{21} 为起始状态的最优行动策略(即最优动作序列)就是:

$$a_{\text{right}}, a_{\text{right}}, a_{\text{up}}$$

现在我们看到,在这里强化学习的重心已经不是最优策略 π^*,而是 Q' 表了。另外,我们还看到,当除了连接目标状态的动作外的所有动作的即时奖/惩值全为 0 时,最终所得到的全部 Q' 值实际都是由学习算法生成的。这就是说,在没有任何环境反馈信息的情况下,用 Q 学习算法仍能得到一张反映各状态下各动作最大积累奖/惩值的 Q' 表,这正是 Q 学习算法的厉害之处。

最后需说明的是,Q 学习所得的总策略 π^* 可能不唯一。事实上,只要至少有一个状态具有至少两个相等 Q' 值的最优动作,则由学习所得的 Q' 表就可以构造出至少两个总策略 π^*。这就是说,一个 Q' 表中可能蕴含着多个总策略 π^*。例如,上面图 6-20 所示的 Q' 表中就蕴含了 4 个总策略 π^*(上面给出的只是其中一个,其余三个由读者指出)。

6.4.3 强化学习的发展概况

强化学习并不是一个新课题和新方法。考虑到动态规划与强化学习的联系,可以说从 20 世纪 50 年代人们就开始研究强化学习了,而且取得了不少成果和进展。事实上,20 世纪 50 年代 Bellman 等人就用动态规划方法研究了路径规划问题,并提出了著名的 Bellman-Ford 最短路径算法和作为解决马尔科夫决策过程的动态规划方法基础的 Bellman 等式

$$(\forall s \in S) \, V^*(s) = E[r,(s,\pi(s)) + \gamma \, V^*(\delta(s,\pi(s)))] \tag{6-4}$$

(上述的最优策略 π^* 就与这个等式密切相关);1992 年 Watkins 提出了 Q 学习算法,Tesauro(1995)描述的一个 TD-Gammon 程序也是采用强化学习而成为世界级西洋双陆棋选手。这个程序经过 150 万个自生成的对弈训练后,便达到接近人类最佳选手的水平,在国际联赛中与顶尖棋手对弈取得了良好的成绩。随后在机器人控制、电梯调度等课题中也使用了强化学习。1998 年 Button 提出了 TD(λ)算法,1999 年 Thrun 提出了部分可观测马尔科夫决策过程中的蒙特卡洛方法,2006 年 Kocsis 提出了置信上限树算法,2014 年 Silver 等人提出了确定性策略梯度算法。2016—2017 年围棋程序 AlphaGo 的辉煌战绩更加引起了人们对强化学习的注目,强化学习很快成为人工智能的一个研究热点。

强化学习是一种交互式学习,经过多年的发展,它已经有了丰富的内容。上面两节所讨论的强化学习只是状态转换和反馈信息为马尔科夫决策过程的确定性的强化学习。这就是说,还有状态转换和反馈信息为非马尔科夫决策过程或者非确定性的强化学习。而 6.4.2

节所介绍的 Q 学习算法只是时间差分(Temporal Difference,TD)学习算法的一个特例,而且它是一个值迭代算法。进一步,Q 学习算法还被扩展到非确定性的马尔科夫决策过程,而且还给出了策略迭代算法。还有,值函数 $V(s)$ 被定义为折算积累奖/惩值,但也有人将 $V(s)$ 定义为有限水平奖/惩值 $\left(\sum_{i=0}^{h} r_{t+i}\right)$ 和平均奖/惩值 $\left(\lim_{h\to\infty}\frac{1}{h}\sum_{i=0}^{h} r_{t+i}\right)$。另外,人们还将神经网络引入强化学习,开发了不少应用程序。随后,人们又开发出了诸如 SARSA、Policy Gradients、Actor-Critic、Monte-carlo learning 等一系列算法,它们又被分类为 Model-free、Model-based、Policy-based、Value-based 等。特别是,深度学习出现后,人们又将强化学习与深度学习相结合(如建立了 Deep-Q-network,2013 年由 Google 的 DeepMind 提出),并进一步提出深度强化学习的研究课题和方向,而且已取得了不少突破性的进展。人们试图将深度学习的感知能力与强化学习的决策能力相结合实现一种更接近人类思维方式的人工智能系统。

在应用方面,除了传统的机器博弈、游戏、机器人行动规划和 Agent 等领域外,强化学习的应用越来越广泛,例如,在无人机导航、智能驾驶、机器人足球赛、调度任务、库存管理、动态定价、客户投递、医疗方案制定、顾客行为分析、投资决策、广告服务等诸多场景和领域都有使用强化学习的案例。

延伸学习导引

- 关于符号学习可参阅文献[118]第 9 章、第 12.3 节及其他有关文献进一步延伸学习。
- 决策树学习是一种重要的学习技术,可参阅文献[118]第 9 章及其他有关文献进一步延伸学习。
- 强化学习可参阅文献[118]第 9 章及其他有关文献进一步延伸学习。
- 遗传算法等进化计算方法也是机器学习和问题求解的有效优化技术,可参阅文献[118]第 4 章延伸学习。

习题 6

1. 简述机器学习的原理和分类。
2. 机器学习有哪几种途径?
3. 符号学习和连接学习各有哪些方法?
4. 什么是决策树学习?简述其基本步骤和过程。
5. 参照图 6-9、图 6-10 和图 6-15,自选概念、规则或(分段)函数,用决策树表示之。
6. 试述强化学习的简单原理。
7. 观察图 6-18,在目标状态不变的情况下是否还可能存在另外一个映射 π?如果可能存在,请说明理由,写出并图示构造的映射 π;如果不可能存在,也请说明理由。

机器学习与知识发现(二)

本章介绍统计学习、神经网络学习、深度学习和数据挖掘与知识发现。

7.1 统计学习

7.1.1 概述

我们知道,统计方法是从事物的外在数量表现上推测事物内在规律的一种科学方法。电子计算机的出现极大地推动了这一方法的发展,进而出现了让计算机(机器)执行以统计、概率和其他数学理论为基础的算法,处理相关样本数据以发现其中的模式或规律的"机器学习"方法——统计机器学习,即统计学习(Statistical Learning,SL)。

经过多年的发展,统计学习现在已成为一门内容丰富的大学科。统计学习指以样本数据为依据,以统计、概率和其他数学理论为基础,以数值计算为方法的一类机器学习。统计学习目前的典型方法就是支持向量机(SVM)或者更一般的核机器。

统计学习的主要工作和过程是:首先准备样本数据;然后针对样本数据的特点,选择或设计某种数值模型或概率模型、准则函数(criterion function)(如误差、损失、代价、风险函数等)、学习策略和算法;最后编程实现以归纳或估算一个最优模型。

统计学习的主要任务是发现或估计隐藏于样本数据中的类别关系、函数关系或模式(类)以解决相关的分类(classification)、回归(regression)或聚类(clustering)等问题。这样,统计学习又可分为面向分类的学习、面向回归的学习和面向聚类的学习等。

面向分类的学习大体有两条技术路线:一条是数值路线;另一条是概率路线。所谓数值路线,就是依据样本数据的特点用代数、几何等数学方法选择或构造问题的假设数值模型(一般为代数表达式函数)作为学习目标,进而在某种误差函数的约束下选择或设计某种优化方法,通过反复计算-修正(即搜索)而归纳出一个最优模型作为学习结果。所谓概率路线,就是基于样本数据用统计、概率的理论和方法选择或构造相应的假设概率模型(一般为概率表达式函数),进而在某种误差、损失或风险函数的约束下,通过有关统计、概率理论而估算出一个最优模型作为学习结果。一般来讲,数值路线的学习结果是问题的近似解,而概率路线的学习结果是可能解。数值路线的典型方法有距离分类、几何分类和支持向量机等;概率路线的典型方法有朴素贝叶斯分类、最大似然估计、贝叶斯估计、贝叶斯学习、Logistic回归等。

面向回归的学习与面向分类的学习的数据形式相似,只是回归学习的数据对中的响应值(也称输出值)一般是实数,而不是分类学习中的类别标记。所以,回归学习的模型、约束、策略、算法等与数值路线的分类学习既相似又有区别。

聚类学习面向无响应值的数据,其目标是发现数据所表征的类别模式。聚类学习也有许多经典算法,如 k-均值算法、期望最大化算法、谱聚类算法和层次聚类算法等。

统计学习是一种基于样本数据的学习,而样本数据一般是 n 维向量(称为特征向量)或者 n 维向量与符号或数值组成的序对,所以统计学习的方法主要是监督学习和无监督学习。

决策树学习是一种独特的监督学习方法,它不仅可用于符号学习,也可用于统计学习。在统计学习中,它既可用于分类学习也可用于回归学习;既可走数值路线,也可走概率路线。

根据学习方式的不同,统计学习又可分为参数学习方法和非参数学习方法。参数学习方法先把估计概率密度函数、判别函数或回归函数的问题归结为估计少量参数值的问题,然后用某种算法学习这些参数值,得到参数后再用参数确定的函数表达式求出实际问题的解。非参数方法则不需通过参数学习相关的函数表达式,而是利用样本数据直接估算某一概率密度函数或概率,或者根据数据之间的某种相似关系采用某种插值方法直接求出实际问题的解。

统计学习大约已有 30 余年的发展历程了,其内容已非常丰富,远非一个节所能容纳得下。所以,下面以举例的方式对统计学习做一初步介绍。

7.1.2　回归问题的线性函数模型学习,梯度下降法

设有样本数据如表 7-1 所示。

表 7-1　样本数据

x_i	1.5	2.3	3.2	3.2	4.1	5.7
y_i	3	4	5	5.6	7	10

它们所构成的数据点在 xy 空间中的分布如图 7-1 所示,这些数对表征了某种相关关系或函数关系,如某种商品的某一性能指标与其价格之间的相关关系。但究竟是怎样的关系,还不得而知。于是,我们考虑能否用机器学习(这里是统计学习)解决这一问题。鉴于样本数据的"对应"特点(即由自变量值和对应值组成),我们选用监督学习的方法来揭示这一对应关系并获取其近似函数表达式。

观察这些样本数据点可以发现,这些数据点大体呈直线状。于是,我们选用线性函数 $y = ax + b$ 作为机器

图 7-1　样本数据散点图

学习的假设模型(类),也就是用线性函数 $y=ax+b$ 来拟合这些样本数据。具体做法是利用这些样本数据来确定函数式中未知系数 a 和 b 的取值,即模型中参数 a、b 的值。这里,不考虑用通常的解方程方法求出 a、b 的值,而是要通过"试验"的方法寻找合适的参数值,亦即能使相应函数值 $y=ax_i+b$ 与样本数据中的 $y_i(i=1,2,\cdots,5)$ 之间的误差最小的参数值。为此,设

$$E(a,b)=\frac{1}{2}\sum_{i=1}^{n}\left[y_i-(ax_i+b)\right]^2 \tag{7-1}$$

作为评价学习效果的准则函数,称为误差函数,再设定一个 $\varepsilon>0$,作为误差函数值 $E(a,b)$ 的上限,那么

$$E(a,b)<\varepsilon \tag{7-2}$$

就是我们的评价准则。

为了找出能满足式(7-2)的 a、b 值,先分别给 a、b 随机地赋一初值,然后代入式(7-1)计算误差 $E(a,b)$。如果 $E(a,b)$ 不满足式(7-2),就修正 a、b 的赋值,然后再计算误差 $E(a,b)$,如此反复进行,直到误差 $E(a,b)$ 满足式(7-2)。这时,所得的 a、b 值即为所求。当然,要把这一过程设计成算法,让机器来执行,即实现所称的机器学习。

设 $a\in U\subset \mathbf{R}, b\in V\subset \mathbf{R}$($\mathbf{R}$ 为实数域)。可以看出,这个反复修正 a、b 取值的过程,也就是在相应的空间 $U\times V$ 中搜索可满足误差要求的最佳点 (a^*,b^*) 的过程。然而,空间 $U\times V$ 是一个二维向量空间,有无穷个点,那么,该如何寻找我们所需的点 (a^*,b^*) 呢? 显然,要尽快找到点 (a^*,b^*),必须用某种信息或知识来导航。考虑到一个函数 f 在其定义域中任一点的梯度 grad f(或记为 ∇f)总是指向函数值上升最快的方向,而相应的负梯度则指向函数值下降最快的方向,我们用误差函数 $E(a,b)$ 在点 (a,b) 的负梯度

$$-\nabla E(a,b)=-\left(\frac{\partial E(a,b)}{\partial a},\frac{\partial E(a,b)}{\partial b}\right)=\left(-\frac{\partial E(a,b)}{\partial a},-\frac{\partial E(a,b)}{\partial b}\right) \tag{7-3}$$

来引导搜索,即确定当前点 (a,b) 的下一个点 (a',b') 的所在方向和位置。用梯度引导函数极小值点的搜索,就是著名的**梯度下降法**(gradient descent),亦称最速下降法。这就是说,问题现在已转化为或归结为关于误差函数 $E(a,b)$ 的最优化问题了,而我们要采用梯度下降法来求解这个最优化问题。

由矢量代数知识和梯度下降法原理,在搜索过程中点 (a,b) 的变换公式亦即系数 a、b 取值的修正公式为

$$(a,b)=(a,b)-\eta\,\nabla E(a,b) \tag{7-4}$$

其中 $0<\eta\leqslant 1$,称为学习因子或学习率,用以控制搜索时的移动步长亦即参数值修正量的大小,以免因步子太大而跨过了最佳点 (a^*,b^*) 或者因步子太小而进展缓慢。式(7-4)是用向量表示的修正公式,写成分量形式则为

$$a=a-\eta\,\frac{\partial E}{\partial a} \tag{7-5}$$

$$b=b-\eta\,\frac{\partial E}{\partial b} \tag{7-6}$$

注意:式(7-5)是说,如果偏导 $\dfrac{\partial E}{\partial a}>0$[说明在坐标 a 的方向上,函数 $E(a,b)$ 递增],就

给当前的分量 a 减一个量(即后退一步);如果偏导 $\dfrac{\partial E}{\partial a}<0$[说明在坐标 a 的方向上,函数 $E(a,b)$ 递减],就给当前的分量 a 加一个量(即前进一步)。式(7-6)的语义是类似的。

综上所述,我们给出一个搜索 a、b 最佳取值亦即学习相应线性函数的算法:

(1) 设定一个 η 值和一个误差上限 ε;

(2) 给系数变量 a、b 各赋一个初值;

(3) 将样本中变量 x_i 的取值依次代入函数式 $ax+b$ 求相应的 y 值,并计算总误差

$$E(a,b)=\frac{1}{2}\sum_{i=1}^{n}\left[y_i-(ax_i+b)\right]^2$$

(4) 如果 $E(a,b)<\varepsilon$,则当前的 a、b 取值即为所求,此时算法结束;否则,计算梯度 $\nabla E(a,b)$,修正 a、b 的取值,即令

$$(a,b)=(a,b)-\eta\,\nabla E(a,b)$$

然后转(3)。

假设经机器学习,系数 a、b 分别取 1.95 和 -0.96,于是,得到线性函数

$$y=1.95x-0.96$$

相应的函数图像如图 7-2 所示。

这个函数表达式就是上面数据点所表征的相关关系或函数关系的近似表达式。有了这个函数表达式,就可以对新的 x 值的对应值 y 做出预测。

从图 7-2 中我们看到,样本数据点分布于直线两旁,形成向直线靠拢的"回归"态势。所以,上面的这个机器学习所解决的问题就是一个所称的回归问题,而我们采用的机器学习方法就是统计学习中的监督学习,其算法则为梯度下降法。

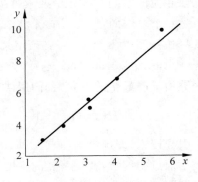

图 7-2　机器学习所确定的函数图像

还需说明的是:

(1) 上面学习中所用的样本一般称为训练样本;由训练样本所得函数表达式还需用测试样本做进一步测试;测试通过后,方可用于新数据对应值的预测。

(2) 梯度下降法解决函数极小值点的搜索问题是一个常用方法,但它的缺点是容易陷入局部极小点(可以看出,梯度下降法与状态图搜索中的盲人爬山法是对偶的,后者容易登上局部极大点而不自知)。另外,对于大规模数据,这种步进式搜索的效率也是个问题。为此,人们又开发出了**随机梯度下降法**(stochastic gradient descent)。

(3) 对于(线性)回归问题,也可以采用统计学中用最小二乘法或正规方程通过解线性回归方程的方法来求解,但在这里主要讨论使用机器学习的求解方法(当然,在有些文献中将最小二乘法这些统计学或数值计算中的已有方法也纳入机器学习)。

(4) 上面关于一元线性函数的学习算法也可推广到多元线性函数的学习中去。

(5) 上面是根据数据点的分布特点,决定采用线性函数作为学习的假设模型。对于较复杂或者无法观察的高维数据分布,就要选择较复杂的函数模型,如二次函数或者更一般的

多项式函数,甚至更复杂的超越函数。当然,也可以采用其他方法将非线性问题转化为线性问题。

7.1.3　分类问题的线性判别函数模型学习

设有下列样本数据:

(x_1, x_2)	(1.5,2.4)	(2.3,2.8)	(3.2,4.1)	(4.1,3.3)	(5.7,4.2)	(3.5,3.6)	(5.5,5.2)	(4.5,3.8)
$y = f(x_1, x_2)$	1	1	0	1	0	0	1	1

其中,$y = f(x_1, x_2)$是一个指示函数,y 为(x_1, x_2)所属类别的标记,取值为 0 和 1。这些样本数据表征了某种聚类关系,如某种商品(以某两个质量指标代表)与其等级之间的对应关系。我们的任务是从这批样本数据中归纳出类别 y 与对象(x_1, x_2)之间的间接或直接的对应关系式,即所谓的判别函数或决策函数,以便建立一个分类规则,对有关新对象进行分类。由样本数据的结构特点,我们选用监督学习方法来归纳相应的判别函数。

这是一个二分类问题。可以考虑为每个类建立一个判别函数,但由物以类聚原理,数据点(x_1, x_2)在相应的几何空间中应该是按类别相聚集的,即同类的点相距较近,不同的类之间应该存在明显的间隙。于是,我们设想,如果能构造一条分界线,将两个点类分隔开来,那么分类问题也就可以解决了。由于直线最简单,所以我们考虑在类 1 和类 0(分别记为 C_0 和 C_1)之间构造一条直线(示意图如图 7-3 所示):

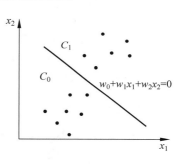

图 7-3　用直线分隔点类示意图

$$w_0 + w_1 x_1 + w_2 x_2 = 0 \qquad (7\text{-}7)$$

这里,x_1、x_2 为变量,w_1、w_2 为系数,w_0 为常数。

令 $g(\boldsymbol{x}) = g(x_1, x_2) = w_0 + w_1 x_1 + w_2 x_2$,那么,对于点 $\boldsymbol{x} \in U \times V \subseteq \mathbf{R}^2$

当 $g(\boldsymbol{x}) < 0$ 时,则 $\boldsymbol{x} \in c_0$;

当 $g(\boldsymbol{x}) > 0$ 时,则 $\boldsymbol{x} \in c_1$

这样,参数 w_0、w_1、w_2 取值未定的函数 $g(\boldsymbol{x}) = w_0 + w_1 x_1 + w_2 x_2$ 就是这个分类问题的假设判别函数模型。$g(\boldsymbol{x})$是一个线性函数,称为线性判别函数。

接下来考虑如何找到最合适的参数 w_0、w_1、w_2。显然,这需要从样本数据中来学习。

为了叙述方便,我们将函数式 $w_0 + w_1 x_1 + w_2 x_2$ 写成系数向量与变元向量的内积的形式,即

$$\sum_{i=1}^{2} w_i x_i + w_0 = \boldsymbol{w}^{\mathrm{T}} \boldsymbol{x} + w_0$$

这里参数 w_1、w_2 称为权值,表示在函数中的重要程度,w_0 称为阈值权或偏置(bias,亦称偏差或偏倚)。从几何意义看,向量 $\boldsymbol{w}$ 为直线 $\boldsymbol{w}^{\mathrm{T}} \boldsymbol{x} + w_0 = 0$ 的法向量(对于多元方程,则 $\boldsymbol{w}^{\mathrm{T}} \boldsymbol{x} + w_0 = 0$ 表示一个平面或超平面,称为决策面,向量 $\boldsymbol{w}$ 为该平面或超平面的法向量),它指向决策线/面的正侧,对应地,另一侧则为负侧。

如果引入 $x_0 = 1$,则上面的函数式可进一步写成

$$\sum_{i=0}^{2} w_i x_i = \boldsymbol{w}^{\mathrm{T}} \boldsymbol{x}$$

原直线方程也就变为

$$\boldsymbol{w}^{\mathrm{T}} \boldsymbol{x} = 0 \qquad\qquad (7\text{-}8)$$

下面简单分析权向量 $\boldsymbol{w}$ 与函数值 $g(\boldsymbol{x}) = \boldsymbol{w}^{\mathrm{T}} \boldsymbol{x}$ 之间的关系。

设 $(\boldsymbol{x}_i, y_i)(\boldsymbol{x}_i \in \boldsymbol{U} \times \boldsymbol{V})$ 为任一样例,对于某一权向量 $\boldsymbol{w}$,如果 $\boldsymbol{w}^{\mathrm{T}} \boldsymbol{x}_i$ 与 y_i 一致,则说明对于样例 $(\boldsymbol{x}_i, y_i)$ 来说,当前的 $\boldsymbol{w}$ 是合适的;但如果 $\boldsymbol{w}^{\mathrm{T}} \boldsymbol{x}_i$ 与 y_i 不一致,则说明这个 $\boldsymbol{w}$ 对样例 $(\boldsymbol{x}_i, y_i)$ 不合适,需要修正。怎么修正呢? 一个简单的做法就是:如果 $\boldsymbol{w}^{\mathrm{T}} \boldsymbol{x}_i < 0$ 而 $y_i = 1$,则将 $\boldsymbol{w}$ 适当加大;如果 $\boldsymbol{w}^{\mathrm{T}} \boldsymbol{x}_i > 0$ 而 $y_i = 0$,则让 $\boldsymbol{w}$ 适当减小。

基于以上分析,我们给出一个简单的学习算法:

---

(1) 初始化权向量 $\boldsymbol{w}$,并设置一个合适的学习率 $\eta \in (0,1]$。

(2) 对训练样例 $(\boldsymbol{x}_i, y_i)(i = 1, 2, \cdots, n)$:

计算 $\boldsymbol{w}^{\mathrm{T}} \boldsymbol{x}_i$;

如果 $\boldsymbol{w}^{\mathrm{T}} \boldsymbol{x}_i > 0$,令 $h_i = 1$,否则 $h_i = 0$(h_i 为临时变量,记录当前参数 $\boldsymbol{w}$ 下 $\boldsymbol{x}_i$ 的假设类标号);

更新权值:$\boldsymbol{w} = \boldsymbol{w} - \eta(h_i - y_i)\boldsymbol{x}_i$(这里巧妙地将类标号 0、1 作为数值 0、1 对待)。

(3) 直到对所有训练样例都有 $h_i - y_i = 0$,则当前权向量 $\boldsymbol{w}$ 即为所求,学习结束。

否则转(2)。

经过机器学习,权向量 $\boldsymbol{w}$ 的值被确定后,判别函数 $g(\boldsymbol{x}) = \boldsymbol{w}^{\mathrm{T}} \boldsymbol{x}$ 也就确定了。于是,进一步就有分类判决规则:

对于任一 $\boldsymbol{x} \in \boldsymbol{U} \times \boldsymbol{V}$,

如果 $g(\boldsymbol{x}) > 0$,则 $\boldsymbol{x} \in C_1$;

如果 $g(\boldsymbol{x}) < 0$,则 $\boldsymbol{x} \in C_0$;

如果 $g(\boldsymbol{x}) = 0$,则根据实际问题进行分类或不予分类。

上述判别函数和判决规则就构成了一个"分类器"(有时也简单地将判别函数称为分类器),或线性分类器。现在,就可用这个分类器对相关的对象进行分类了。

还需说明和注意如下几点:

(1) 这里的判别函数 $g(\boldsymbol{x})$ 是二元线性函数,显然,它完全可以推广为 n 元线性函数。从而这个分类器也就被推广为 n 维线性分类器。

(2) 上面的学习算法是针对线性可分的样本的,相应的分类器也是针对线性可分问题的。所谓线性可分,是指对一个 n 维点集 $\boldsymbol{X} \subset \boldsymbol{U} \subseteq \mathbf{R}^n$,当且仅当存在一个 $\boldsymbol{U}$ 上的 n 元线性函数 $f(x_1, x_2, \cdots, x_n) = \boldsymbol{w}^{\mathrm{T}} \boldsymbol{x} + w_0$,相应的直线、平面或超平面 $\boldsymbol{w}^{\mathrm{T}} \boldsymbol{x} + w_0 = 0$ 可将 $\boldsymbol{X}$ 分为两个互不相交的子集 $\boldsymbol{X}_1$ 和 $\boldsymbol{X}_2$。

(3) 上面的算法中没有使用准则函数。但实际上,对于线性判别函数的学习,人们已开发了许多准则函数,如 Fisher 准则函数、感知准则函数、最少错分样本准则函数、最小平方误差(MSE)准则函数等。

(4) 线性判别函数不仅可用于二分类问题,也可用于多分类问题。事实上,对于已被某

直线(平面或超平面)分隔的两个类 c_1 和 c_2，如果其中至少一个是线性可分的，则可被另一直线(平面或超平面)分隔为两个类 c_{11} 和 c_{12}，或者 c_{21} 和 c_{22}。这样，原对象集就被分隔为 3 个或者 4 个类了。

（5）对于线性不可分的样本，也可以采用某种数学变换(变量替换)将其转化为线性可分问题。当然，对于非线性可分问题，也可采用非线性函数，如二次函数、更一般的多项式函数，或其他函数作为判别函数进行划分。

7.2　神经网络学习

这里所说的神经网络是指人工神经网络。人工神经网络是对生物神经网络的某种简化，或者说前者是从后者抽象而来的。因此，要讲神经网络学习，需先从生物神经网络谈起。

7.2.1　从生物神经元到人工神经元

1. 生物神经元

这里的神经元指神经细胞，它是生物神经系统的最基本的单元，其基本结构如图 7-4 所示。可以看出，神经元由细胞体、树突和轴突组成。细胞体是神经元的主体，它由细胞核、细胞质和细胞膜三部分构成。从细胞体向外延伸出许多突起，其中大部分突起呈树枝状，称为树突。树突起感受作用，接受来自其他神经元的传递信号；另外，由细胞体伸出的一条最长的突起，用来传出细胞体产生的输出信号，称之为轴突；轴突末端形成许多细的分枝，叫作神经末梢；每一条神经末梢可以与其他神经元形成功能性接触，该接触部位称为突触。所谓功能性接触，是指并非永久性接触，它是神经元之间信息传递的奥秘之处。

图 7-4　生物神经元结构模型

一个神经元把来自不同树突的兴奋性或抑制性输入信号(突触后膜电位)累加求和的过程称为整合。考虑到输入信号的影响要持续一段时间(毫秒级)，因此，神经元的整合功能是一种时空整合。当神经元的时空整合产生的膜电位超过阈值电位时，神经元处于兴奋状态，产生兴奋性电脉冲，并经轴突输出；否则，无电脉冲产生，处于抑制状态。

可见，神经元很像一个阈值逻辑器件。

2. 人工神经元

如果对生物神经元进行适当的结构简化和功能抽象，就得到所谓的人工神经元。一般

地,人工神经元的结构模型如图 7-5 所示。它是一
个多输入单输出的非线性阈值器件。其中 $x_1,x_2,$
$\cdots,x_n$ 表示神经元的 n 个输入信号量;$w_1,w_2,\cdots,$
w_n 表示对应输入的权值,它表示各信号源神经元
与该神经元的连接强度;A 表示神经元的输入总
和,它相应于生物神经细胞的膜电位;y 为神经元
的输出;θ 表示神经元的阈值。于是,人工神经元
的输入/输出关系可描述为

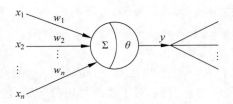

图 7-5　人工神经元结构模型

$$\begin{cases} y = f(A) \\ A = \sum_{i=1}^{n} w_i x_i - \theta \end{cases} \tag{7-9}$$

这就是人工神经元的数学模型。它是由美国心理学家 McCulloch 和数学家 Pitts 于 1943 年
提出的,称为 MP 模型。其中,函数 $y=f(A)$ 称为神经元的激活函数(亦称特性函数、作用
函数、传递函数或输出函数)。常见的激活函数有以下几种。

(1) 阶跃函数。

$$f(A) = \text{step}(A) = \begin{cases} 1, & A > 0 \\ 0, & A \leqslant 0 \end{cases} \tag{7-10}$$

(2) Sigmoid 函数。

$$f(A) = \text{sigmoid}(A) = \frac{1}{1 + e^{-A}} \tag{7-11}$$

这是一种 S 型函数,反映了神经元的非线性输出特性。

(3) 分段线性函数。

$$f(A) = \begin{cases} 0, & A \leqslant 0 \\ kA, & 0 < A \leqslant A_k \\ 1, & A > 0 \end{cases} \tag{7-12}$$

式中 k、A_k 均为常量。这类函数反映神经元的输入/输出满足一定的区间线性关系。

(4) 符号函数。

$$f(A) = \text{sign}(A) = \begin{cases} +1, & A > 0 \\ 0, & A = 0 \\ -1, & A < 0 \end{cases} \tag{7-13}$$

(5) 双曲正切函数。

$$f(A) = \frac{e^A - e^{-A}}{e^A + e^{-A}} \tag{7-14}$$

(6) ReLU 函数。

$$f(A) = \max(0, A) = \begin{cases} A, & A > 0 \\ 0, & A \leqslant 0 \end{cases} \tag{7-15}$$

以上几种激活函数的图像依次如图 7-6(a)~(f)所示。由于激活函数的不同,神经元也
表现出不同的特性。

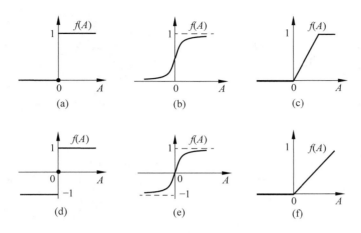

图 7-6 几种常用的神经元激活函数图像

除了这几类函数,还有一些其他类型的激活函数,其中有些是这些函数的某种扩展或变体。另外,还有一类概率型神经元,它是一类二值型神经元。与上述神经元模型不同,其输出状态为 0 或 1。而且是根据激励函数值的大小,按照一定的概率确定的。

为了叙述方便,下面将人工神经元与人工神经网络简称为神经元和神经网络。

7.2.2 神经网络及其学习

1. 神经网络的拓扑结构与功能

如果将多个神经元按某种拓扑结构连接起来,就构成了神经网络。根据连接的拓扑结构不同,神经网络可分为四大类:分层前向(亦称前馈)网络、反馈前向网络、互联前向网络、广泛互联网络。

1)分层前向网络

分层前向网络如图 7-7(a)所示。这种网络的结构特征是,网络由若干层神经元组成,一般有输入层、中间层(又称隐藏层或隐层,可有一层或多层)和输出层,各层顺序连接;且信息严格地按照从输入层进,经过中间层,从输出层出的方向流动。"前向"因此得名。其中输入层是网络与外部环境的接口,它接受外部输入;隐层是网络的内部处理层,神经网络具有的模式变换能力,如模式分类、模式完善、特征抽取等,主要体现在隐层神经元的处理能力上;输出层是网络的输出接口,网络信息处理结果由输出层向外输出。如后面将要介绍的BP 网络就是一种典型的分层前向网络。

2)反馈前向网络

反馈前向网络如图 7-7(b)所示。它也是一种分层前向网络,但它的输出层到输入层具有反馈连接。反馈的结果形成封闭环路,具有反馈的单元也称为隐单元,其输出称为内部输出。

3)互联前向网络

互联前向网络如图 7-7(c)所示。它也是一种分层前向网络,但它的同层神经元之间有相互连接。同一层内单元的相互连接使它们之间有彼此牵制作用。

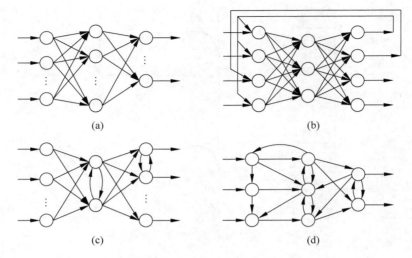

图 7-7　神经网络结构模型

4）广泛互联网络

所谓广泛互联，是指网络中任意两个神经元之间都可以或可能是可达的，即存在连接路径，广泛互联网络如图 7-7(d)所示。著名的 Hopfield 网络、玻尔兹曼机模型结构就属此类。

显然，这 4 种网络结构的复杂程度是递增的。对于简单的前向网络，给定某一输入，网络能迅速产生一个相应的输出模式。但在互联型网络中，输出模式的产生就不这么简单。对于给定的某一输入模式，由某一初始网络参数出发，在一段时间内网络处于不断改变输出模式的动态变化中，网络最终可能会产生某一稳定输出模式，但也有可能进入周期性振荡或混沌状态。因此，互联型网络被认为是一种非线性动力学系统。

单个神经元仅是一种阈值器件，其功能有限。但是，由大量的神经元连接起来的神经网络却能表现出非凡的智能。一个神经网络就是一个智能信息处理系统。神经网络信息处理的特点是分布存储和并行处理。即神经网络把信息分布地存储在神经元之间的连接强度上，而且对信息的处理是由网络中神经元集体完成的。因而神经网络具有很强的鲁棒性和容错性，还有联想记忆、抽象概括和自适应能力。而这种抽象概括和自适应能力一般被称为自学习能力。自学习是神经网络最重要的特征，通过学习网络能够获得知识，适应环境。

具体来讲，神经网络至少可以实现以下功能。

（1）**数学上的映射逼近**：通过一组样例$(x_1, y_1), (x_2, y_2), \cdots, (x_n, y_n)$，网络以自组织方式寻找输入与输出之间的映射关系：$y = f(x)$。这种映射逼近能力可用于系统建模、模式识别与分类等。具有这种能力的典型网络有 BP 网络等。

（2）**数据聚类、压缩**：通过自组织方式对所选输入模式聚类。若输入模式不属于已有的聚类，则可以产生新的聚类。同一聚类可对应于多个输入模式；另外，聚类是可变的。这是一种编码形式，而不同于分类。典型的网络如 ART 模型，其应用如语音识别中用来减小输入的维数，减小存储数据的位数等。

（3）**联想记忆**：实现模式完善、恢复，相关模式的相互回忆等。典型的如 Hopfield 网络、CPN 网络等。

(4) **优化计算和组合优化问题求解**：利用神经网络的渐进稳定态,特别是反馈网络的稳定平衡态,进行优化计算或求解组合优化问题的近似最优解。像 Hopfield 网络、玻尔兹曼机等均有此能力。

(5) **模式分类**：网络首先通过一定数量的样本数据进行学习,获得相应的模式分类能力,然后对新数据进行分类。如 BP 网络就具有这种能力。

(6) **概率密度函数的估计**：根据给定的概率密度函数,通过自组织网络来响应在空间 $\mathbf{R}^n$ 中服从这一概率分布的一个样本 $X_1, X_2, \cdots, X_k$。如玻尔兹曼机模型、CPN 网、SOM 网就有这种能力。

2. 神经网络的学习机理与方法

学习是神经网络的最重要特征之一。神经网络能够通过学习(亦称训练),改变其内部状态,使输入/输出呈现出某种规律性。网络学习一般是利用一组称为训练样例的数据,作为网络的输入(和输出),网络按照一定的训练规则(又称学习规则或学习算法)自动调节神经元之间的连接强度或拓扑结构,当网络的实际输出满足期望的要求,或者趋于稳定时,则认为学习成功。

1) 学习规则

权值修正学派认为：神经网络的学习过程就是不断修正网络的连接权值,以获得期望输出的过程。所以,学习规则就是权值修正规则。

典型的权值修正规则有两种,即相关规则和误差修正规则。相关规则的思想最早是由 Hebb 作为假设提出,人们称之为 Hebb 规则。

Hebb 规则可以描述为：如果神经网络中某一神经元与另一直接与其相连的神经元同时处于兴奋状态,那么这两个神经元之间的连接强度应该加强。Hebb 规则可用一算法表达式表示为

$$w_{ij}(t+1) = w_{ij}(t) + \eta[x_i(t)x_j(t)] \tag{7-16}$$

式中,$w_{ij}(t+1)$ 表示修正一次后的某一权值；η 是一个正常量,决定每次权值修正量,又称为学习因子；$x_i(t)$、$x_j(t)$ 分别表示 t 时刻第 i、第 j 个神经元的状态。由于 Hebb 规则的基本思想很容易被接受,因此,得到了较广泛的应用。但应该指出的是,后来神经科学的许多发现都表明,Hebb 规则并未准确反映神经元在学习过程中突触变化的基本规律。

误差修正规则是神经网络学习中另一类更重要的权值修正方法,像感知机学习、BP 学习均用此法。最基本的误差修正规则,即常说的 δ 学习规则,可由如下 4 个步骤来描述：

(1) 选择一组初始权值 $w_{ij}(0)$；

(2) 计算某一输入模式对应的实际输出与期望输出的误差 $(d_j - y_j)$；

(3) 用下式更新权值(阈值可视为输入恒为 -1 的一个权值)

$$w_{ij}(t+1) = w_{ij}(t) + \eta[d_j - y_j(t)]x_i(t) \tag{7-17}$$

式中,η 为学习因子；d_j、y_j 分别表示第 j 个神经元的期望输出与实际输出；x_i 为第 j 个神经元的输入；

(4) 返回步骤(2),直到对所有训练模式,网络输出均能满足要求。

生理学和解剖学研究表明,在动物学习过程中,神经网络的结构修正即拓扑变化起重要的

作用。这意味着,神经网络学习不仅只体现在权值的变化上,而且在网络的结构上也有变化。

2) 学习方法

从不同角度考虑,神经网络的学习方法有不同的分类。

根据样例数据的特点,神经网络学习可分为有监督学习和无监督学习两种。这里的有监督学习就是根据网络的输出模式与期望模式的误差反复修正权值,直到满足精度要求为止。这里的无监督学习是一种自组织过程,即网络根据某种规则反复调节连接权值以适应输入模式的激励,直到形成某种有序状态。这相当于神经网络对输入模式的不断适应而抽取其特征。

根据神经网络内部状态的变化,神经网络学习可分为权值修正、拓扑变化、权值与拓扑修正三种。拓扑变化方法与权值修正方法并不完全脱离,从一定意义上讲,二者具有互补作用。如补充学习就是一种拓扑变化学习。在补充学习中,神经网络由两类处理单元组成:受约单元和自由单元。所谓受约单元,指那些已经表示某类信息或功能的单元,它可以与其他受约单元相连,也可以与自由单元组成一种原始的神经网络。补充学习强调一组受约单元与自由单元之间的连接,自由单元可以转化为受约单元。由此可见,自由单元的网络中可能嵌有受约单元的子网络。

神经网络学习还可分为确定性学习与随机性学习。确定性学习采用确定性权值修正方法,如梯度下降法;而随机性学习策略使用随机性权值修正方法,如随机性玻尔兹曼机学习过程中所用的模拟退火技术,使得通过调节权值,网络输出误差不仅可以向减小的方向变化,而且还可以向增大的方向变化,从而获得全局最优解。相比之下,随机性学习的结果比确定性学习好,但学习速度慢。

此外,神经网络学习还有竞争学习、BP 学习、玻尔兹曼学习、迁移学习、深度学习等提法。

7.2.3 神经网络模型及其分类

神经网络模型是一个在神经网络研究和应用中经常提到的概念。所谓神经网络模型,它是关于一个神经网络的综合描述和整体概念,包括网络的拓扑结构、输入/输出信号类型、信息传递方式、神经元特性函数、学习方式、学习算法等。下面是神经网络模型的简单分类。

1. 按网络结构分类

神经网络的连接结构分为两大类:分层结构与互联结构。分层结构网络有明显的层次,信息的流向由输入层到输出层,因此,构成一大类网络,即前向网络;对于互联结构网络,没有明显的层次,任意两个处理单元之间都是可达的,具有输出单元到隐单元(或输入单元)的反馈连接,这样就形成另一类网络,称之为反馈网络。

2. 按学习方式分类

按学习方式进行分类,神经网络模型可分为有监督(导师)学习网络和无监督(导师)学习网络。

3. 按网络的状态分类

在神经网络中,处理单元(即神经元)的状态有两种形式:连续时间变化状态和离散时间变化状态。如果神经网络的所有处理单元状态能在某一区间取值,这样的网络称为连续型网络；如果一个神经网络的所有处理单元状态只能取离散值 0 或 1(或−1、+1)，那么称这种网络为离散型网络。典型的 Hopfield 网络同时具有这两类网络，分别称为连续型Hopfield 网络和离散型 Hopfield 网络。另外，还有输出为二进制值 0 或 1，输入为连续值的神经网络模型，如柯西机。

4. 按网络的活动方式分类

确定神经网络处理单元的状态取值有两种活动方式：一种是由确定性输入经确定性作用函数，产生确定性的输出状态；另一种是由随机输入或随机性作用函数，产生遵从一定概率分布的随机输出状态。具有前一种活动方式的神经网络，称为确定性网络。已有的大部分神经网络模型均属此类。具有后一种活动方式的神经网络，称为随机性网络。随机性网络的典型例子有玻尔兹曼机、柯西机和高斯机等。

在早期的研究中，人们就已提出了上百种神经网络模型，表 7-1 列出了其中最著名的几种。

表 7-1 早期的一些著名神经网络模型

名 称	拓扑结构	学习方式	典型应用
感知机(Perceptron)	前向	有监督	线性分类
误差反向传播网络(BP)	前向	有监督	模式分类、映射、特征抽取
自适应线性元件(Adaline)	前向	有监督	控制、预测、分类
自适应共振理论(ART)	反馈	无监督	模式识别、分类
双向联想记忆(BAM)	反馈	不学习	图像识别
玻尔兹曼机(BM)	反馈前向	有监督	模式识别、组合优化
柯西机(CM)	反馈	有监督	模式识别、组合优化
盒中脑(BSB)	反馈	有监督	数据库知识提取
反传网络(CPN)	前向	有监督	联想记忆、图像压缩、统计分析
Hopfield 网络	反馈		
(DHNN)		无监督	联想记忆
(CHNN)		不学习	组合优化
多层自适应线性元件(Madaline)	前向	有监督	自适应控制
新认知机(Neocognitron)	前向	有监督	字符识别
自组织映射(SOM/Kohonen)	前向	无监督	聚类、特征抽取
细胞神经网络(CNN)	反馈	不学习	图像处理、图像辨识

近年来，随着深度学习的出现和发展，人们又重新认识和发展了一些早期的神经网络模型，同时也提出了一大批新的神经网络模型。关于这些网络模型将在 7.3.3 节介绍。

7.2.4 BP 网络及其学习举例 *

BP(Back-Propagation)网络即误差反向传播网络是应用最广泛的一种神经网络模型，它具有以下性质：

(1) BP 网络的拓扑结构为分层前向网络。

(2) 神经元的特性函数为 Sigmoid 函数，一般取为

$$f(x) = \frac{1}{1+e^{-x}}$$

（3）输入为连续信号量（实数）。

（4）学习方式为有监督学习。

（5）学习算法为推广的 δ 学习规则，称为误差反向传播算法，简称 BP 学习算法。

BP 算法的基本步骤如下：

（1）初始化网络权值、阈值及有关参数（如学习因子 η 等）；输入训练样例 $(\boldsymbol{x}_i,\boldsymbol{y}_i),i=1,2,\cdots,p$。

（2）定义总误差

$$E = \frac{1}{2p}\sum_k E_k \tag{7-18}$$

其中，p 为样例的个数。

$$E_k = \frac{1}{2}\sum_j (y_{k_j} - y'_{k_j})^2 \tag{7-19}$$

其中，y_{k_j} 为输出层节点 j 对第 k 个样例的输入 $\boldsymbol{x}_k$ 对应的输出（称为期望输出）；y'_{k_j} 为节点 j 的实际输出。

（3）对样例集中各个样例依次重复以下过程，直到总误差 E 满足要求。

a. 取一样例数据 $\boldsymbol{x}_s$ 输入网络，然后按如下公式向前计算各层节点（记为 j）的输出

$$O_j = f(a_j) = \frac{1}{1+\mathrm{e}^{-a_j}} \tag{7-20}$$

其中，$a_j = \sum\limits_{i=0}^{n} w_{ij}O_i$，是节点 j 的输入加权和；i 为 j 的信号源方向的相邻层节点；O_i 为节点 i 的输出，节点 j 的输入；$O_0 = -1$，$w_{0j} = \theta$（阈值）。

b. 从输出层节点到输入层节点以反向顺序，对各连接权值 w_{ij} 按下面的公式进行修正

$$w_{ij}(t+1) = w_{ij}(t) - \eta\delta_j O_i \tag{7-21}$$

其中：

$$\delta_j = \begin{cases} -O_j(1-O_j)(y_j - y'_j), & \text{对于输出节点} \\ O_j(1-O_j)\sum\limits_l \delta_l w_{jl}, & \text{对于非输出节点} \end{cases}$$

l 为与节点 j 在输出侧有连接的节点个数。

权值修正公式(7-21)中，$0<\eta\leqslant1$，称为学习因子（即步长），用来调整权值的修正幅度；δ_j 称为节点 j 的误差，正是这个量参与了权值修正（作为修正量的一个因子）才实现和体现了误差反传的效果。δ_j 的来历如下：

求偏导

$$\frac{\partial E_k}{\partial w_{ij}} = \frac{\partial E_k}{\partial a_j}\frac{\partial a_j}{\partial w_{ij}} = \frac{\partial E_k}{\partial a_j}O_i$$

于是，令 $\delta_j = \dfrac{\partial E_k}{\partial a_j}$，又，当 j 为输出节点时，

$$\frac{\partial E_k}{\partial a_j} = \frac{\partial E_k}{\partial y'_j}\frac{\partial y'_j}{\partial a_j} = -(y_j - y'_j)f'(a_j) = -(y_j - y'_j)O_j(1-O_j)$$

当 j 为非输出节点时，

$$\frac{\partial E_k}{\partial a_j} = \frac{\partial E_k}{\partial O_j}\frac{\partial O_j}{\partial a_j} = \left(\sum_l \frac{\partial E_k}{\partial a_l}\frac{\partial a_l}{\partial O_j}\right)\frac{\partial O_j}{\partial a_j} = \left(\sum_l \delta_l w_{jl}\right)f'(a_j) = O_j(1-O_j)\sum_l \delta_l w_{jl}$$

可以看出,式(7-19)中 E_k 是网络输出 $y'_{k_j}(j=1,2,\cdots,m)$ 的函数,而 y'_{k_j} 又是权值 $w_{ij}(i=0,1,2,\cdots,n)$ 的函数,所以,E_k 实际是 w_{ij} 的函数。网络学习的目的就是要使这个误差函数达到最小值。注意,由偏导 $\frac{\partial E_k}{\partial w_{ij}}$ 所构成的向量 $\left(\frac{\partial E_k}{\partial w_{0j}},\frac{\partial E_k}{\partial w_{1j}},\cdots,\frac{\partial E_k}{\partial w_{nj}}\right)$ 就是函数 $E_k(w_{ij})$ 在相应点处的梯度(grad),再由 δ_j 的定义,则式(7-21)就是用梯度下降法,在权值空间沿负梯度方向修正权值 w_{ij},以使式(7-19)所示的准则函数达到最小。所以,BP网络的学习过程就是一个非线性优化过程。

由于BP网络的输入 $(x_1,x_2,\cdots,x_n)\in \mathbf{R}^n$,输出 $(y_1,y_2,\cdots,y_m)\in \mathbf{R}^m$,所以,一个BP网络其实就是一个从 n 维空间 $\mathbf{R}^n$ 到 m 维空间 $\mathbf{R}^m$ 的高度非线性映射。理论研究表明,通过学习,BP网络可以在任意希望的精度上逼近任意的连续函数。所以,BP网络可以作为一种函数估计器。通过学习来实现或近似实现我们所需的但无法表示的未知函数。

需要说明的是,BP网络的相邻两层节点之间的连接权值 w_{ij} 恰好构成一个矩阵 (w_{ij}),而输入又是一个向量(即 $1\times n$ 矩阵)(阈值 θ 也可看作是取值为 -1 的一个输入),所以,在网络的学习过程中要多次用到矩阵运算。

下面再看一个BP网络学习的例子。

例7-1　设计一个BP网络,对表7-2所示的样本数据进行学习,使学成的网络能解决类似的模式分类问题。

表7-2　BP网络训练样本数据

输　　入			输　　出		
x_1	x_2	x_3	y_1	y_2	y_3
0.3	0.8	0.1	1	0	0
0.7	0.1	0.3	0	1	0
0.6	0.6	0.6	0	0	1

设网络的输入层有三个节点,隐层有四个节点,输出层有三个节点,拓扑结构如图7-8所示。

用样本数据按BP算法对该网络进行训练,训练结束后,网络可以作为一种模式分类器使用。因为网络的输出向量(1,0,0)、(0,1,0)、(0,0,1)可以表示多种模式或状态。例如可以分别表示凸、凹和直三种曲线,或者三种笔画,也可以表示某公司的销售情况:高峰、低谷和持平等。当然,要使网络有很好的模式分类能力,必须给以足够多的样例使其学习,本例仅是一个简单的示例。

输入层　　隐层　　输出层

图7-8　BP网络举例

7.3　深度学习

7.3.1　什么是深度学习

所谓深度学习(DL),简单来讲,就是基于深度神经网络的神经网络学习或者说机器学习。这里的深度神经网络,一般地讲,就是含有多个隐层的前向(前馈)神经网络,其隐层个数依具体问题可以是数个、数十个、数百个甚至数千个。不过,更准确地说,深度神经网络的一个隐层可能是一行神经元,也可能是一行由神经元排列而成的矩阵,甚至是一行网络模块,而且各层神经元之间并非必须是全连接。这样,一个普通的多隐层前馈神经网络(多隐层感知器)就是一个深度神经网络。例如,下面图7-9所示的含有三个隐层的前馈网络就是一个深度神经网络。此外,还有许多其他结构形式和连接方式的深度网络(后面将陆续提到)。例如,下面图7-10所示的也是一个深度神经网络(示意图,此网络是一个深度卷积神经网络)。

图 7-9　深度神经网络示例 1

图 7-10　深度神经网络示例 2

其中,空心箭头 ⇨ 表示层间神经元为局部连接;黑色箭头 ⇨ 表示全连接。

在深度神经网络中,深度置信网络(Deep Belief Net,DBN)是深度学习中最早被研究和使用的深度网络,深度学习也正是由此网络获得了初步突破。随后,卷积神经网络(Convolutional Neural Network,CNN)和池化(Pooling)等技术被引入深度学习,形成由卷积层、池化层和其他层(如果需要的话)所构成的深度神经网络(亦称深度卷积网络)。这种架构的深度网络现在已经是计算机视觉等领域的流行网络模型。

深度学习仍然采用以误差反传和梯度下降为基本或基础的学习算法和优化策略,但根据不同的具体网络模型和架构,人们对这种算法和策略做了相应的改进、变通或发展,或者开发新的独特的学习算法和优化技巧。例如,逐层预训练＋微调,减少层间的权值连接等,就是在深度学习中出现的新思想和新方法。

深度学习2006年脱颖而出,之后在计算机视觉、语音识别和自然语言处理等领域表现出非凡的学习能力和效果。例如,使图像识别和语音识别的正确率大幅度提高,接近或达到实用水平,从而大大推动了人工智能技术的应用和发展。

深度学习的优异效绩主要归功于以下两点。

(1) 深度网络有自动特征发现(automating feature discovery)的潜质和特性。

研究者发现,多于一个隐层的前馈网络有自动发现或创造设计者没有明确引入的特征的特性,而且隐层单元越多就可以发现或创造出越复杂的特征。这样,含有多个隐层的深度网络就可以从输入数据中学习更抽象的类别和更复杂的函数。

(2) 深度学习采用的是"逐层训练,多级学习(抽象)(learning multiple levels of representation)"等技术技巧。

"逐层训练,多级学习(抽象)"就是从最原始的输入数据开始,对网络各隐层逐级分别进行训练,将每一层所抽象出的特征作为下一层的输入,从而使所得特征的级别逐层提高,直到最后一个隐层抽象出级别最高的特征。例如,下面的图 7-11 就是由一个图像的原始数据通过逐层训练、多级学习而得到的人脸图像。这样,对于无监督学习,深度网络将输出层对输入层的抽象(abstract)分解为多个逐级进阶的抽象,从而使学习所得的类别能概括更多的实例,也能更好地反映样例数据之间的分类关系;在监督学习中,对位于网络前部的隐层仍然采用这种逐级训练的手法直到最高抽象层,对之后的隐层再使用有标记的数据,以监督方式训练(此方法即所谓半监督学习)。一旦所有隐层都按这种格式完成训练,就将它们组装在一起,并使用有标记数据对整个网络的权值进行微调。当然,如果有充足的标记数据,监督学习也可以对整个深度网络进行监督训练。不过实践表明,这种先用非监督学习逐级初始化权值的方法要比通常那种一开始先随机初始化权值的方法好得多,主要表现为学习效率更高和所需标记数据更少。对于深度监督学习,可以理解为深度网络将输入层到输出层的映射分解为多个映射(亦即多个函数)的逐次叠加(逐次迭代复合),从而使学习所得的(总)映射(函数)能充分地拟合相应的样例数据。

高级特征

中级特征

初级特征

原始图像数据

图 7-11　多级学习(抽象)示例

从灵长类动物视觉皮层及其处理自然场景的机制来看,深度学习可以说是对人脑感知-认知过程的一种模拟。

7.3.2　深度学习的优势

除了学习效果优异外,深度学习的优势和吸引力还在于只需要较少的人工干预。事实上,采用深度学习,不需要手工制作正确的特征或合适的基函数(basis function),也不必担心网络结构。一旦有充足的数据和足够强大的计算能力,就只需等待,让学习算法独自发现所需要的一切。深度学习的特点和优势在图 7-12 中可更直观地看出。

7.3.3　深度学习的发展和扩展

早在 20 世纪 90 年代,加拿大多伦多大学的 Geoffrey Hinton 教授等就在研究深度学习,但累遭挫败。然而他们依然坚持不懈地继续努力,直到 2006 年,深度学习终于获得了首次突破——在基于深度置信网络的非监督学习中,通过采用无监督逐层预训练(layer-wise

图 7-12　深度学习与其他学习方法的比较

pre-traning)的技巧,成功地实现了图像聚类。但这一时期,深度学习仍然未受到学术界的广泛重视,相关的研究论文不被重视甚至被拒。然而,Hinton 以及蒙特利尔大学的 Yoshua Bengio 和纽约大学的 Yann LeCun 等学者依然扎扎实实地进行着自己的研究工作。到了 2010—2012 年,深度学习在语音识别方面取得进展,2012—2015 年深度学习又在计算机视觉领域取得突破。在相关的国际赛事中,基于深度学习的系统连连取胜,而且评分遥遥领先于其他技术。这才使学术界为之震惊,不得不对深度学习刮目相看了。2016—2017 年基于深度学习的围棋程序 AlghaGo 与人类顶尖选手的人机大战使深度学习进一步名声大噪、举世瞩目,并迅速在全世界掀起了一股深度学习热潮。有人估计全世界当前有数万名学者(包括硕士生、博士生)在学习、研究深度学习。除了大专院校外,许多 AI 的研究机构、IT 公司也纷纷进军深度学习。深度学习几乎成了机器学习甚至人工智能的代名词。

深度学习的热潮使得关于深度学习的研究更加深入,同时其技术和应用领域也在不断扩展。继深度置信网络和深度卷积网络之后,人们又相继开发出更多的深度网络,如深度堆栈自编码网络、深度反卷积网络、深度复卷积网络、稀疏深度网络、深度循环和递归网络、深度生成网络等。进一步,还将深度网络与其他技术相结合开发出多种复合型的深度网络,如深度融合网络、深度贝叶斯网络等。

值得指出的是,与其他深度网络不同,深度循环和深度递归网络的输入为序列向量,信息处理过程中有一种(局部)循环机制,通过学习旨在挖掘序列数据中的上下文逻辑特性(这两种深度网络在自然语言处理领域已取得了诸多成果)。这两种网络的处理对象和机制表现出一种时间意义上的“深度”。这样,深度循环网络和递归网络的提出就扩展了深度学习的内涵,使深度学习的“深度”从原来的空间(网络结构)概念扩展到时间(序列)概念。就是说,现在深度学习和深度神经网络中的“深度”既有空间含义又有时间含义。

从应用来看,当前最重要、最著名的(深度)神经网络当推卷积神经网络(CNN)、循环神经网络(Recurrent Neural Network,RNN)、递归神经网络(Recursive Neural Network,RNN)以及长短期记忆网络(Long Short-Term Memory,LSTM,一种特殊的循环网络)。卷积神经网络擅长图像处理,主要应用于计算机视觉;循环、递归和长短期记忆网络由于其擅长处理“动态”性信息(相比之下,其他网络处理的则是静态信息),所以在自然语言处理中大显身手。特别是 LSTM,现在已经是机器翻译和语音识别领域的核心技术。此外,最近出现的生成对抗网络(Generative Adversarial Network,GAN)也引人注目。

尽管深度学习有诸多特色和优势,但它也存在一些问题和不足,例如对大数据的依赖、训练时间长、欠拟合和过拟合问题仍未彻底解决以及可解释性问题等。另外,在实际应用中深度学习还存在不少具体问题,如算法的稳定性和收敛性、梯度弥散、性能及资源问题等。为此,研究者们通过理论分析、应用试验以及借鉴生物神经及脑科学的研究成果等多种途径,对深度学习进行全方位深入研究,以解决现有问题并开发新的网络结构和学习算法及扩展新的应用领域。例如,借鉴生物神经网络现在人们又提出了一种深度脉冲神经网络。此外,人们还在研究深度学习中如何引入外部知识(如知识图谱)以及将深度学习与传统方法相结合等课题。例如,现在已经提出了深度强化学习和深度迁移学习。总之,深度学习仍在被进一步深入研究,深度学习的理念和方法仍在不断发展。[据悉:Hinton 又提出了被称为胶囊网络(Capsule Networks)的新概念,而 LeCun 则提出了"可微分编程"(Differentiable Programming)的新技术。]

7.4　数据挖掘与知识发现

随着计算机和网络技术的迅速发展,20 世纪 80 年代后,出现了以数据库和数据仓库为存储单位的海量数据,而且这种数据仍然在以惊人的速度不断增长。如何对这些海量数据进行有效处理,特别是如何从这些数据中归纳、提取出高一级的更本质、更有用的规律性信息,就成了一个重要课题。事实上,这些海量数据不仅承载着大量的信息,同时也蕴藏着丰富的知识。正是在这样的背景下,数据挖掘与知识发现技术应运而生。

数据挖掘(也称数据开采、数据采掘等),简称 DM,意思是从数据中提取或挖掘知识。知识发现可分为广义的知识发现(KD)和数据库中的发现知识(KDD),本节的知识发现主要指的是 KDD。

数据挖掘和知识发现的目的就是从数据集中抽取和精化一般规律或模式。其涉及的数据形态包括数值、文字、符号、图形、图像、声音,甚至视频和 Web 网页等。数据组织方式可以是有结构的、半结构的或非结构的。知识发现的结果可以表示成各种形式,包括概念、规则、法则、定律、公式和方程等。其实,数据挖掘与知识发现是机器学习的一种大规模应用,而且是一种最实际的应用。当然,反过来,数据挖掘与知识发现又大大推动了机器学习的进展。

现在,数据挖掘与知识发现已成为人工智能和信息科学技术的一个热门领域,其应用范围非常广泛(如企业数据、商业数据、科学实验数据、管理决策数据等),其研究内容已相当丰富(如 Web 挖掘和大数据挖掘),已构成了人工智能技术与应用的一个重要分支领域。本节仅对数据挖掘与知识发现技术做一简单介绍。

7.4.1　数据挖掘的一般过程

数据挖掘过程可粗略地划分为三步:数据准备、数据开采以及结果的解释与评价。

1. 数据准备

数据准备又可分为三个子步骤：数据选取、数据预处理和数据变换。数据选取就是确定目标数据，即操作对象，它是根据用户的需要从原始数据库中抽取的一组数据。数据预处理一般包括消除噪声、推导计算缺值数据、消除重复记录、完成数据类型转换等。当数据开采的对象是数据仓库时，一般来说，数据预处理已经在生成数据仓库时完成了。数据变换的主要目的是消减数据维数，即从初始特征中找出真正有用的特征以减少数据开采时要考虑的特征或变量个数。

2. 数据开采

数据开采阶段首先要确定数据开采的任务或目的是什么，如数据总结、分类、聚类、关联规则或序列模式等。确定了开采任务后，就要决定使用什么样的开采算法。同样的任务可以用不同的算法来实现，选择实现算法有两个考虑因素：一是不同的数据有不同的特点，因此需要用与之相关的算法来开采；二是用户或实际运行系统的要求，有的用户可能希望获取描述型的、容易理解的知识，而有的用户或系统的目的是获取预测准确度尽可能高的预测型知识。

3. 结果的解释与评价

数据挖掘阶段发现的知识模式中可能存在冗余或无关的模式，所以还要经过用户或机器的评价。若发现所得模式不满足用户要求，则需要退回到发现阶段之前，如重新选取数据，采用新的数据变换方法，设定新的数据挖掘参数值，甚至换一种采掘算法。

除了以上三项基本工作外，数据挖掘还涉及知识的表示形式问题。由于数据挖掘的最终结果是面向人的，因此可能要对发现的模式进行可视化，或者把结果转换为用户易懂的另一种表示，如把分类决策树转换为 If-Then 规则集。

7.4.2　数据挖掘的对象

1. 数据库

数据库是当然的数据挖掘对象。人们研究比较多的是关系数据库的挖掘。其主要研究课题有超大数据量、动态数据、噪声、数据不完整性、冗余信息和数据稀疏等。

2. 数据仓库

随着信息技术的迅猛发展，到 20 世纪 80 年代，许多企业的数据库中已积累了大量的数据。于是，便产生了进一步使用这些数据的需求，就是想通过对这些数据的分析和推理，为决策提供依据。但对于这种需求，传统的数据库系统却难以实现。这是因为：①传统数据库一般只存储短期数据，而决策需要大量历史数据；②决策信息涉及许多部门的数据，而不同系统的数据难以集成。在这种情况下，便出现了数据仓库(data warehouse)技术。

但人们对数据仓库有很多不同的理解。Inmon 将数据仓库明确定义为：数据仓库是面向主题的、集成的、内容相对稳定的、不同时间的数据集合，用以支持经营管理中的决策制定过程。

具体来讲，数据仓库收集不同数据源中的数据，将这些分散的数据集中到一个更大的库中，最终用户从数据仓库中进行查询和数据分析。数据仓库中的数据应是良好定义的、一致的、不变的,数据量也应足够支持数据分析、查询、报表生成和与长期积累的历史数据的对比。

数据仓库是一个决策支持环境,通过数据的组织给决策者提供分布的、跨平台的数据,使用过程中可忽略许多技术细节。总之,数据仓库有 4 个基本特征:①数据仓库的数据是面向主题的;②数据仓库的数据是集成的;③数据仓库的数据是稳定的;④数据仓库的数据是随时间不断变化的。

数据仓库是面向决策分析的,数据仓库从事务型数据抽取并集成得到分析型数据后,需要各种决策分析工具对这些数据进行分析和挖掘,才能得到有用的决策信息。而数据挖掘技术具备从大量数据中发现有用信息的能力,于是数据挖掘自然成为数据仓库中进行数据深层分析的一种必不可少的手段。

数据挖掘往往依赖于经过良好组织和预处理的数据源,数据的质量直接影响数据挖掘的效果,因此数据的前期准备是数据挖掘过程中一个非常重要的阶段。而数据仓库具有从各种数据源中抽取数据,并对数据进行清洗、聚集和转移等各种处理的能力,恰好为数据挖掘提供了良好的前期数据准备工作的环境。

因此,数据仓库和数据挖掘技术的结合便成为必然的趋势。数据挖掘为数据仓库提供深层次数据分析的手段,数据仓库为数据挖掘提供经过良好预处理的数据源。许多数据挖掘工具都采用了基于数据仓库的技术。例如,中科院计算所智能信息处理开放实验室开发的知识发现平台 DBMiner 就是一个典型的例子。

3. Web 信息

随着 Web 的迅速发展,分布在 Internet 上的 Web 网页已构成了一个巨大的信息空间。在这个信息空间中也蕴藏着丰富的知识。因此,Web 信息也就理所当然地成为一个数据挖掘对象。基于 Web 的数据挖掘称为 Web 挖掘。

Web 挖掘主要分为内容挖掘、结构挖掘和用法挖掘。

内容挖掘是指从 Web 文档的内容中提取知识。Web 内容挖掘又可分为对文本文档(包括 TEXT、HTML 等格式)和多媒体文档(包括 Image、Audio、Video 等类型)的挖掘。如对这些文档信息进行聚类、分类、关联分析等。

结构挖掘包括文档之间的超链结构、文档内部的结构、文档 URL 中的目录路径结构等,从这些结构信息中发现规律,提取知识。

用法挖掘就是对用户访问 Web 时在服务器留下的访问记录进行挖掘,以发现用户上网的浏览模式、访问兴趣、检索频率等信息。在用户浏览模式分析中主要包括针对用户群的一般的访问模式追踪和针对单个用户的个性化使用记录追踪;挖掘的对象是服务器上包括的 Server Log Data 等日志。

4. 图像和视频数据

图像和视频数据中也存在有用的信息需要挖掘。例如,地球资源卫星每天都要拍摄大量的图像或录像,对同一个地区而言,这些图像存在着明显的规律性,白天和黑夜的图像不一样,当可能发生洪水时与正常情况下的图像又不一样。通过分析这些图像的变化,我们可以推测天气的变化,可以对自然灾害进行预报。

7.4.3 数据挖掘的任务

所谓数据挖掘的任务,就是数据挖掘所要得到的具体结果。它至少包括以下几种。

1. 数据总结

数据总结的目的是对数据进行浓缩,给出它的紧凑描述。传统的也是最简单的数据总结方法是计算出数据库的各个字段上的求和值、平均值、方差值等统计值,或者用直方图、饼状图等图形方式表示。数据挖掘主要从数据泛化的角度来讨论数据总结。数据泛化是一种把数据库中的有关数据从低层次抽象到高层次的过程。

2. 概念描述

有两种典型的概念描述:特征描述和判别描述。特征描述是从与学习任务相关的一组数据中提取出关于这些数据的特征式,这些特征式表达了该数据集的总体特征;而判别描述则描述了两个或多个类之间的差异。

3. 分类

分类是数据挖掘中一项非常重要的任务,在商业上应用最多。这种类型的数据挖掘就是要发现一个分类判别函数或分类模型(称为分类器),以便把数据库中的数据项映射到相应的类别中。

4. 聚类

聚类是将一个数据集划分为不同的类。它的目的是使得属于同一类的个体之间的差异尽可能的小,而不同类的个体间的差异尽可能的大。聚类方法包括统计方法、机器学习方法、神经网络方法和面向数据库的方法等。

5. 相关性分析

相关性分析的目的是发现特征之间或数据之间的相互依赖关系。数据相关性代表一类重要的可发现的知识。一个依赖关系存在于两个元素之间。如果从一个元素 A 的值可以推出另一个元素 B 的值,则称 B 依赖于 A。这里所谓的元素可以是字段,也可以是字段间的关系。

6. 偏差分析

偏差分析包括分类中的反常实例、例外模式、观测结果对期望值的偏离以及量值随时间的变化等,其基本思想是寻找观察结果与参照量之间的有意义的差别。通过发现异常,可以引起人们对特殊情况的注意。

7. 建模

建模就是通过数据挖掘,构造出能描述一种活动、状态、关系或现象的数学模型。

7.4.4 数据挖掘的方法

数据挖掘主要有以下几种方法。

1. 统计方法

事物的规律性一般从其数量上会表现出来。而统计方法就是从事物的外在数量上的表现去推断事物可能的规律性。因此,统计方法就是知识发现的一个重要方法。常见的统计方法有回归分析、判别分析、聚类分析以及探索分析等。

2. 机器学习方法

DM 和 KDD 是机器学习的具体应用,理所当然地要用到机器学习方法,包括符号学习、连接学习和统计学习等。

3. 粗糙集

粗糙集(rough set)理论由波兰学者 Zdziskew Pawlak 在 1982 年提出,它是一种新的数学工具,用于处理含糊性和不确定性。粗糙集在数据挖掘中也可发挥重要作用。什么是粗糙集呢? 由于篇幅所限,这里不给出其精确的数学定义,简单地说,一个粗糙集是由其下近似集和上近似集来定义的。下近似集中的每一个成员都是相应粗糙集的确定成员;若不是上近似集中的成员肯定不是该粗糙集的成员。粗糙集的上近似集是下近似集和边界区的合并。边界区的成员可能是该粗糙集的成员,但不是确定的成员。粗糙集是一种处理数据不确定性的数学工具,通常与规则归纳、分类和聚类方法结合起来使用。

4. 智能计算方法

智能计算方法包括进化计算、免疫计算、量子计算等。这些方法是在数据挖掘的刺激和推动下迅速发展起来的智能技术,它们也可有效地用于数据挖掘和知识发现。

5. 可视化

可视化(visualization)就是把数据、信息和知识转化为图形的表现形式的过程。可视化可使抽象的数据信息形象化。于是,人们便可以直观地对大量数据进行考察、分析,发现其中蕴藏的特征、关系、模式和趋势等。因此,信息可视化也是知识发现的一种有用的手段。

延伸学习导引

- 关于统计学习,可进一步学习文献[118]中的 10.2.3 节、10.3 节、10.4 节、12.4 节、13.3 节和 13.4 节。
- 关于神经网络学习,可进一步学习文献[118]中的 11.3 节。
- 关于数据挖掘与知识发现,可进一步学习文献[118]中的第 12 章。

习题 7

1. 简述统计学习的基本原理和分类。
2. 监督统计学习有哪些学习方法和模型?
3. 试说明神经网络的学习机理。
4. 神经网络学习都有哪些方法,各有什么特点?
5. 试给出两个早期经典神经网络和两个当前流行深度神经网络的名称、拓扑结构、学习方式和主要应用。
6. 简述数据挖掘的任务、过程、方法和对象。

第 **8** 章

机器感知与语言交流

8.1　引言

感知能力和语言交流能力是智能体所必备的功能要素,因此,机器感知和机器语言交流是人工智能的两个重要研究课题。

机器感知首先涉及图像、声音等信息的识别问题。为此,便发展出一门称为"模式识别"的专门学科。模式识别的主要目标是用计算机来模拟人的各种识别能力,当前主要是对人类视觉和听觉的模拟,并且主要集中于图形、图像识别和语音识别。

实现模式识别的先决条件是要有相关的分类知识,而分类知识的获得则主要靠机器学习。所以,模式识别与机器学习关系密切,二者互相促进,相辅相成。因而,模式识别既是人工智能系统的组成部分,也是人工智能技术的应用领域。

当然,模式识别技术也可以单独用于问题求解。例如,工业检测、人脸识别、讲话人识别、印刷体和手写体文字识别、指纹识别、癌细胞识别、遥感数据分析等。这方面的技术已经进入实用化阶段。语音识别技术近年来也发展很快,现在已经有商品化产品(如汉字语音录入系统)上市。

机器感知不仅是对人类感知的模拟,也是对人类感知的扩展和延伸。因为人的感知能力是很有限的,例如对声音的感知只能限于一定的声波频率范围。在这一点上,人的感觉灵敏度还不如有些动物。那么,可想而知,一旦计算机的感知能力实现,必将超过人类自身。

除了感知外,智能体还需要与人类进行信息交流,而最好的交流媒介莫过于人类的语言,即所谓自然语言。但从人类之间的语言交流来看,要交流首先需要对所用语言能够理解。而理解属于认知范畴,理解力也是高级智能体必备的功能要素。事实上,没有理解就没有真正的信息交流。自然语言理解就是计算机理解人类的语言,如汉语、英语等,包括口头语言和文字语言两种形式。试想,计算机如果能理解人类的语言,那么计算机的使用、机器人与人的信息交流将会变得十分方便。人们经过不懈努力,现在在自然语言理解方面已经取得了不少成就,但仍然存在不少困难。

自然语言理解的困难在于自然语言往往具有二义性,再加上同一句话在不同的时间、地点、场合往往有不同的含义。理解困难的另一个原因是,究竟什么是理解,几乎和什么是智能一样,至今还是一个没有完全明确的问题,因而从不同的角度有不同的解释。从微观来讲,理解是指从自然语言到机器内部表示的一种映射;从宏观来讲,理解是指能够完成人们所希望的一些功能。例如,美国认知心理学家 G. M. Ulson 曾为理解提出了四条判别标准:

(1) 能够成功地回答与输入材料有关的问题。

(2) 能够对所给材料进行摘要。

(3) 能用不同的词语叙述所给材料。

(4) 具有从一种语言转译成另一种语言的能力。

当然,这四条标准也只是理解的充分条件,事实上理解也可以表现为某种行为。

除了语言理解外,还有图形、图像和视频理解。这是图形、图像识别的自然延伸,也是计算机视觉的组成部分。在模式识别和人工智能技术的支持下,随着图像处理技术的发展,现在图像理解和计算机视觉已发展成为一个独立的研究方向。

理解实际是感知和识别的延伸,或者说是深层次的感知和识别。理解不是对现象或形式的感知,而是对本质和意义的认知。例如,自然语言理解和图形理解都是如此。

就在基于理解的自然语言处理的方法遇到困难之际,20 世纪 70 年代后期,出现了一种绕过"理解"而用统计方法处理自然语言的"经验主义"方法。基于统计的自然语言处理方法是在大量的语言资料的基础上用统计和概率的理论和方法实现自然语言处理。到了 20 世纪 90 年代,统计方法已成为自然语言处理领域的后起之秀。但 2010 年前后,基于神经网络的"经验主义"方法又后来居上,充当了自然语言处理的领衔主演。

8.2　模式识别

8.2.1　基本原理与方法

识别是人和生物的基本智能信息处理能力之一。事实上,我们几乎无时无刻不在对周围世界进行着识别。而所谓模式识别,指的是用计算机进行物体识别。这里的物体一般指文字、符号、图形、图像、语音、声音及传感器信息等形式的实体对象,并不包括概念、思想、意识等抽象或虚拟对象;后者的识别属于心理、认知及哲学等学科的研究范畴。也就是说,这里所说的模式识别是狭义的模式识别,它是人和生物的感知能力在计算机上的模拟和扩展。经过多年的研究,模式识别已发展成为一个独立的学科,其应用十分广泛。例如,在信息、遥感、医学、影像、安全、军事等领域,模式识别已经取得了重要成效,特别是基于模式识别出现的生物认证、数字水印等新技术正方兴未艾。

1. 模式、模式类与模式识别

我们知道,事物、对象总具有一些属性、状态或者说特征。例如,图形有长度、面积、颜色、边的数目等特征。声音有音量的大小、音调的高度、频率分量的强度等特征。而对象之间的差异也就表现在这些特征的差异上。所以,就可以用对象的特征来表征对象,即为对象建模。另外,从结构来看,有些被识对象可以看作是由若干基本成分按一定的规则组合而成。例如,一个汉字就是由若干基本笔画组成的,而一个几何图形则可以看作是由若干基本线条组合而成的。所以,就可用一些基本元素的某种组合来刻画对象,即为对象建模。

定义 8-1　能够表征或刻画被识别对象类属特征的信息模型称为对象的模式(pattern)。

有了模式,对实体对象的识别就转化为对其模式的识别。那么,怎样识别呢?

考察人类对物体的识别过程,可以发现,识别其实就是分类,即辨识或判别被识对象的类属。例如,汉字"文"可以有多种形体、写法和大小,但它们都属于同一个类。而我们识别这个"文"字实际也就是在判定当前看到的对象"文"的类属。又如,同一个人的脸,从不同角度或在不同时间所看到的图像是不一样的,但这些图像属于同一类,即该人的脸像类。而我们在识别人的脸谱时,实际上就是在判定当前看到的脸像应该属于哪一个脸像类,也就是在把当前看到的脸像归入我们记忆中该人脸像的类中去。

定义 8-2　具有某些共同特性的模式的集合称为模式类,判定一个待识模式类属的过程称为模式识别。

2. 模式的表示

最常用的模式表示形式有向量和字符串。

用向量表示对象模式就是以对象的诸特征值作为分量组成的一个 n 维向量 X,即 $X = (x_1, x_2, \cdots, x_n) \in \mathbf{R}^n$,其中,$x_i (i = 1, 2, \cdots, n)$ 为相应对象的第 i 个特征值。例如,向量 $(2, 5, 0.8, 100)$ 描述了一个模式(例如,它代表了质量等级为 2、长为 5m、直径为 0.8cm、单价为 100 元的一条钢筋)。由于被识对象的特征往往都取数量值,于是,用 n 维向量表示对象模式就是一个很自然的选择。

表示对象模式的 n 维向量称为**特征向量**,而相应的向量空间 $\mathbf{R}^* \subset \mathbf{R}^n$ 称为特征空间。

基于被识对象的结构特征,人们又提出了对象模式的字符串表示形式和方法。用字符串表示模式,就是先对对象的结构进行适当分割,以找出其**基本图元**并以单字符命名,然后根据对象的结构特点,将这些基本图元的符号名按相应的逻辑顺序排成一行。这样得到的字符串即为原对象的模式。例如,对于图 8-1(a)所示的数字 6,根据其结构特点,该图可以分割为两个子图,如图 8-1(b)所示;进而可以以有向线段 a、b、c、d 作为基本图元,如图 8-1(c)所示。这样,该图形就可以看作是由线段 a、b、c、d 按数字 6 的书写顺序依次首尾相连而成,如图 8-1(d)所示。于是,该图形的模式就可以用字符串 $S = accbda$ 来描述。

图 8-1　字符串描述模式示例

表示模式的字符串一般是由小写字母组成的一个字符序列 $s_1 s_2 \cdots s_m$。

上面,我们给出了模式的两种表示形式:特征向量和字符串。其中,特征向量反映的是对象的数量特征,或者说是用数量来描述对象的,所以,特征向量是被识对象的数量模式;

字符串反映的是对象的构造特征,或者说是用形状来描述对象的,因此字符串是被识对象的结构模式。

特征向量和字符串是两种最常用、最基本的模式表示形式。除此之外,模式的表示形式还有树、图等数据结构,以及模糊集合或软集合等,它们一般被用来描述复杂的对象模式。

3. 模式识别系统工作原理

我们已经知道,模式识别就是判定一个待识模式类属的过程。但是要判定一个模式的类属,首先要存在相应的模式类。所以在正式进行模式识别之前,就要让计算机先具有相关模式类的知识。这种知识可以是一个类的标准模式(这是最直接、最自然的想法和做法),也可以是该类的判别条件(如判别函数或规则)等。有了相关模式类的知识,在遇到相应的模式时,计算机就可以根据这些知识来判定该模式的类别了。

怎样使计算机具有某一模式类的知识呢?现在的一般做法是先让计算机自己去学习(其实是发现)。这就又归结为机器学习的问题了。而要进行机器学习,就要有作为样例的模式。在模式识别中,要得到样例模式,一般要通过信息获取、预处理和特征选取或基元选取等一系列的过程。

信息获取是采集被识别对象的原始信息。这些信息一般表现为光、声、热、电等形式的信号量。所以,对所采集的信息还需进行数/模转换。另外,原始信息中可能夹杂着一些干扰或噪声。因此,还必须进行预处理以除去噪声,从而修整为有用信息。

采集来的原始数据,其数据量往往很大。当把一个对象的原始数据作为对象的特征值时,将会形成维数很高的特征向量。例如,用摄像机得到的物体图像可以是一个 256×256 灰度阵列,相当于一个 256×256 维向量。直接使用这种高维向量进行模式识别将是十分困难的。所以,需要对原始的测量数据进行适当处理(如计算或变换等),以降低其维数而形成对象的特征向量。

然而,已经形成的诸特征,对于对象的识别来说,并非都是有用的或者并非总是有用的。例如,颜色这个特征对于汽车的识别来讲就是无关紧要的。因为颜色固然可以作为汽车的一个特征,但它并非一个物体是否为汽车的关键特征。但如果识别的目的和任务是要在众多的汽车中找出一辆特定的汽车,则颜色就又变成了必不可少的重要特征了。这就是说,在模式识别时,还须根据具体的识别目的和任务对已知的对象特征进行选择。

以上过程一般称为对象的特征提取(或抽取)和特征选择。本书将其统称为特征选取。

特征选取是对建立对象的数量模式即特征向量而言的。对于建立对象的结构模式,也有一个相当的过程。该过程是分析、选择被识对象的基本构造元素,一般称为基元提取(或抽取)和选择。本书将其统称为基元选取。

这样,原始样例数据经过特征选取/基元选取便得到样例模式。有了样例模式,接下来就是通过机器学习而产生相关的分类知识。有了分类知识,对于新的待识模式,就可以进行识别了。

综上所述,模式识别系统工作原理如图 8-2 所示。

可以看出,模式识别的全过程分为两步:第一步是分类知识的生成过程,其实是个纯粹的机器学习过程;第二步才是真正的模式识别过程。这就是说,模式识别的先决条件是要有相关的分类知识,而分类知识的获得主要靠机器学习。所以,机器学习特别是统计学习和神经网络学习算法(关于分类问题的学习算法)在这里派上了用场。其实,在模式识别的发

图 8-2 模式识别系统工作原理

展历程中,它总是与机器学习互相促进、相辅相成的。

4. 模式识别方法分类

从模式识别系统的工作原理可以看出,可以分别从待识模式、分类知识和类别判决三个侧面对模式识别方法进行分类。例如,待识模式可以表示为特征向量、字符串、树、图及模糊集合或软集合等。于是,模式识别方法就可分为面向特征向量的模式识别、面向字符串的模式识别,以及面向树、图及模糊集合或软集合的模式识别等。利用原始样例可以发现的分类知识有模式类的标准模式、模式类的判别函数、模式类的估计知识等。据此,模式识别方法就可分为基于标准模式的模式识别、基于判别函数的模式识别、基于统计决策的模式识别等。现在常见的模式识别方法分类都是基于待识模式的表示形式的。

依据模式的表示形式,模式识别方法可分为基于特征向量的模式识别和基于字符串的模式识别,前者称为统计模式识别,后者称为结构模式识别。统计模式识别和结构模式识别是两种经典而基本的模式识别方法,其技术比较成熟。除此之外,还有神经网络模式识别、模糊模式识别和软模式识别等。特别是近年来还出现了自适应模式识别、仿生模式识别等多种模式识别方法。

统计模式识别主要是依据统计概率理论(主要是贝叶斯决策理论)、统计学习理论和其他数学理论,通过机器学习进行建模,然后进行分类决策的。其具体内容将在 8.2.2 节介绍。

结构模式识别处理的是字符串或树结构的模式,模式类描述为形式语言的文法,识别器(即分类器)就是有限状态自动机。有一个模式类就有一种语言的文法规则,而作为待识模式的字符串就相当于一个句子,判定一个待识模式的类别就是自动机通过推理运算判定该句子是否遵循某语言的文法规则。

神经网络模式识别也是基于特征向量的一种模式识别,不过这种方法是通过神经网络的学习而实现模式的分类和聚类。近年来,随着深度神经网络和深度学习的出现和发展,神经网络模式识别发展迅猛,在计算机视觉(图像识别)和语音识别等方面取得了巨大的成功,展现了很好的应用前景,已成为模式识别乃至人工智能领域的一个研究热点和热门技术,成为继结构模式识别和统计模式识别之后的第三种主流模式识别方法。

由模式识别系统的工作原理,我们已经知道,模式识别的主要工作其实是机器学习,统计模式识别尤其如此。统计模式识别主要用统计机器学习。前面第 7 章已经介绍了统计学习,所以,本章就直接介绍已知分类知识(判别函数)情况下的统计模式识别。

8.2.2 距离分类法

对于特征向量描述的模式,进行模式识别的一个最直接的想法是,如果能找到模式类的标准模式,则对于任一待识模式,通过计算其与各标准模式的距离,就可以确定该待识模式的类属。

一个特征向量就是相应特征空间中的一个点。在特征空间中距离越近的点,对应的模式越相近,相应的对象就越相似,因而可以将它们归为一类。因此,利用距离就可以判定一个待识模式(特征向量)的类属,这就是距离分类法的基本思想。具体来讲,该方法还可以分为标准模式(亦称参考模式或模板)法、平均距离法和最近邻法等。

1. 标准模式法

设由训练样例可获得 c 个模式类 $\omega_1,\omega_2,\cdots,\omega_c$,且可获得各个模式类的标准模式 $M_1,M_2,\cdots,M_c$。那么,对于待识模式 X,可通过计算其与各标准模式的距离 $d(X,M_i)(i=1,2,\cdots,c)$ 来决定它的归属。具体分类规则为

$$d(X,M_j)=\min d(X,M_i) \Rightarrow X \in \omega_j \quad i=1,2,\cdots,c \tag{8-1}$$

即与 X 距离最小的标准模式所属的模式类即为 X 的所属模式类。

如果模式类 $\omega_1,\omega_2,\cdots,\omega_c$ 无标准模式,则可用平均距离法或最近邻法进行分类判决。

2. 平均距离法

平均距离法就是将待识模式 X 与模式类 $\omega_i(i=1,2,\cdots,c)$ 的所有样例模式的距离平均值作为 X 与模式类 ω_i 的距离,然后以距离最小的模式类作为 X 的类属。分类规则可表述为

$$d(X,\omega_j)<d(X,\omega_i), \quad \forall i \neq j \Rightarrow X \in \omega_j \tag{8-2}$$

这里,$d(X,\omega_k)=\dfrac{1}{s_k}\sum_{l=1}^{s_k}d(X,Y_l)(k=1,2,\cdots,c)$,$s_k$ 为模式类 ω_k 的样例模式数,Y_l 为 ω_k 的样例模式。

3. 最近邻法

最近邻法是将与待识模式 X 距离最近的一个样例模式所属的模式类作为 X 的类属。分类规则可表述为

$$d(X,\omega_j)<d(X,\omega_i), \quad \forall i \neq j \Rightarrow X \in \omega_j \tag{8-3}$$

这里,$d(X,\omega_k)=\min\limits_{l=1,2,\cdots,s_k} d(X,Y_l)$,$s_k$ 为模式类 ω_k 的样例模式数,Y_l 为 ω_k 的样例模式。

8.2.3 几何分类法

一个模式类就是相应特征空间中的一个点集。一般来讲,在特征空间中一个模式类的点集总是在某种程度上与另一个模式类的点集相分离。因此,模式识别的另一个思路就是

设法构造一些分界面(线),把特征空间 $\mathbf{R}^n$ 分割成若干个称为决策区域的子空间 $\mathbf{R}_i(i=1,2,\cdots,c)$,使得一个模式类刚好位于一个决策区域。这样,对于待识模式 X,就可以利用空间中的这些分界面来判定 X 的类属。分界面(线)方程 $g_i(X)=0$ 中的函数 $g_i(X)$ 称为判别函数。显然,构造分界面的关键就是构造其判别函数。

分界面(线)可分为平面(直线)和曲面,相应的判别函数为线性函数和非线性函数。下面介绍分界平面和线性判别函数。

对于二分类问题,显然只需一个分界平面。设判别函数为

$$g(X)=\mathbf{W}^{\mathrm{T}}X+w_0$$

其中 $\mathbf{W}=(w_1,w_2,\cdots,w_n)^{\mathrm{T}}$ 为 X 中各分量 $x_1,x_2,\cdots,x_n$ 的系数组成的向量,称为权向量;w_0 为一个常数,称为阈值权。那么,分界平面方程为

$$g(X)=\mathbf{W}^{\mathrm{T}}X+w_0=0$$

由几何知识知,位于这个分界平面两边的点 X 的判别函数值 $g(X)$ 符号相反。于是,可有分类规则

$$g(X)>0 \Rightarrow X \in \omega_1 \tag{8-4}$$
$$g(X)<0 \Rightarrow X \in \omega_2$$
$$g(X)=0 \Rightarrow X \text{ 属于 } \omega_1 \text{ 或 } \omega_2,\text{或者不可判别}$$

二分类问题的分界面(线)示意图如图 8-3 所示。

例 8-1　设对于三维特征空间 $\mathbf{R}^3$ 有一个线性可分的二分类问题,其判别函数为 $g(x,y,z)=8-x-2y-4z$,则相应的类别分界面如图 8-4 所示。于是,对于待识模式 $p_1=(1,1,1)$,有

$$g(1,1,1)=1>0$$

所以,模式 p_1 应属于类 ω_1;而对于待识模式 $p_2=(2,2,2)$,有

$$g(2,2,2)=-6<0$$

因此,模式 p_2 应属于类 ω_2。

图 8-3　二分类问题的分界面(线)示意图

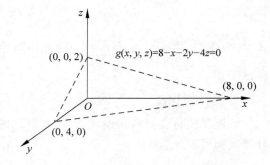

图 8-4　三维特征空间 $\mathbf{R}^3$ 的二分类问题分界面

对于多分类问题有以下三种方法。

(1) 对每一个模式类 ω_i 与其余的模式类设计一个分界平面 $g_i(X)=\mathbf{W}_i^{\mathrm{T}}X+w_{i0}=0$,即构造一个线性判别函数 $g_i(X)=\mathbf{W}_i^{\mathrm{T}}X+w_{i0}$,使得

$$当 X \in \omega_i,\quad g_i(X)>0;$$

$$当\ X \notin \omega_i, \quad g_i(X) < 0$$

于是,有分类规则

$$g_i(X) > 0 \Rightarrow X \in \omega_i \qquad (8\text{-}5)$$

(2) 在每两个类之间设计一个分界平面 $g_{ij}(X) = \boldsymbol{W}_{ij}{}^{\mathrm{T}}X + w_{ij0} = 0$,即构造一个线性判别函数 $g_{ij}(X) = \boldsymbol{W}_{ij}^{\mathrm{T}}X + w_{ij0}$,使得对于 $\forall j \neq i$,有 $g_{ij}(X) > 0$。从而,有分类规则

$$g_{ij}(X) > 0, \quad \forall j \neq i \Rightarrow X \in \omega_i \qquad (8\text{-}6)$$

可以算得,对于一个 c 分类问题,采用该方法时需要设计 $c(c-1)/2$ 个分界平面。

(3) 对于一个 c 分类问题,构造 c 个线性判别函数 $g_i(X) = \boldsymbol{W}_i^{\mathrm{T}}X + w_{i0}$,使得

$$g_i(X) > g_j(X), \quad \forall j \neq i$$

从而有分界平面

$$g_i(X) = g_j(X)$$

亦即

$$g_i(X) - g_j(X) = 0$$

在这种情况下的分类规则为

$$g_{ij}(X) = g_i(X) - g_j(X) > 0, \quad \forall j \neq i \Rightarrow X \in \omega_i \qquad (8\text{-}7)$$

或者

$$g_i(X) > g_j(X), \quad \forall j \neq i \Rightarrow X \in \omega_i$$

上面的分类方法只给出了判别函数的形式,即都是线性的判别函数,但其中的变量系数即权向量 $\boldsymbol{W} = (w_1, w_2, \cdots, w_n)^{\mathrm{T}}$ 和 w_0 还为未知。所以,对于一个实际模式识别问题,还需要确定这些参数。确定参数 w_i 的方法就是利用样例模式通过机器学习来求得。由于人们总是希望能得到尽可能好的参数值,为此,又引入了准则函数的概念。利用准则函数,参数 w_i 的优化问题又转化为准则函数的极值问题。

上面的几种基于线性判别函数或者分离平面的几何分类法是对线性可分的问题而言的;对于非线性可分问题,则需要用非线性判别函数或者分离曲面去解决。

其实,这里的几何分类法与在 7.1 节中分类方面的有关内容是一致的或相同的,所以,可以将二者联系起来理解和运用。

8.2.4　概率分类法

8.2.3 节介绍的几何分类法适合于几何可分(线性或非线性)模式。但还有一些模式是几何不可分的,即在同一区域可能出现不同类型的模式,或者说不同类的模式在空间存在交叠。对于这类问题则要用概率分类法来解决。最常用的概率分类法有基于最小错误率的贝叶斯决策和基于最小风险的贝叶斯决策等。

1. 基于最小错误率的贝叶斯决策

由于一个模式属于哪一模式类存在不确定性,所以需要用概率来决策,就是说对于待识模式 X,它属于哪个类的概率大则它就属于哪一类。但如果直接使用各模式类的先验概率(prior probability)$P(\omega_i)$,则会因先验概率所提供的信息量太少而导致把所有模式都归入先验概率最大的模式类的无效分类。因此,应该考虑后验概率 $P(\omega_i \mid X)$。但通常概率 $P(\omega_i \mid X)$ 不易直接求得。幸好,概率论中的贝叶斯公式可以帮忙。事实上,由贝叶斯公式

$$P(c_i \mid X) = \frac{p(X \mid c_i)P(c_i)}{\sum\limits_{j=1}^{c} p(X \mid c_j)P(c_j)} \tag{8-8}$$

概率 $P(c_i|X)$ 可由类条件概率密度 $p(X|c_i)$、$p(X|c_j)$ 和先验概率 $P(c_i)$、$P(c_j)$ 间接求得。于是,令

$$g_i(X) = P(c_i \mid X), \quad i = 1, 2, \cdots, c$$

作为判别函数,从而有分类规则

$$g_i(X) > g_j(X), \quad \forall j \neq i \Rightarrow X \in c_i \tag{8-9}$$

例 8-2　假设对某地区人体细胞的统计发现,正常细胞 c_1 和异常细胞 c_2 的先验概率分别为 0.9 和 0.1,即

$$P(c_1) = 0.9, \quad P(c_2) = 0.1$$

现有一待识细胞,其特征值为 X,若已知其类条件概率密度为

$$p(X \mid c_1) = 0.2, \quad p(X \mid c_2) = 0.4$$

试用最小错误率的贝叶斯决策判断该细胞是否正常。

　　解: 利用贝叶斯公式,分别计算 c_1 和 c_2 的后验概率,得

$$P(c_1 \mid X) = \frac{p(X \mid c_1)P(c_1)}{\sum\limits_{j=1}^{2} p(X \mid c_j)P(c_j)} = \frac{0.2 \times 0.9}{0.2 \times 0.9 + 0.4 \times 0.1} \approx 0.818$$

$$P(c_2 \mid X) = \frac{p(X \mid c_2)P(c_2)}{\sum\limits_{j=1}^{2} p(X \mid c_j)P(c_j)} = \frac{0.4 \times 0.1}{0.2 \times 0.9 + 0.4 \times 0.1} \approx 0.182$$

取判别函数

$$g_1(X) = P(c_1 \mid X), \quad g_2(X) = P(c_2 \mid X)$$

显然

$$g_1(X) > g_2(X)$$

于是,由贝叶斯决策规则,$X \in c_1$,即该细胞为正常细胞。

　　基于概率的识别不能保证绝对正确,即它总存在一定的错误率。但可以证明,基于上述的分类规则的识别可使其错误率最小。

2. 基于最小风险的贝叶斯决策

　　对于有些问题,仅使识别的错误率最小还是不够的。比错误率更广泛的概念是风险,而风险又是和损失紧密相连的。所谓损失,就是错误分类所带来的不良后果。还以细胞识别为例,如果将正常细胞误判为癌细胞,固然会给被体检者带来无端的精神压力和思想负担,但如果将癌细胞误判为正常细胞,则会贻误治疗。二者相比,显然后者的损失要比前者大得多。因此,分类决策时更应该考虑损失,而且应该将其降到最低。正是基于这样的考虑,基于最小风险的贝叶斯决策便应运而生。

　　设 $\lambda(\alpha_i \mid c_j)$ 为将应属于类 c_j 的模式 X 错判为 α_i 所造成的损失,简记为 λ_{ij}。这里的 α_i 称为决策或行动,它包括 c 个模式类和其他决策,例如拒绝。

　　设

$$R(\alpha_i \mid X) = \sum_{j=1}^{c} \lambda(\alpha_i \mid c_j) P(c_j \mid X) \tag{8-10}$$

称为决策 α_i 的条件风险。称

$$R = \int R(\alpha(X) \mid X) p(X) d(X) \tag{8-11}$$

为总风险,其中 $\alpha(X)$ 为对每一 X 所可能采取的行动中的一个。总风险为期望风险,它反映了对整个特征空间中的所有模式采取相应决策 $\alpha(X)$ 所带来的风险。条件风险只是反映了对某一模式采取决策 α_i 所带来的风险。当然,我们的目标是使总风险 R 最小。

为了使总风险最小,在做每一个决策时都应该使其条件风险最小。于是,有最小风险贝叶斯决策规则

$$R(\alpha_k \mid X) = \min_{i=1,\cdots,m} R(\alpha_i \mid X) \Rightarrow \alpha = \alpha_k \tag{8-12}$$

之所以也称为贝叶斯决策规则,是因为计算条件风险公式中的后验概率 $P(c_j|X)$ 仍需要用上面的贝叶斯公式。

由于最小风险贝叶斯决策的条件里多了一个"损失"项,所以,对于同一个识别问题,最小风险贝叶斯决策与最小错误率贝叶斯决策可能会得出不同的结论。例如,对于上面例 8-2 中提供的数据,如果用最小风险贝叶斯决策来识别同一个细胞,则会将那个曾被最小错误率贝叶斯决策判为正常的细胞改判为异常细胞。那么,实际问题中,究竟要采用哪一个贝叶斯决策规则,应该依具体问题而定。

8.3　自然语言处理

8.3.1　自然语言处理的途径、方法和学派

自然语言处理(NLP)包括自然语言的理解、分析、综合和生成等。狭义的自然语言处理主要指对文字形态语言的处理;广义的自然语言处理也包括非文字形态语言(如语音、手语等)的处理。

按照当代语言学理论,自然语言分为符号、词法、句法、语义和语用五个层级。在符号层,有语音、文字、手语和电子输入;在词法层,有词典、词性标注、词的形态变化、构词法等;在句法层,有词对词的关联/依存关系,以及短语对短语的结合/拼接关系;在语义层,有语义标签与它们在现实/想象世界中所指之间的映射关系和语义标签之间的角色指派关系;在语用层,有语言成分与语境之间、字面意义和言外之意之间的复杂互动关系。一般所称的"语法"包含词法和句法两个层级。

20 世纪 60 年代,随着乔姆斯基形式语言理论的出现,形式化和数学方法被引入语言学,形成了乔姆斯基形式语言理论体系。

在形式语言理论框架下,自然语言处理相继形成了三大机制:①基于规则的形式化机制,包括词汇功能语法(LFG)、广义短语结构语法(GPSG)、中心词驱动的短语结构语法(HPSG)、依存语法(DG)、范畴语法(CG)、组合范畴语法(CCG)等;②基于统计的形式化机制,包括隐马尔科夫模型(HMM)、概率上下文无关语法(PCFG)等;③基于联结(连接)的形式化机制,包括卷积神经网络(CNN)、循环/递归神经网络(RNN)、门限循环单元

(GRU)、长短期记忆网络(LSTM)等。相应地,也就出现了基于规则的方法、基于统计的方法和基于联结的方法三大方法和流派。

基于规则的方法从自然语言自身的元素、结构、含义及语境等(包括语法、语义和语用等)入手研究自然语言处理。基于规则的学派被称为"理性主义"学派,从20世纪60年代到80年代,是"理性主义"学派盛行的时期,是基于规则的方法主导的年代,但随着时间的推移,研究工作愈发艰难。

基于统计的方法是在大量的语言资料(语料库,corpus)的基础上用统计和概率的理论和方法研究自然语言处理。基于统计的流派被称为"经验主义"学派,始于20世纪70年代后期,到了20世纪90年代,经验主义学派超越了基于规则的理性主义学派,成了NLP领域的后起之秀。

基于联结的方法也是从大量的语言资料中挖掘自然语言的规律来研究自然语言处理,但所用的工具是人工神经网络及其学习算法。基于联结的学派也被称为"经验主义"学派。该学派起步更晚,但在深度学习技术的支持下,迅速崛起而后来居上,在2010年前后就将人们十分看好的基于统计的方法甩在身后。目前,基于联结的范式风头正盛。

注:语言/文本的向量化方法是统计和联结两大方法共用的。但基于统计的向量化方法是隐性语义标引(LSI)模型,而基于联结的向量化方法是词嵌入(word embedding)模型。

尽管从当前来看,经验主义的基于统计和基于联结的方法占据上风,但经验主义方法还只是浅层的自然语言处理(这一点经验主义者并不完全认同)。事实上,当前的NLP技术能够大规模处理的仍然只是具有"浅层句法"或者"简单标记"的任务。而深层的自然语言处理,包括更复杂语言现象的理解、更复杂语义关系的抽取、更专业语言资料的处理,仍然任重道远。这就是说,理性主义的基于规则的方法仍然有望再度繁荣。此外,自然语言处理从浅层到深层的范式转换,还需要情感计算、常识计算、知识图谱和不确切性信息(特别是软语言值)处理等技术的支持。

由于篇幅所限,下面仅介绍基于规则的自然语言理解和自然语言的统计模型。

8.3.2　基于规则的自然语言理解

自然语言理解包括语音理解和文字理解,此处只介绍文字理解。因为几乎所有文字资料都是由语句组成的,所以语句的理解应该是文字理解的基础。也就是说,语句应该是理解的最小单位。

然而,一个语句一般并不是孤立存在的,而往往是与该语句所在的环境(如上下文、场合、时间等)联系在一起构成它的语义,这正是自然语言理解所遇到的困难之一。为了简单起见,仅讨论与环境无关的语句的理解。

语句又分为简单句和复合句。下面就以英语为例,分别介绍简单句理解和复合句理解。

1. 简单句理解

(1) 理解的实现过程。

要理解一个语句,需建立起一个和该简单句相对应的机内表达。而要建立机内表达,需要做以下两方面的工作。

① 理解语句中的每一个词。

② 以这些词为基础组成一个可以表达整个语句意义的结构。

第一项工作看起来很容易,似乎只是查一下字典就可以解决。而实际上由于许多单词有不止一种含义,因而只由单词本身不能确定其在句中的确切含义,需要通过语法分析,并根据上下文关系才能最终确定。例如,单词 diamond 有"菱形""棒球场"和"钻石"三种意思,在语句

John saw Susan's diamond shimmering from across the room.

中,由于"shimmering"的出现,则显然"diamond"是"钻石"的含义,因为"菱形"和"棒球场"都不会闪光。再如,在语句

I'll meet you at the diamond.

中,由于"at"后面需要一个时间或地点名词作为它的宾语,显然这里的"diamond"是"棒球场"的含义,而不能是其他含义。

第二项也是一个比较困难的工作。因为要以这些单词为基础来构成表示一个句子意义的结构,需要依赖各种信息源,其中包括所用语言的知识、语句所涉及领域的知识以及有关该语言使用者应共同遵守的习惯用法的知识。由于这个解释过程涉及许多事情,因而常常将这项工作分成以下三个部分来进行:

① 语法分析。将单词之间的线性次序变换成一个显示单词如何与其他单词相关联的结构。语法分析确定语句是否合乎语法,因为一个不合乎语法的语句就更难理解。

② 语义分析。各种意义被赋予由语法分析程序所建立的结构,即在语法结构和任务领域内对象之间进行映射变换。

③ 语用分析。为确定真正含义,对表达的结构重新加以解释。

这三部分工作虽然可依次分别进行,但实际上它们之间是相互关联的,总是相互影响着,所以要绝对分开是不利于理解的。

(2)语法分析。

要进行语法分析,必须首先给出该语言的文法规则,以便为语法分析提供一个准则和依据。对于自然语言人们已提出了许多种文法,例如,乔姆斯基(Chomsky)提出的上下文无关文法就是一种常用的文法。

一个语言的文法一般用一组文法规则(称为产生式或重写规则)以及非终结符与终结符来定义和描述。例如,下面就是一个英语子集的上下文无关文法:

```
< sentence >∷ = < noun - phrase > < verb - phrase >
< noun - phrase >∷ = < determiner > < noun >
< verb - phrase >∷ = < verb > < noun - phrase > | < verb >
< determiner >∷ = the | a | an
< noun >∷ = man | student | apple | computer
< verb >∷ = eats | operates
```

这个文法有 6 条文法规则,它们是用 BNF 范式表示的。其中,带尖括号的项为非终结符,第一个非终结符称为起始符;不带尖括号的项为终结符,符号"∷＝"的意思是"定义为",符号"|"是"或者"的意思,而不带"|"的项之间是"与"关系。符号"∷＝"也可以用箭头"→"表示。

有了文法规则,对于一个给定的句子,就可以进行语法分析,即根据文法规则来判断其是否合乎语法。可以看出,上面的文法规则实际是非终结符的分解、变换规则。分解、变换从起始符开始,到终结符结束。所以,全体文法规则就构成一棵如图 8-5 所示的与或树,称为文法树。所以,对一个语句进行语法分析的过程也就是在这个与或树上搜索解树的过程。可以看出,搜索解树可以自顶向下进行,也可以自底向上进行。自顶向下搜索是从起始符 sentence 出发,推导所给的句子;自底向上搜索是从所给的句子出发,推导起始符 sentence。

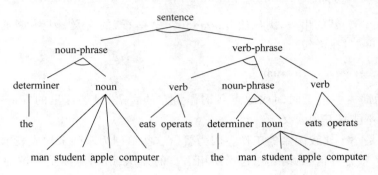

图 8-5　文法树示例

例 8-3　本例是一个基于上述文法的语法分析程序,它采用自顶向下搜索。

```
sentence(X): - append(Y, Z, X),noun _phrase(Y), verb _phrase(Z).
noun _phrase(X): - append(Y, Z, X), determiner(Y), noun(Z).
verb _phrase(X): - append(Y, Z, X), verb(Y), noun_phrase(Z).
verb _phrase(X): - verb(X).
determiner([the]).
noun([H| _]): - member(H, [man, student, apple, banana, computer]).
verb([H| _]): - member(H, [eats, study, programming, operates]).
append([], L, L).
append([H| T], L, [H| L2]): - append(T, L, L2).
member(X, [X| _]).
member(X, [_| T]): - member(X, T).
```

这个程序是先把所给的句子以符号表的形式约束给谓词 sentence 的变量 X,然后对其进行分解和变换。如果最终分解、变换的结果与语言的文法树相符,则证明所给的句子语法正确;否则语法错误。例如,对于句子

　　　　The student operates the computer.

要用该程序进行语法分析,则应给出询问:

　　　　? -sentence([the,student,operates,the,computer]).

这时,系统则回答:

　　　　Yes

分析这个句子所产生的解树如图 8-6 所示,这个解树称为该句子的语法分析树。

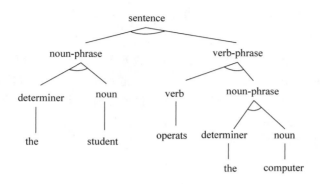

图 8-6 语法分析树示例

语法分析可判断一个句子的语法结构是否正确,但不能判断一个句子是否有意义。例如把上面询问中的例句改为

? -sentence([the,computer,operates,the,student]).

系统则仍然回答:

Yes

对于诸如此类的问题,语义分析则可解决。

(3) 语义分析。

语义分析是要识别一个语句所表达的意思。语义分析的方法很多,如运用格文法、语义文法等。这里仅介绍其中的语义文法方法。

语义文法是进行语义分析的一种简单方法。所谓语义文法,就是在传统的短语结构文法的基础上,将名词短语、动词短语等不含语义信息的纯语法类别,用所讨论领域的专门类别来代替。例如,下面就是一个语义文法的例子:

S→PRESENT the ATTRIBUTE of SHIP
PRESENT→what is|can you tell me
ATTRIBUTE→length|class
SHIP→the SHIPNAME|CLASSNAME class ship
SHIPNAME→Huanghe|Changjiang
CLASSNAME→carrier|submarine

这是一个舰船管理数据库系统自然语言接口的语义文法片段。

可以看出,语义文法的重写规则与上下文无关文法的形式是类似的。但这里没有出现像名词短语和动词短语等语法类别,而是用了 PRESENT、ATTRIBUTE、SHIP 等专门领域中的类别。

对于语义文法的分析方法,可以使用与上下文无关文法相类似的方法。利用上面给出的语义文法,可以从语义上识别如下的语句:

What is the class of the Changjiang?
Can you tell me the length of the Huanghe?

语义文法可以排除无意义的句子。当然,它只能适应于严格限制的应用领域。

2. 复合句理解

简单句的理解不涉及句与句之间的关系,它的理解过程首先是给单词赋予意义,然后再给整个语句赋予一种结构。而一组语句的理解,无论它是一个文章选段,还是对话节录,句子之间都有相互关系。所以,复合句的理解就不仅要分析各个简单句,而且要找出句子之间的关系。这些关系的发现,对于理解起着十分重要的作用。

句子之间的关系包括以下几种。

(1) 相同的事物,例如:

> 小华有个计算器,小刘想用它。

"它"和"计算器"指的是同一物体。

(2) 事物的一部分,例如:

> 小林穿上她刚买的大衣,发现掉了一个扣子。

"扣子"指的是"刚买的大衣"的一部分。

(3) 行动的一部分,例如:

> 王宏去北京出差,他乘早班飞机动身。

乘飞机应看成是出差的一部分。

(4) 与行动有关的事物,例如:

> 李明准备骑车去上学,但他骑上车子时,发现车胎没气了。

李明的自行车应理解为是与他骑车去上学这一行动有关的事物。

(5) 因果关系,例如:

> 今天下雨,所以不能上早操。

下雨应理解为是不能上操的原因。

(6) 计划次序,例如:

> 小张准备结婚,他决定再找一份工作干。

小张对工作感兴趣,应理解为是由于他要结婚,而结婚需要钱而引起的。

要能做到理解这些复杂的关系,必须具有相当广泛的领域知识才行,也就是要依赖于大型的知识库,而且知识库的组织形式对能否正确理解这些关系起着很重要的作用。特别对于较大的知识库,应考虑如何将问题的"焦点"集中在知识库的相关部分。例如,对于下面的一段话:

> 接着,把虎钳固定到工作台上。螺栓就放在小塑料袋中。

显然,第二句中的螺栓就是第一句中用来固定虎钳的螺栓。所以,如果在理解第一句时,就把需用的螺栓置于"焦点"之中,则全句的理解就容易了。因此,需要表示出与"固定"有关的知识,以便当见到"固定"时,能方便地提取出来。

对于描述与行为有关的复合语句,也可采用目标结构的方法帮助理解。即对于常见的一些行为目标,事先制订出行动规划。这样,当语句所描述的情节中的某些信息省略时,可以调用这些规划,通过推导找到问题的答案。例如,对于下面的文章片段:

小王有点饿。他便向行人打听餐馆在哪里。

如果有这样的行动规划:

打听地址→去餐馆→吃饭→不饿

则就不难理解第二个句子了。

8.3.3 统计语言模型

我们考察下面的句子:

小明是一个学生。

可以看出,这个句子是由"小明""是""一个""学生"等 4 个词组成的一个序列。这句话的英文表示

Xiaoming is a student.

更显而易见地是个单词序列。

一般地,设 $w_1, w_2, \cdots, w_n$ 为 n 个单词,语句 S 由词序列 $w_1, w_2, \cdots, w_n$ 组成,记为

$$S = w_1, w_2, \cdots, w_n \tag{8-13}$$

又设 C 为一个与语句 S 属同一语言的语料库,其中收录了大量已有语言文字资料。

现在考虑语句 S 在语料库 C 中出现的概率。仍用 S 表示事件:语句 S 在语料库 C 中出现;用 w_i 表示事件:词 w_i 在语料库 C 中出现($i = 1, 2, \cdots, n$)。由式(8-13),有

$$P(S) = P(w_1, w_2, \cdots, w_n) \tag{8-14}$$

这里 $w_1, w_2, \cdots, w_n$ 在逻辑上为"与"(AND)关系。再注意到单词 $w_1, w_2, \cdots, w_n$ 并不互相独立而是依次出现的,即除了第一个词 w_1,其余每个词的出现都依赖于其前面所有词的出现,或者说是以其前面所有词的出现为前提条件的。于是,由概率的乘法公式,又有

$$P(w_1, w_2, \cdots, w_n) = P(w_1)P(w_2 \mid w_1)P(w_3 \mid w_1, w_2) \cdots P(w_n \mid w_1, w_2, \cdots, w_{n-1})$$
$$\tag{8-15}$$

然而,在上面等式的右端,除了 $P(w_1)$ 外,其余都是条件概率,而且越往后条件越多。这就使概率 $P(w_1, w_2, \cdots, w_n)$ 的计算遇到了困难。

设 X 为从语料库 C 中取单词值的一个随机变量。那么,词序列 $w_1, w_2, \cdots, w_n$ 就可以看作是随机变量 X 按时间顺序 $t_1 < t_2 < \cdots < t_n$ 在 C 中取值而得到的一个值序列,即

$$X(t_1) = w_1, X(t_2) = w_2, \cdots, X(t_n) = w_n$$

考虑到词序列 $w_1, w_2, \cdots, w_n$ 中除了 w_1 外各个词的出现都是向前依赖的,所以,简单地讲,随机变量 X 按时间顺序 $t_1, t_2, \cdots, t_n$ 在 C 中取值的过程就可以看作是一个随机过程(stochastic process)。现在将这个随机过程进一步视为或者假设为一个马尔科夫过程(Markov Process),或者说马尔科夫链(Markov Chain),即认为随机变量 X 在 t_i 时刻的取值 w_i 只与其前面 t_{i-1} 时刻的取值 w_{i-1} 有关,而与时刻 $t_{i-2}, t_{i-3}, \cdots, t_2, t_1$ 的取值 $w_{i-2}, w_{i-3}, \cdots, w_2, w_1$ 无关。用概率语言来表达就是认为或者假设

$$P(w_1)P(w_2 \mid w_1)P(w_3 \mid w_1,w_2)\cdots P(w_n \mid w_1,w_2,\cdots,w_{n-1})$$

$$= P(w_1)P(w_2 \mid w_1)P(w_3 \mid w_2)\cdots P(w_n \mid w_{n-1})$$

于是,式(8-15)可以简化为

$$P(w_1,w_2,\cdots,w_n) = P(w_1)P(w_2 \mid w_1)P(w_3 \mid w_2)\cdots P(w_n \mid w_{n-1}) \qquad (8\text{-}16)$$

下面来求式(8-16)右端的各条件概率。由条件概率的定义

$$P(w_i \mid w_{i-1}) = \frac{P(w_{i-1},w_i)}{P(w_{i-1})} \quad (i=2,3,\cdots,n)$$

用 sum 标记语料库 C 中词汇的总数,用 $c(w_{i-1},w_i)$ 标记词 w_{i-1} 和 w_i 以前后相邻的顺序在 C 中出现的次数,则可求得频率

$$f(w_{i-1},w_i) = \frac{c(w_{i-1},w_i)}{\text{sum}} \qquad (8\text{-}17)$$

和

$$f(w_{i-1}) = \frac{c(w_{i-1})}{\text{sum}} \qquad (8\text{-}18)$$

根据大数定律,只要 sum 足够大,这两个频率也就约等于相应的概率。于是,有

$$P(w_{i-1},w_i) \approx \frac{c(w_{i-1},w_i)}{\text{sum}} \qquad (8\text{-}19)$$

$$P(w_{i-1}) \approx \frac{c(w_{i-1})}{\text{sum}} \qquad (8\text{-}20)$$

进而,有

$$P(w_i \mid w_{i-1}) \approx \frac{c(w_{i-1},w_i)}{c(w_{i-1})} \qquad (8\text{-}21)$$

这样,式(8-16)右端的概率和条件概率就可以全部计算出来了,从而,概率 $P(S)=P(w_1,w_2,\cdots,w_n)$ 也就被求出来了。大家这时可能会想:上面采用式(8-16)求概率 $P(S)$ 的方法合理吗?求得的这个概率 $P(S)$ 又有何用呢?

关于式(8-16)的合理性这里就不深究了,只简单讲一下由它求得的概率 $P(S)$ 的功用和意义。

请不要小看这个概率 $P(S)$,有了它就可以对语句 S 的正确性或者合理性做出估计,而不必考虑该语句的语法、语义和语用等问题了。其实,式(8-16)也就是语句 S 的一种数学模型。对了,它就是大名鼎鼎的**统计语言模型**(statistical language model)。

注:更准确地讲,式(8-16)所表示的统计语言模型称为二元模型(bigram model)。除了二元模型外,按条件概率中的变量个数,还有三元、四元、……、N 元模型。

传统上人们从语句的(内部)结构建立对语言的数学模型,如文法规则,但这个统计语言模型却是从语句的词汇之间的外部联系(上下文相关性)而建立的。传统上人们考察一个句子的正确性、合理性是直接从该句子的结构来分析评判的,但有了统计语言模型,就可以从已有的句子集合中间接地获得该句子的正确性和合理性信息。

统计语言模型似乎并不复杂,但它在自然语言处理中却非常有用而且效果较好。例如,采用统计语言模型的 Google 的机器翻译系统 Rusetta 于 2007 年第一次参加了美国标准局(NIST)主持的机器翻译系统评测,这个仅开发了两年的系统便以遥遥领先的评分夺得了第一,而将那些开发了十几年的基于规则的系统甩在了后面。又如,Google 的问答系统中由

于采用了统计语言模型,而使得其能够顺畅回答"为什么"和"怎么做"等问题。

统计语言模型的出现使自然语言处理从基于规则的方法逐渐转向基于统计的方法,使自然语言处理的研究从偏理论的句法分析和语义理解等,转变为贴近实际应用的语音识别、机器翻译、文本到数据库的自动生成、数据挖掘和知识获取等。统计语言模型是基于统计方法的核心和基石,是经验主义学派的法宝。

统计语言模型的提出应归功于弗里德里克·贾里尼克(Frederich Jelinek)和他领导的IBM 华生实验室(T. J. Watson)。他们最初是为了解决语音识别问题而另辟蹊径地想出了这个"功夫在诗外"的模型和方法,进而开创了基于统计的自然语言处理新途径和新学派。

延伸学习导引

关于模式识别的延伸学习有以下内容和方向可供参考。
- 文献[118]中的第 13 章。
- 统计模式识别与统计学习关系密切,在分类问题上二者几乎是一回事。所以,统计学习中关于分类的学习模型和算法也就是统计模式识别的学习模型和算法,而且相应的延伸学习内容在这里也是适用的。
- 除了统计模式识别方法外,基于神经网络的模式识别技术在深度学习的推动下目前正方兴未艾,而且应该说已经走在了统计模式识别的前面。所以,在本章的基础上,可进一步学习神经网络模式识别的初步知识。
- 结构模式识别也是模式识别的重要分支,所以,可在本章概述的基础上进一步学习结构模式识别。
- 图像识别、语音识别等是模式识别的重要和主要应用领域。所以,在本章及前面机器学习知识的基础上,可开始考虑图像识别和语音识别等方面的课题。但要用模式识别技术解决图像和语音方面的问题,首先要了解图像、语音等的模式表示原理和方法,这就需要了解计算机图形学、计算机视觉等方面的知识。

关于自然语言处理的延伸学习有以下内容和方向可供参考。
- 文献[118]中的第 15 章。
- 要深入研究自然语言处理,还应具备语言学特别是计算语言学方面的基本知识。
- 语言文字和文本的形式化或量化表示、语料库、分词、词性标注等技术是自然语言处理的前提和基础,需要继续学习。
- 建立了统计语言模型后,还涉及模型训练问题、语料选取问题,这方面的知识还需延伸学习。
- 在神经网络技术方面,在深度学习的基础上,需进一步学习、掌握循环网络、递归网络和长短期记忆等网络模型的原理和应用技术。

习题 8

1. 什么是模式、模式类和模式识别?
2. 简述模式识别的一般原理。

3. 有哪些模式识别方法? 它们各有什么特点?

4. 设二维特征空间 $\mathbf{R}^2$ 中有一个线性可分的二分类问题,其判别函数为 $g(x,y)=x+2y+4$。

(1) 试在 XOY 平面上画出相应的类别分界线;

(2) 任取平面上的点作为待识模式,利用判别函数 $g(x,y)$ 给出其类别决策。

5. 自然语言处理有哪些主要途径、方法和学派? 它们各有什么特点?

6. 实现机器的自然语言理解都涉及哪些工作?

7. 什么是统计语言模型? 谈谈你对统计语言模型的认识。

第 **9** 章

人工智能应用系统

9.1 概述

人工智能技术一般都要以某种智能系统的形式投入应用。由第 2 章已经知道,人工智能的应用可以说是不胜枚举,所以,人工智能应用系统也是各式各样。但从技术角度讲,人工智能应用系统一般可分为以下几种。

(1) 基于知识的智能系统:如专家系统、知识库系统、智能数据库系统和对话系统等。

(2) 基于算法的智能系统:如人工神经网络系统、统计学习系统、人工进化系统、人工免疫系统等。

(3) 兼有知识和算法的智能系统:如机器学习系统、模式识别系统、自然语言处理系统、数据挖掘系统、Agent 系统、智能机器人系统等。

从体系结构考虑,智能系统还有集中式和分布式之别。集中式智能系统是具有控制中心的智能系统,分布式人工智能(Distributed Artificial Intelligence,DAI)系统则是在逻辑上或物理上分散的智能个体或智能系统并行地、相互协作地实现大型复杂问题求解的系统,即所谓的分布式问题求解(Distributed Problem Solving,DPS)系统。例如,多 Agent 系统(Multi Agent System,MAS)就是一种典型的分布式智能系统。多 Agent 系统实现的是由多个智能个体通过协作或竞争所体现出来的智能。这种智能也是一种社会智能,但它是比前述的群智能更高级的社会智能。

智能系统的建造涉及智能系统的硬件原理、软件的体系结构和实现等技术。经过数十年的不懈努力和艰苦探索,这些方面已取得了不少成就和成果,但也有失败和挫折。总的来讲,在智能软件方面进展较快,如对于基于知识的系统、多 Agent 系统等已提出了多种体系结构模型,智能程序设计语言方面有函数程序设计语言、逻辑程序设计语言、面向对象程序设计语言、框架表示语言、产生式语言、神经网络设计语言、Agent 程序设计语言等,以及各种专家系统工具、知识工程工具、机器学习框架等。

本章将介绍专家系统及基于知识的系统、Agent 系统和智能机器人系统。

9.2　专家(知识)系统

专家系统(ES)是人工智能技术的一种重要应用形式。本节将介绍专家系统的基本原理、建造方法及发展概况。

9.2.1　什么是专家系统

1. 专家系统的概念

专家系统就是能像人类专家一样解决困难、复杂的实际问题的计算机(软件)系统。

我们知道,专家之所以是专家,是因为专家拥有丰富的专业知识和实践经验,或者说拥有丰富的理论知识和经验知识,特别是经验知识;同时专家具有独特的思维方式,即独特的分析问题和解决问题的方法和策略;从效果看,专家解决问题一定是高水平的。因此,专家系统应该具备以下 4 个要素:

(1) 应用于某专门领域。

(2) 拥有专家级知识。

(3) 能模拟专家的思维。

(4) 能达到专家级水平。

所以,准确地讲,专家系统就是具备这 4 个要素的计算机(软件)系统。

例如,能模拟名医进行辨证施治的诊断医疗系统就是一种专家系统,能模拟地质学家进行地下资源评价和地质数据解释的计算机(软件)系统也是一种专家系统,能像人类专家甚至超过人类专家进行网络故障诊断和处理的软件系统也是一种专家系统。

2. 专家系统的特点

同一般的计算机应用系统(如数值计算、数据处理系统等)相比,专家系统具有下列特点:

(1) 从处理的问题性质看,专家系统善于解决那些不确定性的、非结构化的、没有算法解或虽有算法解但在现有的机器上无法实施的困难问题。例如,医疗诊断、地质勘探、天气预报、市场预测、管理决策、军事指挥等领域的问题。

(2) 从处理问题的方法看,专家系统则是靠知识和推理来解决问题,而不像传统软件系统使用固定的算法来解决问题。所以,专家系统是基于知识的智能问题求解系统。

(3) 从系统的结构来看,专家系统一般强调知识与推理的分离,因而系统具有很好的灵活性和可扩充性。

(4) 专家系统一般还具有解释功能。即在运行过程中一方面能回答用户提出的问题,另一方面还能对最后的输出(结论)或处理问题的过程做出解释。

(5) 有些专家系统还具有"自学习"能力,即不断对自己的知识进行扩充、完善和提炼。这一点是传统系统所无法比拟的。

(6) 专家系统不像人类专家那样容易疲劳、遗忘,易受环境、情绪等的影响,它可始终如一地以专家级的高水平求解问题。因此,从这种意义上讲,专家系统可以超过专家本人。

3. 专家系统的类型

关于专家系统的分类,下面从几个不同的侧面进行划分。

(1) 按用途划分,专家系统可分为诊断型、解释型、预测型、决策型、设计型、规划型、控制型、调度型等几种类型。这些专家系统的功能大部分都是显然的,而其中的"解释"是对仪器仪表的检测数据进行分析、推测得出某种结论。例如,通过对一个地区的地质数据进行分析,从而对地下矿藏的分布和储量等做出判断。又如,通过对一个人的心电图波形数据进行分析,从而对该人的心脏生理病理情况得出某种结论。这里的"规划"则是为完成某任务而安排一个行动序列。例如,对地图上的两地间找一条最短的路径,为机器人做某件事安排一个动作序列等。

(2) 按输出结果划分,专家系统可分为分析型和设计型。分析型就是其工作性质属于逻辑推理,其输出结果一般是个判断。如上面的前 4 种都是分析型的,它们都是通过一系列推理而完成任务的。设计型就是其工作性质属于某种操作,其输出结果一般是一个方案。如上面的后 4 种都是设计型的,它们都是通过一系列操作而完成任务的。当然,也可兼有分析和设计的综合型专家系统。例如,医疗诊断专家系统就是一种综合型专家系统,诊断病症时要分析、推理,而开处方即制定医疗方案时要设计、操作(如对药剂的取舍或增减等)。

(3) 按知识表示划分,专家系统可分为基于产生式规则的专家系统、基于一阶谓词的专家系统、基于框架的专家系统、基于语义网的专家系统等。当然,也存在综合型专家系统。

(4) 按结构划分,专家系统可分为集中式和分布式、单机型和网络型等类型。

(5) 按采用的技术划分,专家系统可分为符号推理专家系统和神经网络专家系统。符号推理专家系统是把专家知识以某种逻辑网络(如由产生式构成的显式或隐式的推理网络、状态图、与或图、由框架构成的框架网络,还有语义网络等)存储,再依据形式逻辑的推理规则,采用符号模式匹配的方法,基于这种逻辑网络进行推理、搜索的专家系统。神经网络专家系统是把专家知识以神经网络形式存储,再基于这种神经网络,采用神经计算的方法,实现推理、搜索的专家系统。

(6) 按规模划分,专家系统可分为大型协同式专家系统和微专家系统。大型协同式专家系统是由多学科、多领域的多个专家互相配合、通力协作的大型专家系统。这种专家系统是由多个子(分)专家系统构成的一个综合集成系统。它所解决的是大型的、复杂的综合性问题,如工程、社会、经济、生态、军事等方面的问题。微专家系统则是可固化在一个芯片上的超小型专家系统,它一般用于仪器、仪表、设备或装置上,以完成控制、监测等任务。

9.2.2 专家系统的结构

专家系统是一种计算机应用系统。由于应用领域和实际问题的多样性,专家系统的结构也就多种多样。但抽象地看,它们还是具有许多共同之处。从概念来讲,一个专家系统具有如图 9-1 所示的一般结构模式。其中知识库和推理机是两个最基本的模块。

1. 知识库

所谓知识库(Knowledge Base,KB),就是以某种表示形式存储于计算机中的知识的集合。知识库通常是以一个个文件的形式存放于外部介质上,专家系统运行时将被调入内存。知识库中的知识一般包括专家知识、领域知识和元知识。元知识是关于调度和管理知识的

图 9-1 专家系统的概念结构

知识。知识库中的知识通常就是按照知识的表示形式、性质、层次、内容来组织的,构成了知识库的结构。

2. 推理机

所谓推理机(Inference Engine,IE),就是实现(机器)推理的程序。这里的推理是一个广义的概念,它既包括通常的逻辑推理,也包括基于产生式的操作。例如:

$$\frac{\begin{array}{c} A \to B \\ A \end{array}}{B}$$

这里的 B 若是个结论,则上式就是我们通常的三段论推理;若表示某种动作,则上式就是一种操作。

3. 动态数据库

动态数据库也称全局数据库、综合数据库、工作存储器、黑板等,它是存放初始证据事实、推理结果和控制信息的场所,或者说它是上述各种数据构成的集合。动态数据库只在系统运行期间产生、变化和撤销,所以称为动态数据库。需要说明的是,动态数据库虽然也叫数据库,但它并不是通常所说的数据库,二者有本质差异。

4. 人机界面

这里的人机界面指的是最终用户与专家系统的交互界面。一方面,用户通过这个界面向系统提出或回答问题,或向系统提供原始数据和事实等;另一方面,系统通过这个界面向用户提出或回答问题,并输出结果以及对系统的行为和最终结果进行适当解释。

5. 解释模块

解释模块专门负责向用户解释专家系统的行为和结果。推理过程中,它可向用户解释系统的行为,回答用户"Why"之类的问题;推理结束后它可向用户解释推理的结果是怎样得来的,回答"How"之类的问题。

6. 知识库管理系统

知识库管理系统是知识库的支撑软件。知识库管理系统对知识库的作用类似于数据库管理系统对数据库的作用,其功能包括知识库的建立、删除、重组,知识的获取(主要指录入和编辑)、维护、查询和更新,以及对知识的检查,包括一致性、冗余性和完整性检查等。

知识库管理系统主要在专家系统的开发阶段使用,但在专家系统的运行阶段也要经常使用,用来对知识库进行增、删、改、查等各种管理工作。所以,它的生命周期实际和相应的专家系统是一样的。知识库管理系统的用户一般是系统的开发者,包括领域专家和计算机人员(一般称为知识工程师),而成品的专家系统的用户则一般是领域专业人员。

对图 9-1 所示的结构再添加自学习模块,就成为更为理想的一种专家系统结构,如图 9-2 所示。这里的自学习

图 9-2 专家系统的理想结构

模块功能主要是指在系统的运行过程中，能不断自动化地完善、丰富知识库中的知识。所以，这一模块也可称为自动知识获取模块。

9.2.3　专家系统与基于知识的系统及知识工程

我们知道，专家系统能有效地解决问题的主要原因在于它拥有知识，但专家系统拥有的知识是专家知识，而且主要是经验性知识。由专家系统的出现和发展而发展起来的基于知识的系统（或者简称为知识系统），其中的知识已不限于人类专家的经验知识，而可以是领域知识或通过机器学习获得的知识。这样，专家系统就是一种特殊的知识系统。

但"专家系统"这一名词有时也泛指各种知识系统，包括**知识库系统**和**演绎数据库**（deductive database）等。就是说，一个知识系统，不论其中的知识是否真的来自某人类专家（如通过机器学习获得的知识就不是来自人类专家），但是只要能达到专家级水平或系统的能力能达到专家级水平，则一般也把这样的系统称为专家系统。

由于专家系统是基于知识的系统，那么，建造专家系统就涉及知识获取（即从人类专家那里或从实际问题那里搜集、整理、归纳专家级知识）、知识表示（即以某种结构形式表达所获取的知识，并将其存储于计算机之中）、知识的组织与管理（即知识库建立与维护等）和知识的运用（即使用知识进行推理）等一系列关于知识处理的技术和方法。特别地，基于领域知识的各种知识库系统的建立，更加促进了这些技术的发展。所以，关于知识处理的技术和方法已形成一个称为"知识工程"的学科领域。也就是说，专家系统促使了知识工程的诞生和发展，知识工程又为专家系统提供服务。正是由于这二者的密切关系，所以，"专家系统"与"知识工程"几乎已成为同义语。

9.2.4　专家系统的建造

1. 一般步骤与方法

由于专家系统也是一种计算机应用系统，所以，一般来说，其开发过程也要遵循软件工程的步骤和原则，即也要进行系统分析、系统设计等几个阶段的工作。但又由于它是专家系统，而不是一般的软件系统，所以，又有其独特之处。如果仅就"纯专家系统"而言，则其设计与实现的一般步骤可如图 9-3 所示。

由图 9-3 可以看出，专家系统的开发有如下特点：

（1）知识获取与知识表示设计是一切工作的起点。

（2）知识表示以及知识描述语言确定后，各项设计（图中并列的 6 个设计）可同时进行。

这里有以下几点还需说明：

① 对于一个实际的专家系统，在系统分析阶段就应该首先弄清楚：系统中哪里需要专家知识，专家知识的作用是什么？系统中各专家模块的输入是什么？处理是什么？输出又是什么？

② 系统投入运行后，一般来说，其知识库还需不断扩充、更新、完善和优化，所以专家系统的开发更适合采用快速原型法。

③ 对系统的评价主要看它解决问题是否达到专家水平。

④ 上述的所谓"纯专家系统"就是一个实际专家系统中的专家模块部分。

图 9-3 建造专家系统的一般步骤

2. 开发工具

为了加速专家系统的建造,缩短研制周期,提高开发效率,专家系统的开发工具便应运而生。迄今已有各种各样的专家系统开发工具投入使用。它们大致可分为以下几类。

1) 面向 AI 的程序设计语言

面向 AI 的程序设计语言包括 LISP、PROLOG 等。由于这些语言与领域无关,因此它们的通用性强,且使用灵活,限制少,用户能"随心所欲"地设计自己的系统。但由于一切皆要"从头做起",故开发周期长、效率低。

由于面向对象程序设计语言(如 Smalltalk、C++)以其类、对象、继承等机制,而与人工智能特别是知识表示与知识库产生了天然的联系,因而,现在面向对象型语言也成为一种人工智能程序设计语言,面向对象程序设计也被广泛引入人工智能程序设计,特别是专家系统程序设计。

2) 知识表示语言

这是针对知识工程发展起来的程序设计语言,因此也称知识工程语言。这些语言并不与具体的体系和范例有紧密联系,也不局限于实现任一特殊的控制策略,因而便于实现较广泛的问题。

针对不同知识类型和知识表示,人们开发了若干种知识表示语言,如产生式语言系统 OPS 5、基于框架理论的知识表示语言 FRL、UNITS 等。特别是多知识表示语言 LOOPS,它集中了 4 种编程方式,即面向对象、面向数据、面向规则和它们的组合。在面向过程的语言 INTERLISP-D 程序设计环境下，它允许设计者选择最适合其目的的那种方式。

3) 外壳系统

外壳系统亦称为骨架(frame)，这种工具通常提供知识获取模块、推理机制、解释功能等，只要加上领域专门知识，即建立起知识库，就可以构成一个专家系统。这类系统典型的代表有 EMYCIN、KAS 和 EXPERT 等。国内也开发出了不少这类工具系统。

笔者也曾研制过一个称为 ESS(Expert System Shell)的通用专家系统开发工具，并在国内推广应用。ESS 的核心是专家系统设计语言 ESL。ESL 是融过程性和描述性于一体，把知识推理同其他数据处理相结合的模块化程序设计语言。具体来讲，ESL 是将人工智能的自动推理和搜索等功能嵌套于过程性语言之中，而 ESL 的语句和所处理的知识(事实和规则)本身又都是用一阶谓词描述的。这样，就把计算机的数值计算、数据处理、图形声音以及流程控制等功能同搜索、推理功能有机地结合在一起，把传统程序同知识系统有机地结合在一起，这就为设计实用专家系统提供了方便，从而使用户能非常灵活方便地设计自己的实际专家系统，例如定义系统的运行流程和工作方式，设置屏幕布局和菜单，实现多次推理、多层推理和多路推理，设计各种各样的输入/输出、运行外部程序，进行必要的数值计算和数据处理，设计必要的图形和声音等。ESS 的应用范围广泛，它既可实现结论型专家系统，又可实现规划型专家系统，也适合于建造综合性大型专家系统。从知识系统角度看，ESS 有知识库容量大、知识调度机制灵活、输入/输出方式多样等特点。

下面是用 ESS 开发的一个小型专家系统示例：

```
work(main):                  {主程序}
make window(1,117,0,"d",3,10,4,30),nl,{定义主窗口}
write("微机故障诊断专家系统"),nl,nl,
make window(2,27,0,"a",9,40,1,16)
read char( - ),
dialog(yes),                 {开人机对话}
meta KB(kb0),                {将元知识调入内存}
goal trouble(Y),             {推理目标}
reasoning(backward)          {启动反向推理机}
showconclusion,              {显示结论}
clearwindow,write("解释否(y/n)?"),readchar(C),
if C = 'y' then explain      {给出解释}
else write(""),
clearmemory,                 {清内存}
clearwindow.                 {清屏,运行结束}
```

4) 组合式构造工具

这种工具向用户提供多种知识表示方法和多个推理控制机构，使用户可以选择各种组成部件，非常方便地进行组合，来建造自己所需的专家系统。这类系统的典型代表有 AGE 等。

上面的各类工具，是按其使用方式划分的。但事实上，工具系统还与应用领域有关，现在的知识系统工具基本上都是针对某一专门领域的。所以，如果按用途来分类，知识系统工具又可分为医疗诊断型、故障诊断型、设计规划型、金融分析型、气象预报型、地质勘探型等。

通用是工具系统追求的目标,但通用与专用又是一组矛盾。如果只考虑通用性,势必会丢掉某些专用的特色,从而又影响了工具自身的应用价值。所以,知识系统开发工具的发展方向是,在不影响专用性的前提下,尽量提高通用性。因此,组合式、开放式的工具系统是这一领域的重要课题。这种组合式、开放式的工具系统应具有多知识表示,多推理机制,多控制策略,多学习方法,多解释形式,多界面,能灵活组装,并具有用户接口(以便用户选择、取舍、增添新的特殊功能),最终形成一个完善的知识系统开发环境。

3. 开发环境

随着专家系统技术的普及与发展,人们对开发工具的要求越来越高。一个好的专家系统开发工具应向用户提供多方面的支持,包括从系统分析、知识获取、程序设计到系统调试与维护的一条龙的服务。于是,专家系统开发环境便应运而生。

专家系统开发环境就是集成化了的专家系统开发工具包,主要提供以下功能。

(1) 多种知识表示:至少提供两三种以上知识表示,如谓词、框架、对象、过程等。

(2) 多种推理模型:即提供多种推理模型,可供用户选用。最好还留有用户自定义接口。

(3) 多种知识获取手段:除了必需的知识编辑工具外,还应有自动知识获取即机器学习功能,以及知识求精手段。

(4) 多样的辅助工具:包括数据库访问、电子表格、作图等工具。

(5) 多样的友好用户界面:包括开发界面和专家系统产品的用户界面,应该是多媒体的,并且有自然语言接口。

(6) 广泛的适应性:能满足多种应用领域的特殊需求,具有很好的通用性。

9.2.5 专家系统的发展

自从世界上第一个专家系统 DENDRAL 问世以来,专家系统已经走过了 50 余年的发展历程。从技术角度看,基于知识库(特别是规则库)的传统专家系统已趋于成熟,但仍存在不少问题,诸如知识获取问题、知识的深层化问题、不确定性推理问题、系统的优化和发展问题、人机界面问题、同其他应用系统的融合与接口问题等。为此,人们对专家系统做了进一步研究,引入了多种新思想、新技术,研发了形形色色的新一代专家系统。下面简介其中几种。

1. 深层知识专家系统

深层知识专家系统就是不仅具有专家经验性表层知识,而且具有深层次专业知识的专家系统。这样的系统智能就更强了,也更接近于专家水平了。例如一个故障诊断专家系统,如果不仅有专家的经验知识,而且也有设备本身的原理性知识,那么,对于故障判断的准确性将会进一步提高。要做到这一点,这里存在一个如何把专家知识与领域知识融合的问题。

2. 自学习专家系统

自学习专家系统是能够自主学习而不断获取知识的专家系统。这类专家系统还可以分为两种类型。

一类是在已有人类专家知识的基础上能够随着环境的变化而不断更新、完善、扩充其知识(库)的专家系统。这类系统可以新建,也可以对已有专家系统进行升级而实现。

另一类则是从零开始完全"自学成才"的专家系统。这类专家系统不需要任何人类的专家知识,完全靠自己在与环境的交互过程中通过不断学习而成为"专家"。例如,2017 年 10 月 DeepMind 推出的名为 AlphaGo Zero 的围棋程序系统就是这种"自学成才"专家系统的一个成功案例。据报道,这个程序系统中没有用人类棋手的经验和策略,仅自学(自我对弈) 21 天后再经过 3 天训练,便以 100∶0 击败了上一个版本 AlphaGo。

3. 神经网络专家系统

神经网络具有自学习、自适应、分布存储、联想记忆、并行处理,以及鲁棒性和容错性强等一系列特点和优势。所以,也可用神经网络来实现学习、计算和知识库等功能模块,建造基于神经网络的专家系统。

这种专家系统的建造过程是:先根据问题的规模构造一个神经网络,再用专家提供的典型样本数据对网络进行训练,然后利用学成的网络对输入数据进行处理,最后得到所期望的输出。

可以看出,这种系统把知识库融入网络之中,而推理过程就是沿着网络的计算过程。基于神经网络的这种推理,实际是一种并行推理。这种系统实际上是自学习的,它将知识获取和知识利用融为一体。而且它所获得的知识往往还高于专家知识,因为它所获得的知识是从专家提供的特殊知识中归纳出的一般知识。这种专家系统还有一个重要特点,那就是它具有很好的鲁棒性和容错性。

4. 大型协同分布式专家系统

这是一种多学科、多专家联合作业,协同解题的大型专家系统,其体系结构又是分布式的,可适应分布和网络环境。

具体来讲,分布式专家系统的构成可以把知识库分布在计算机网络上,或者把推理机制分布在网络上,或者二者兼而有之。此外,分布式专家系统还涉及问题分解、问题分布和合作推理等技术。

问题分解是把所要处理的问题按某种原则分解为若干子问题。问题分布是把分解好的子问题分配给各专家系统去解决。合作推理是分布在各节点的专家系统通过通信进行协调工作,当发生意见分歧时,甚至还要辩论和折中。

需指出的是,随着分布式人工智能技术的发展,多 Agent 系统将是分布式专家系统的理想结构模型。

9.3 Agent 系统

Agent 系统是继专家(知识)系统之后的一种新型智能系统。随着网络技术的飞速发展,Agent 系统及其应用也是人工智能领域的一个研究热点。人们试图用 Agent 技术统一和发展人工智能技术,甚至试图用它统一和发展计算机技术特别是软件开发技术。本节将介绍 Agent 系统的基础知识。

9.3.1　什么是 Agent

1．Agent 的概念

Agent 一词的通常含义有代理(人)、代办、媒介、服务等,而且作为"代理"在计算机领域广为使用。但人工智能领域的 Agent 则具有更加特定的含义。简单地讲,Agent 指的是一种实体,而且是一种具有智能的实体。这种实体可以是智能软件、智能设备、智能机器人或智能计算机系统等,甚至也可以是人。国内人工智能文献中对 Agent 的翻译或称呼有智能体、智能主体、智能 Agent 等。Agent 的这一特定含义是由 MIT 的 Minsky 在其 1986 年出版的《思维的社会》一书中提出的。Minsky 认为社会中的某些个体经过协商之后可求得问题的解,这些个体就是 Agent。他还认为 Agent 应具有社会交互性和智能性。从此,这种含义扩展了的 Agent 便被引入人工智能领域,并迅速成为研究热点。

Agent 的抽象模型是具有传感器和效应器,处于某一环境中的实体。它通过传感器感知环境,通过效应器作用于环境;它能运用自己所拥有的知识进行问题求解;它还能与其他 Agent 进行信息交流并协同工作。因此,Agent 应具有如下基本特性:

(1) **自主性**,亦称自治性,即能够在没有人或别的 Agent 的干预下,主动地、自发地控制自身的行为和内部状态,并且还有自己的目标或意图。

(2) **反应性**,即能够对感知做出响应,并且必要时通过行为改变环境。

(3) **适应性**,即能根据目标、环境等的要求和制约做出行动计划,并根据环境的变化,修改自己的目标和计划。

(4) **社会性**,即一个 Agent 一般不能在环境中单独存在,而要与其他 Agent 在同一环境中协同工作。而协作就要协商,要协商就要进行信息交流,信息交流的方式是相互通信。从软件开发技术中面向对象的观点来看,Agent 是一种高级对象,或者说是具有智能的对象。

2．Agent 的类型

(1) 基于理论模型,Agent 可分为反应型、思考型(或认知型)和二者复合型。

(2) 从特性来看,Agent 又可分为以下几种。

- 反应式 Agent:能够对环境主动进行监视并能做出必要反应的 Agent。反应式 Agent 最典型的应用是机器人,特别是 Brookes 类型的机器昆虫。

- BDI Agent:有信念(Belief,即知识)、愿望(Desire,即任务)和意图(Intention,即为实现愿望而想做的事情)的 Agent,它也被称为理性 Agent。这是关于 Agent 的研究中最典型的智能型 Agent,或自治 Agent。BDI Agent 的典型应用是在 Internet 上为主人收集信息的软件 Agent,比较高级的智能机器人也是 BDI Agent。

- 社会 Agent:处在由多个 Agent 构成的一个 Agent 社会中的 Agent。各 Agent 有时有共同的利益(共同完成一项任务),有时利益互相矛盾(争夺一项任务)。因此,这类 Agent 的功能包括协作和竞争。办公自动化 Agent 是协作的典型例子,多个运输(或电信)公司 Agent 争夺任务承包权是竞争的典型例子。

- 演化 Agent:这是具有学习和提高自己能力的 Agent。单个 Agent 可以在同环境的交互中总结经验教训,提高自己的能力,但更多的学习是在多 Agent 系统,即社会 Agent 之间进行的。模拟生物社会(如蜜蜂和蚂蚁)的多 Agent 系统是演化 Agent

的典型例子。

· 人格化 Agent:不但有思想,而且有情感的 Agent。这类 Agent 研究得比较少,但是有发展前景。在故事理解研究中的人物 Agent 是典型的人格化 Agent。

(3) 从所承担的工作和任务性质来看,Agent 又可分为信息型 Agent、合作型 Agent、接口型 Agent 和移动型 Agent 等,也可分为专用 Agent 和通用 Agent(后者则是通用人工智能的一种体现)。

(4) 以纯软件实现的 Agent 被称为软件 Agent(Software Agent,SA)。

9.3.2 Agent 的结构

由于 Agent 的多样性,很难给出一个统一的结构模型。下面仅给出思考型 Agent 的一个简单结构模型(见图 9-4)和一个简化 Agent 的结构模型(见图 9-5)。

图 9-4 思考型 Agent 结构模型

图 9-5 简化 Agent 结构模型

图 9-4 所示的思考型 Agent 结构模型可以看作是 Agent 的标准结构;而图 9-5 所示的简化 Agent 结构模型接近于传统的专家(知识)系统,或者可以看作是对传统专家(知识)系统的一种新包装。

9.3.3 Agent 实例——Web Agent

Web Agent 是在智能 Agent 概念的基础上,结合信息检索、搜索引擎、机器学习、数据挖掘、统计等多个领域知识而产生的用于 Web 导航的工具。随着网络化的飞速发展,Web Agent 将是有广泛应用前景的一种小型 Agent 系统。事实上,已经有许多的 Web Agent 出现在人们日常访问的网站中。比较著名的有 Web Watcher、Personal Web Watcher、Syskill&Webert、WebMate 和 Letizia 等。下面以卡耐基-梅隆大学(CMU)的 Web Watcher 为例对这种系统做一简要介绍。

Web Watcher 是由 CMU 的 Tom Mitchell 等人开发的服务端 Web Agent 系统,它建立一种用户模型,为所有登录服务器的用户服务,这种模型是根据大多数用户的普遍访问模式训练生成的,它区别于许多运行于客户端的为单一客户服务的 Web Agent。

当用户上网时,Web Watcher 记录用户从登录开始一直到退出系统或服务器时浏览过的页面序列、点击过的超链序列以及它们的时间戳。在退出系统或服务器之前,Web Watcher 会询问用户是否达到目标,即要求用户对此次浏览给出一个二值的评价,即成功或否。这种事例对同一时刻连接服务器的成千上万的用户都会发生,Web Watcher 就是通过对这种大量的训练事例的分析,得出当前大多数用户普遍的浏览模式。

当一次新的浏览开始后,Web Watcher 根据大多数用户过去的浏览模式,对当前用户进行引导,即认为大多数用户所经历的浏览过程就暗示当前用户很有可能进行类似的选择。实验证明,Web Watcher 的这种智能导航的效果远远超过了不考虑任何用户模型情况下的随机推荐超链的情况。

这里的 Web Agent 像一个过滤器或者一个监控程序一样,从 Web 服务器上获取用户的访问信息,对其进行统计处理,经过算法的加工成为用户访问网页的一种个性化信息。Agent 再根据这些个性化信息反过来服务于用户,而用户在这里无形中起到一种训练 Agent 的作用,即在自己访问网络的同时完成了对服务 Agent 的训练。大量的用户访问使得 Web Agent 能够全面掌握访问网站用户的习惯,而且能够在一些新用户刚登录不久就可以给出用户满意的推荐。当一个 Agent 不能完全满足用户所有的网络访问需求时,还可以同网上的其他 Agent 通信和协作,以满足用户所有的网络访问需求。

此外,网上已推出的各种对话系统,包括任务型的(如个人智能助理)和非任务型的(如聊天机器人)实际上也可以说是一种 Web Agent。

9.3.4 多 Agent 系统

从 Agent 的特性可以看出,Agent 的一个显著特点就是它的社会性。所以,Agent 的应用主要是以多个 Agent 协作的形式出现。因而多 Agent 系统(MAS)就成为 Agent 技术的一个重点研究课题。另一方面,MAS 又与分布式系统密切相关,所以,MAS 也是分布式人工智能(DAI)的基本内容之一。

多 Agent 系统是一个松散耦合的 Agent 网络,这些 Agent 通过交互、协作进行问题求解(所解问题一般是单个 Agent 能力或知识所不及的)。其中的每一个 Agent 都是自主的,它们可以由不同的设计方法和语言开发而成,因而可能是完全异质的。多 Agent 系统具有如下特征。

(1) 每个 Agent 拥有解决问题的不完全的信息或能力。

(2) 没有系统全局控制。

(3) 数据是分散的。

(4) 计算是异步的。

多 Agent 系统的理论研究是以单 Agent 理论研究为基础的,所以,除单 Agent 理论研究所涉及的内容外,多 Agent 系统的理论研究还包括一些和多 Agent 系统有关的基本规范,主要有以下几点。

(1) 多 Agent 系统的体系结构。

(2) 多 Agent 系统中 Agent 的心智状态,包括与交互有关的心智状态的选择与描述。

(3) 多 Agent 系统的特性、这些特性之间的关系以及如何描述这些特性及其关系。

(4) 多 Agent 系统中 Agent 之间的交互和推理。

(5) 多 Agent 之间的合作与竞争。

(6) 多 Agent 的学习和适应。

9.3.5 Agent 技术的发展与应用

Agent 系统是一种更拟人、更有灵性的智能系统,关于它的研究仍在继续,其热点课题主要是 Agent 的理论模型、学习算法、多 Agent 系统及其开发应用。

Agent 的理论模型的研究主要有逻辑方法和经济学方法两种。上面提到的 BDI 型 Agent 就是基于逻辑方法而提出的一种 Agent 模型,被称为理性 Agent。

在 Agent 学习方面,关于 Agent 的强化学习是一个热门研究方向,特别是结合博弈、机器人、无人机、自主车等研究相关的学习机制和算法,取得了不少进展。

多 Agent 系统的主要课题是其问题求解机制,包括组织形式、协商、协调、协作、学习、适应等有关的理论和方法学。近年来,有学者将系统科学中的复杂系统网络结构与多 Agent 相结合进行研究,并取得了一些重要成果。事实上,若将一个 MAS 中的单个 Agent 建模为网络节点,将 Agent 之间的通信和协作关系建模为网络节点之间的连接,则该 MAS 就可表示为一个动态的复杂网络,因而复杂网络的结构和性质就有助于构建 MAS;反之,这样的网络也会因 MAS 的优势而能更好地解决复杂问题和仿真复杂系统。研究发现:稠密同构的网络易于控制,而稀疏异构的网络难以控制;对于可控的 MAS,通过计算机算法能够识别出少数核心 Agent,只需要对这些 Agent 发控制信号,就能从理论上保证 MAS 的宏观行为从任意初始状态向预期的方向发展。

Agent 系统虽然是一种较新的智能系统,但它与传统的人工智能系统并不是截然分开的。事实上,二者在技术上是互相渗透、相辅相成的。一方面,在 Agent 的设计中要用到许多传统的人工智能技术,如模式识别、机器学习、知识表示、机器推理、自然语言处理等;另一方面,有了 Agent 概念以后,传统的人工智能技术又可在 Agent 系统这样一种新的包装和运作模式下,提高到一个新的水平。例如,利用 Agent 技术可以建造新一代运行在 Internet 上的分布式专家系统。

除了与其他人工智能技术相结合外,Agent 技术和 Agent 系统还可用于智能机器人建造和群体智能系统开发。例如,可将关于 Agent 的技术成果应用于机器人,或者用 Agent 来仿真机器人;也可将 Agent 系统的技术成果应用于群体智能系统,或者用 Agent 系统来仿真群体智能系统。

其实,作为一种集成式人工智能技术和系统,Agent 技术和 Agent 系统的应用十分广泛。诸如计算机、网络、数据库、数据通信、知识库、知识共享、人机界面、人机对话、并行工程以及信息科学和系统科学等领域都有 Agent 技术的用武之地。特别是在软件工程领域,人们把 Agent 技术看作是面向对象技术的继续和发展,并且在研究面向 Agent 的软件开发技术,甚至已经提出了面向 Agent 的软件工程方法学,包括面向 Agent 的系统分析与设计方法、开发方法以及工具与环境等。此外,有学者还研究基于多 Agent 的软件集成开发与演化方法以及自适应软件。从这个意义上讲,Agent 技术将是人工智能与计算机及信息科学技术的交汇点。

Agent 技术在其他业务领域的应用也方兴未艾。从目前来看,Agent 技术的应用已遍及经济、军事、工业、农业、教育等诸多领域。具体一点讲,有工业制造、工业过程控制、空中和地面交通控制、噪声控制、农业专家系统、远程教育、远程医疗、电子商务、军事演习、市场模拟等。特别地,在信息基础设施智能化方面,Agent 技术也将发挥重要作用,可有效解决信息基础设施所面临的易用性、灵活性等诸多难题。

9.4　智能机器人

智能机器人(intelligent Robot)是人工智能技术的综合应用和体现,它的研制不仅需要智能技术,而且涉及许多科学技术门类和领域,如物理、力学、数学、机械、电子、计算机、软件、网络、通信、控制等。所以,它是一门综合性的技术学科。由于篇幅所限,本节仅介绍智能机器人的一些基础知识。

9.4.1　智能机器人的基本原理

一般将机器人的发展分为三个阶段:

第一阶段的机器人只有"手",以固定程序工作,不具有外界信息的反馈能力。

第二阶段的机器人具有对外界信息的反馈能力,即有了感觉,如力觉、触觉、视觉等。

第三阶段,即"智能机器人"阶段,这一阶段的机器人已经具有了自主性,有自行学习、推理、决策、规划等能力。这也正符合 Agent 的条件,所以,智能机器人也被作为一种Agent。

智能机器人至少应具备四种机能。

(1)感知机能:获取外部环境信息以便进行自我行动监视的机能。

(2)运动机能:施加于外部环境的相当于人的手、脚的动作机能。

(3)思维机能:求解问题的推理、判断机能。

(4)人-机通信机能:理解指示命令、输出内部状态、与人进行信息交流的机能。

1. 机器人感知

机器人的感知包括对外界和对自身的感知。感知机能是靠传感器来实现的。因而,机器人传感器可分为内部传感器和外部传感器两大类。内部传感器用来感知机器人的内部状态信息,包括关节位置、速度、加速度、姿态和方位等。常见的内部传感器有轴角编码器、加速度计、陀螺系统等。外部传感器用来感知机器人外部环境信息,它又分为接触型和非接触型两种。前者有触觉、压觉、力觉、滑觉、热觉等;后者有视觉、听觉、接近觉、距离觉等。机器人传感器直接模仿人或生物的感觉器官。如根据人和昆虫眼睛的成像原理研制的视觉传感器,它能感受物体的形状、特征、颜色、位置、距离和运动等。还有听觉传感器、触觉传感器、味觉传感器等也是用相应的仿生原理制作的。立体摄像机和激光测距仪是机器人获得三维视觉的两类实用传感器。

在机器人感知研究中,视觉方面的成果最为突出,机器人视觉已经成为一门新兴的独立学科。机器人视觉的主要目的是从整体上理解一个给定的三维景物,为此,图像处理、模式识别、知识工程和三维视觉等技术特别是智能技术在机器人视觉的研制中得到了应用。

2. 机器人规划

机器人规划也称机器人问题求解。感知能力使机器人能够感知对象和环境,但要解决问题,即产生适应对象和环境的动作,还要依靠规划功能。规划就是拟定行动步骤,实际上它就是一种问题求解技术,即从某个特定问题的初始状态出发,寻找或构造一系列操作(也称算子)步骤,达到解决问题的目标状态。例如给定工件装配任务,机器人按照什么步骤去操作每个工件? 在杂乱的环境下,机器人如何寻求避免与障碍碰撞的路径,去接近某个目标? 规划功能的强弱反映了智能机器人的智能水平。

机器人规划的基本任务是:在一个特定的工作区域中自动生成从初始状态到目标状态的动作序列、运动路径和轨迹的控制程序。规划系统可分为两级:任务规划子系统和运动规划子系统。任务规划子系统根据任务命令,自动生成相应的机器人执行程序,如将任务理解为工作区的状态变化,则它生成的即为把初始状态变为目标状态的一个操作序列。运动规划子系统首先将任务规划的结果变成一个无碰撞的操作器运动路径,这一步称为路径规划;然后再将路径变为操作器各关节的空间坐标,形成运动轨迹,这一步称为轨迹规划。

任务规划需要解决三个基本技术问题:问题或状态的表示、搜索策略和子目标冲突问题。经过多年的探索,至少已提出了四种有关任务规划问题的方法,这就是非层次规划、层次规划、估价式规划和机遇式规划。

路径规划一般分解为寻空间和寻路径两个子问题。寻空间是指在某个指定的区域 R 中,确定物体 A 的安全位置,使它不与区域中的其他物体相碰撞。寻路径是指在某个指定的区域 R 中,确定物体 A 从初始位置移动到目标位置的安全路径,使得移动过程不会发生与其他物体的碰撞。路径规划的方法有假设-测试法、罚函数法、位姿空间法、旋转映射图法等。

可以看出,无论是任务规划还是路径规划,都涉及搜索和推理问题。因此,它可以采用图搜索技术和产生式系统来解决。事实上,现已开发出了多种这样的机器人规划系统。一些系统将机器人世界表示为一阶谓词演算公式的集合,利用启发式搜索技术达到要求的目标;一些系统采用监督式学习来加速规划过程;还有一些系统将专家系统技术应用到规划之中。随着计算智能技术的飞速发展,人们也把神经网络技术引入了机器人规划。例如,利用一种并列连接的神经网络可以实时地进行无碰撞路径规划。该网络对一系列的路径点进行规划,其目标使得整个路径的长度尽量短,同时又要尽可能远离障碍物。从数学的观点看,它等效于一个代价函数,该代价函数为路径长度和碰撞次数的函数。这种方法的优点是:

(1) 算法固有的并行性可用并行硬件来实现,对于有较多障碍物、有较多路径点以及物体上有较多测试点的情况,可达到实时应用的程度。

(2) 算法的并行性使得所规划的路径可以达到任意高的精度而不增加计算时间。

3. 机器人控制

机器人控制即运动控制,包括位置控制和力控制。位置控制是对于路径规划给出的运动轨迹(即路径),控制机器人的肢体(如机械手)产生相应的动作。力控制则是对机器人的肢体所发出的作用力(如机械手的握力和推力)大小的控制。运动控制涉及机器人的运动学和动力学特性,所以,运动控制研究需要许多运动学和动力学知识。总的来说,机器人运动控制比较困难,主要原因在于要求的运动轨迹是在直角坐标空间中给定的,而实际的运动却是通过安装在关节上的驱动部件来实现的,因而需要将机械手末端在直角坐标空间的运动变换到关节的运动,也就是需要进行逆运动学的计算。这个计算取决于机器人的手臂参数以及所使用的算法。我们知道,具有四肢的动物(包括人类),运动时会很自然地完成从目标空间到驱动器(肌肉)的转换。这个转换能力一方面是先天遗传的,另一方面是通过后天学习不断完善的。

生物系统的运动控制为机器人的神经网络控制提供了很好的参考模型。这种控制不需要各个变量之间的准确的解析关系模型,而只要通过大量的例子进行训练即可实现。因此,在机器人控制中广泛采用神经网络控制技术。在运动学的控制方法中,分解运动速度的方法是比较典型的一种,它是一种在直角坐标空间而不是在关节坐标空间进行闭环控制的方法。对于那些需要准确运动轨迹的跟踪的任务,如弧焊等,必须采用这样的控制方法。分解运动速度的方法关键是速度逆运动学计算,这个计算不仅需要有效的雅可比矩阵求逆算法,而且需要知道机器人的运动学参数。如果采用神经网络,则可不必知道这些参数,因此它可作为求解速度逆运动学的另一种颇具吸引力的方法。

通常的机器人运动学控制主要是基于正、逆运动学的计算。这种控制方法不但计算烦琐,而且需要经常校准才能保持精度。为此,人们提出了一种双向映射神经网络,进行机器人运动学控制。这种网络主要由一个前馈网组成,隐层为正弦激励函数。从网络的输出到输入有一个反馈连接,形成循环回路。正向网络实现正运动学方程,反馈连接修改网络的输入(关节变量)以使网络的输出(末端位姿)向着期望的位姿点运动。这种双向映射网络不但能够提供精确的正、逆运动学计算,而且只需要简单的训练。

在动力学控制中,关键是逆动力学计算。这里主要有两方面的问题:一是计算工作量很大,难以满足实时控制的要求;二是需要知道机器人的运动学和动力学参数。要获得这些参数,尤其是动力学参数,往往是很困难的。采用神经网络来实现逆动力学的计算,原则上可以解决上述两个问题。由于神经网络的并行计算的特点,它完全满足实时性的要求,同时它是通过输入/输出的数据样本经过学习而获得动力学的非线性关系,因而它并不依赖机器人参数。

在力控制中,无论是采用经典控制还是现代控制,都存在建模难题。因此,人们将智能控制技术引入机器人力控制中,产生了智能力控制方法。该方法应用递阶协调控制、模糊控制和神经网络控制技术来实现力控制系统。在这类系统中,力/位反馈并行输入,模糊、神经网络控制对输入信息进行并行非线性处理和综合,将处理结果(位置量)输出给位置伺服子系统。这种控制系统具有高速响应,能够完成机器人在行走中与刚性表面接触而产生位移时的实时控制。

智能机器人的控制结构通常被设计成多处理机系统的网络,并采用智能控制的分层递阶结构。例如在纵向,自顶向下分为四层,每一层完成不同级别的功能;第一层负责任务规划,把目标任务分解为初级任务序列;第二层负责路径规划,把初级移动命令分解为一系列字符串,这些字符串定义了一条可避免碰撞和死点的运动路径;第三层的基本功能是计算惯量动力学并产生平滑轨迹,在基本坐标系中控制末端执行器;第四层为伺服和坐标变换,完成从基本坐标到关节坐标系的坐标变换以及关节位置、速度和力的伺服控制。

9.4.2　机器人技术进展

随着人工智能技术的整体进展,特别是机器学习和计算机视觉等的飞速发展,近年来智能机器人的研发也有了长足的进步和发展。人们将机器学习和模式识别的研究成果引入机器人领域。例如,用强化学习训练机器人,通过直接试错,让机器人通过自学习不断提高自己的技能水平。又如,用智能仿真技术对机器人的学习和训练进行软件模拟,然后将所得结果再移植到硬件机器人中。看来,交互智能技术将在机器人领域,特别是机器人行为方面,发挥重要作用。人工智能技术的引入极大地提高了机器人的智力和技能水平,新开发的机器人不断使人耳目一新。其中,对话机器人和运动机器人尤为突出。在运动机器人中,波士顿动力(Boston Dynamics)研发的机器人值得一提,它代表了当前运动机器人的最高水平。

视频讲解

在机器人的学习方面,有学者引入了群智能技术,研究了群机器人的环境表征、性格特征及其进化,并用多 Agent 系统进行仿真。仿真实验的项目有矩阵博弈、机器人走出房间和机器人跟踪目标。这三个仿真情景体现了基于博弈理论和自适应性格特征的群智能的不同方面。

延伸学习导引

- 关于专家系统的延伸学习,可参阅文献[118]第 16 章。
- 关于 Agent 系统的延伸学习,可参阅文献[118]第 17 章及其他有关专著和文献。
- 关于智能机器人系统的延伸学习,可参阅文献[118]第 18 章及其他有关专著和文献。

习题 9

1. 何为专家系统? 它有哪些基本特征?
2. 专家系统有哪些主要类型?
3. 专家系统包括哪些基本部分? 每一部分的主要功能是什么? 试画出专家系统的一般结构图。
4. 专家系统与基于知识的系统及知识工程有何关系?
5. 试述建造专家系统的一般步骤与方法。
6. 什么是 Agent? 它有哪些特性?
7. Agent 有哪些类型?
8. 简述多 Agent 系统的特征和研究内容。
9. Agent 系统与传统的智能系统,特别是专家系统有什么异同和关系?
10. Agent 与智能机器人有什么异同和关系?

11. Agent 和多 Agent 的研究对机器人、无人机、自主车以及群体智能的研究和开发有何意义？

12. Agent 与强化学习有什么联系？

13. 智能机器人应具备哪些机能？

14. 实现智能机器人要涉及哪些方面的技术问题？

15. 简述机器人感知、机器人规划和机器人控制的基本原理。

第章

智能计算机与智能化网络

    作为人工智能的承载者,计算机系统及其网络必须自身也智能化。也只有自身智能化了,才能给其上的各种智能应用提供更好的支持。本章将简单介绍智能计算机与智能化网络方面的基本知识。

10.1　智能计算机

    随着人工智能技术及其应用的深入研究和不断发展,现有的冯·诺依曼(von Neumann)型电子数字计算机越来越难以胜任了。事实上,这种计算机当初是从数值计算的目标出发而设计制造的。它的高速运算能力对人工智能来说固然重要,但其刚性强而柔性差的缺点却是人工智能难以接受的。为此,人们就不得不在用冯·诺依曼机器开发智能应用的同时,研究其他更好的智能计算机了。

10.1.1　智能硬件平台和智能操作系统

    同何为智能一样,关于什么是智能计算机,至今也没有一个确切定义。但从系统构成来讲,同普通计算机类似,智能计算机也应分为智能硬件平台和智能操作系统两大部分。

    (1)智能硬件平台:指直接支持智能系统开发和运行的智能硬件设备。在这方面,人们已做了不少工作,如研制过 LISP 机、PROLOG 机等。现在,又推出了适于机器学习的人工智能专用芯片,同时又在开发和研制神经网络计算机和其他新型智能计算机。

    (2)智能操作系统:指以智能计算机硬件为基础,能实现计算机硬软件资源的智能管理与调度,具有智能接口,并能支撑外层的智能应用程序的新一代操作系统。智能操作系统主要有三大特点:并行性、分布性和智能性。并行性是指能够支持多用户、多进程,同时进行逻辑推理和知识处理;分布性是指把计算机的硬件和软件资源分散而又有联系地组织起来,能支持局域网或远程网处理;智能性又体现于三个方面:一是操作系统所处理的对象是知识对象,具有并行推理和知识操作功能,支持智能应用程序的运行;二是操作系统本身的绝大部分程序也是智能程序,能充分利用硬件的并行推理功能;三是其系统管理具有较高智能程度的自动管理维护功能,如故障的监控分析等,以帮助系统维护人员做出必要的决策。

10.1.2　人工智能芯片

深度学习极大地推动了人工智能的应用和发展,但深度学习算法的计算量往往非常大,所以其效率和功耗开销就成了解决实际问题时的瓶颈,尤其是对于实时性很强的应用问题更为突出。于是,人们就研发适合于机器学习特别是深度学习的计算机硬件——专用处理器(芯片),以有效提升深度学习的速度并降低其功耗。这种用于机器学习以提升程序运行效率的人工智能专用芯片就是一般所称的人工智能芯片。

人工智能芯片现在已经是 AI 领域的一个新的热点。国内外的许多公司都纷纷布局,展开了激烈竞争。国外主要有英伟达、谷歌、XILINX、英特尔、AMD、高通、亚马逊等,国内主要有百度、寒武纪、华为、地平线、云知声、阿里等。各个公司都推出了自己的特色芯片,呈现出百家争鸣的局面。

从原理来看,目前所推出的 AI 芯片,有 GPU(Graphics Processing Unit)、FPGA(Field Programmable Gate Array,现场可编程逻辑门阵列)和 TPU(Tensor Processing Unit)等几种架构类型。

GPU 架构的芯片能满足深度学习的大量计算需求,但功耗较高;FPGA 架构的芯片具有足够的计算能力和灵活性以及较低试错成本,但编程复杂;而 TPU 架构的芯片则具有更高的处理速度和更低的能耗,而且成本也较低。

TPU 的优势在于对冯·诺依曼瓶颈(即处理器运行时要频繁访问内存)的大幅度简化。事实上,由于主要任务是矩阵运算,所以 TPU 中成千上万的乘法器和加法器被直接连接,以构建那些运算符的物理矩阵。这被称作脉动阵列(Systolic Array)架构。如在 Cloud TPU v2 中,有两个 128×128 的脉动阵列,在单个处理器中集成了 32768 个 ALU(算术逻辑单元,控制乘法器和加法器的组件)。一个脉动阵列执行神经网络计算时,首先从内存加载参数到乘法器和加法器的矩阵中,然后从内存加载数据。当每个乘法被执行后,其结果将被传递到下一个乘法器,同时执行加法。因而结果将是所有数据和参数乘积之和。这样,在大量计算和数据传递的整个过程中,不需要执行任何内存访问。从而大大提高了运算速度,降低了能耗,物理空间占用也较通常的 CPU 和 GPU 更小。这就是为什么 TPU 可以在神经网络运算上达到高计算吞吐量,同时能耗和物理空间都很小的原因。

TPU 首先由 Google 推出。Google 将其作为可扩展的云计算资源,并为所有在 Google Cloud 上运行尖端 ML(机器学习)模型的开发者与数据科学家提供计算资源。

关于 AI 芯片的研发,尽管已取得了不少进展和成果,但目前的水平还处于初级阶段。要进一步升级换代,还有不少问题、难关和挑战。

10.1.3　神经网络计算机,类脑芯片

神经网络计算机也称神经计算机,是指由大量类似神经元的基本处理单元相互连接所构成,具有分布存储和并行处理能力及自组织方式,能模拟人脑神经信息处理功能的计算机

系统。根据所用基本器件的不同,人工神经网络计算机又可分为三种类型,即基于超大规模集成电路的神经网络计算机、基于光处理器的神经网络计算机和基于分子处理器的神经网络计算机。但受当前物质条件和技术水平的限制,神经计算机分全硬件和软件模拟两条途径来实现。

所谓全硬件实现,是指物理上的处理单元和通信通道与一个具体应用问题的神经网络模型中的神经元及连接一一对应,每一个神经元及每一个连接都有与之相应的物理器件。这种器件可以是数字式的器件,也可以是模拟式的。全硬件实现中各处理单元之间的连接方式一般难以改变,因此,缺乏通用性、灵活性和可编程性,一般只在专用神经计算机中采用,以满足许多实时性要求很强的应用场合。

如果用 P 个物理单元去实现由 N 个神经元组成的神经网络的计算,只要 $P<N$,则称这种实现为神经计算机的软件模拟实现。在软件模拟实现中,若干个神经元要映射到同一个物理处理单元,通过软件编程实现其功能。软件实现具有通用性强、灵活性好的优点,适用于神经网络模型研究、应用研究及实时性要求不高的众多场合。当然,严格地讲,神经计算机是(指全硬件实现的)不需要编程的,它是通过训练、自组织、自适应地调整其结构参数,从而完成一定的信息处理。

当前,神经计算机基本上还处于试验、研究阶段。神经网络理论为神经计算机的体系结构设计提供了理论模型;而微电子学、光学技术、生物工程技术、计算机科学技术为其物理实现提供了物质基础和技术手段。但由于人脑的复杂性,用物理器件做成的人工神经网络来模拟人脑,其难度是可想而知的。

然而,最近传来了好消息:英特尔推出的类脑芯片(brain-inspired chip)系统 Pohoiki Beach(如图 10-1 所示)向"模拟大脑"这一目标前进了一大步,这是一个拥有 830 万个人工神经元的计算机系统。据英特尔介绍,其组成芯片在 AI 任务中的速度是传统 CPU 的一千倍,能耗效率是一万倍。而且这种类脑芯片越扩展效率越高,这是传统架构无法企及的。

图 10-1　类脑芯片系统 Pohoiki Beach

神经形态学工程,也称神经形态计算,通常是指使用电路系统来模拟生物的神经形态学结构。此前,来自 MIT、普渡大学、斯坦福、IBM、惠普等大学和公司的研究者们都曾提出自己的全栈系统,但没有一家能像今天英特尔这样如此接近神经形态学研究的终极目标——推出了一台超越前人千倍算力的超级计算机。英特尔实验室总监 Rich Uhlig 表示,Pohoiki

Beach 已经免费向 60 个研究伙伴提供。这些机构正在使用新类型的芯片挑战最尖端领域的研究,其中包括可扩展 AI 算法,如冗余编码和路径规划。

Pohoiki Beach 包含 64 个 128 核心,14 纳米制程的 Loihi 神经形态芯片,这些芯片首次出现在世人面前是在 2017 年 10 月的 Neuro Inspired Computational Elements(NICE)研讨会上。它们具有 60 毫米裸片尺寸,每块包含 20 亿个晶体管、13 万个人工神经元和 1.3 亿个突触,此外还附有三个管理 Lakemont 核心用于任务编排。特别是,Loihi 拥有可编程微码学习引擎,可在片上训练异步脉冲神经网络(SNN)——这是一种将时间结合进模型操作的特殊 AI 模型,可以让模型的不同组件不会同时被输入处理。SNN 被认为可以高效实现自适应修改、基于事件驱动和细粒度平行计算。

基于 Pohoiki Beach,英特尔还提供了 Loihi 开发工具链:包括 Loihi Python API、编译器和一组用于在 Loihi 上构建和执行 SNN 的执行库。这些工具提供了自定义构建神经、突触计算图的方法,可调整诸如衰减时间、突触权重、脉冲阈值等变量,也可通过自定义学习规则注入外部脉冲来模拟计算图。

与人脑中的神经元类似,Loihi 拥有数字轴突用于向临近神经元发送电信号,也有树突用于接收信号,在两者之间还有用于连接的突触。英特尔表示,基于这种芯片的系统已经被用于模拟皮肤的触觉感应、控制假腿和玩桌上足球等任务。因为效率颇高,Pohoiki Beach 和 Loihi 有望成为人工智能算法发展的新动力。英特尔称,新形态的芯片可以在图像识别、自动驾驶和机器人等方面带来巨大技术提升。

据悉,英特尔还将推出一个更大的 Loihi 系统——Pohoki Springs,该系统将拥有超过 1 亿神经元、1 万亿个突触,预计包含 768 颗芯片、1.5 万亿个晶体管。下一代神经形态系统将提供前所未有的性能和效率。此外,Santa Clara 公司将继续通过英特尔神经形态研究社区(Intel Neuromorphic Research Community)为用户提供访问其 Loihi 云系统和 Kapoho Bay(基于 Loihi 的 USB 形状因子系统)的权限。

在类脑芯片的研发领域,还有一个重大事件:清华大学也推出了一款名为"天机"的类脑芯片。该成果已作为封面文章发表在 2019 年 8 月 1 日的《自然》上。据报道,这款"天机芯"既可支持脉冲神经网络又可支持人工神经网络,是世界上首款异构融合型类脑芯片。利用天机芯已实现了无人驾驶自行车的智能控制,包括自平衡、动态感知、目标探测、跟踪、自动避障、过障、语音理解、自主决策等功能。

10.1.4　智能计算机发展展望

纵观智能计算机的发展历程,我们看到,虽然人们已经付出了很大努力,虽然也取得了不少的成果,但真正意义上的智能计算机与我们还有一定的距离。其实,智能计算机的研制离不开对智能本质的认识。智能计算机的实现还需要智能科学的进一步发展。另一方面,智能计算机的发展也要与计算机科学技术本身的发展相呼应。

事实上,受速度、容量的限制和分布存储、并行计算需求的压力,同人工智能界一样,计算机科学技术界也在寻求新的出路,试图突破冯·诺依曼机的框架,开发、研制新一代计算机。所幸,当代的物理、生物、信息和计算技术的飞速发展,为研究新型计算机提供了基础和条件。事实上,现在人们的视野更加开阔,基于不同的计算原理,提出了许多新型计算机的构想。其中的生物计算机、分子计算机、光学计算机、量子计算机等,已经取得了初步的成果或不小的进展。

我们相信,这些新型计算机将会为智能计算机提供更大的选择空间和技术支持。特别值得关注的是,量子信息与量子计算的许多诱人特征现在越来越引起人工智能科学家的注意,甚至已经有人开始将量子计算用于智能信息处理,如提出了一些量子算法,将量子的叠加态与自然语言中的歧义相联系,将量子纠缠与上下文相关相联系,用量子的观点研究脑,等等。这些迹象似乎在提示人们:量子计算更适于描述和实现智能机理,量子计算机有望成为人们所期望的下一代智能计算机。

10.2　智能化网络

随着信息网络(包括电话网、广播电视网和计算机网)的飞速发展,一个以网络为基础的信息化时代已经到来。然而,网络技术的功能和性能还不能满足人们越来越多和越来越高的需求。所以,网络技术还必须进一步发展。而网络技术要进一步向前发展,就不可避免地要引入智能技术。引入智能技术的网络将是智能化网络,它包括网络构建、网络管理与控制、网络信息处理及网络人机接口等方面。

本节就从网络构建、网络管理和网络应用等三个方面,介绍、探讨如何引入智能技术,从而进一步实现智能化网络。

10.2.1　智能网

1. 智能网的定义

这里的智能网(Intelligent Network,IN)是一个专用术语。它是指一种独特的信息网络体系结构。早在20世纪80年代智能网的思想就已出现。1992年CCITT正式命名并定义了智能网,称智能网是用于产生和提供电信新业务的体系(architecture)。之后,"智能网"便成为一个标准化名词。

按照CCITT对智能网的定义,智能网可描述为:在原有通信网络(即交换与传输网络结构)基础上,为快速、方便、经济、灵活地提供电信新业务(或称增值业务)而设置的一种附加网络结构。智能网的简单原理如图10-2所示。可以看出,智能网是建立在基础通信网之上,为各种具体电信业务提供统一服务的一个平台。

2. 智能网的结构

智能网自身的结构如图10-3所示,其中包含业务交换点(Service Switching Point,SSP)、业务控制点(Service Control Point,SCP)、业务数据点(Service Data Point,SDP)、业务管理点(Service Management Point,SMP)、业务生成环境(Service Creation Environment,SCE)等部件,其中SSP和SCP是智能网的两个关键部件,而SCP更是智能网的核心部件。

(1) 业务交换点,就是智能网中的交换机,但它只用来完成基本的呼叫处理和接续控制以及与SCP的信息交互。

(2) 业务控制点,一般由大中型计算机和大型高速实时数据库构成,用来存放智能业务程序和数据。

图 10-2   智能网原理简图

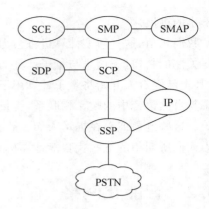

图 10-3   智能网的结构

SCP 位于 SSP 之上,两者之间的实时连接通过公共信道信令网实现。SSP 在处理智能业务时,将业务请求提交给 SCP,SCP 通过查询智能业务数据库,将业务请求解释为 SSP 所能够进行的处理,这些处理再由 SCP 下达给 SSP。因此,SSP 并不需要知道智能网业务应如何处理,只要将其提交给 SCP 并接受它的控制,按照 SCP 的指令进行操作就可以了。

3. 智能网的特点

智能网的最大特点是将网络的业务控制功能与交换功能相分离,把原来分散在基础通信网中的交换机功能从交换机中分离出来,集中到新设的功能部件——业务控制点(SCP)上,实现集中业务控制,而使原来交换机仅完成基本的接续功能。智能网的这一特点可总结为:**功能分离,集中控制**。

智能网的另一个重要特点被称为:**模块编程,组合配置**。具体来讲,就是先把各种具体业务逻辑划分成一个个基本功能模块(如"运算""筛选""计费""翻译"等),并将这些基本功能模块做成一个个独立的软件构件,称为业务无关组合块(Service Independent Building Blocks,SIB),然后,以这些 SIB 作为基本功能单元,通过组合、配置来实现各种特定的业务逻辑(如图 10-2 所示)。

4. 智能网的意义

建立智能网是由于传统网络的缺点和智能网的优点两方面的原因。

按传统技术,通信业务是与通信网络甚至通信设备厂商密切相关的。要开展一项新业务,就要新建或更新通信网络,购买特定厂商的设备。例如,利用程控交换机实现电话卡就要为之配置专门的交换机和程序。那么,随着网络规模日益膨胀、网络结构日益复杂、通信业务的不断扩展,这种传统方式就显得不方便,不快捷,不能满足和适应现代社会对通信的需求,而且会造成严重的资源浪费。在这种情况下,发展新的网络技术就势在必行。智能网的概念和技术也正是在这样的形势下应运而生的。

事实上,智能网的上述特点也蕴涵着下列优点。

(1) 可方便、快速、经济地生成新的电信业务(网)。

由于智能网实现了业务集中控制(而不再分散于各个交换机上)和功能分块包装,所以,一旦需要增加新的业务或修改原有业务,就只需增加或修改相应的功能组件 SIB,并在数据库中增加新的业务数据和用户数据即可。这样,在智能网中生成了一个新业务,也就相当于为该业务构建了一个专用网络。因此,利用智能网就可快速、方便、经济地生成新的业务网络,而不必像原来那样:对于一个新业务的开发,总是先要选购硬件,编制软件,几乎一切从头做起。

(2) 可适应多种新业务的需要。

智能网的另一个优点就是可适应多种新业务的需要,从而向用户提供那些用传统方式很难提供的业务。由于智能网是利用功能组件来实现业务逻辑的,所以,它提供的功能组件越多,则能实现的业务种类也就越多。例如,用已经开发的功能组件就可实现:被叫集中付费、自动记账卡、大众呼叫、广告电话、预付费、通用个人通信、移动电话、虚拟专用网业务、电子投票、信用卡记账、911应急、分时分区、用户局域信令、广域集中用户交换机等等业务。

(3) 可实现客户自己管理业务。

由客户自己管理业务也是通信市场的一个特点。如"虚拟专用网"业务,就是专用部门利用公用网的资源建立自己的专用网,它可以有自己的编号计划,自己来规定网络的业务属性,可以增加专用网的用户,可以自己来规定用户的属性等。客户(如 VPN 集团)或者称为业务用户自己管理业务的方法基本有两种:

- 利用自己的计算机终端,并通过智能网提供的业务管理接入点(SMAP)连到智能网的业务管理系统(SMS)。
- 通过电话机经调制解调器把所需要管理的信息送到 SMS,对数据进行补充、修改、增加及删除等。

综上所述,智能网实际是一种开放、灵活、经济、独立于具体业务的信息业务网自动生成平台和运行管理平台。智能网的这些优点也正是建立智能网的目的。

5. 智能网的发展

首先需指出的是,当初 CCITT 提出的智能网主要是针对电信网的,其基础通信网主要指电话网(PSTN)。然而,经过这几十年的发展,电话网的功能在不断扩展,而且电话网与有线电视网和计算机网也越来越融合了。所以,当今的智能网,其基础通信网除了 PSTN以外,还包括综合业务数字网 ISDN、移动通信网、宽带综合业务数字网 BISDN 和 IP 网等。也就是说,智能网的概念实际上已经扩展到整个信息网络了。

经历了许多年的研究与开发,智能网的各种业务以及其他新业务已普遍展开,而且在宽带智能网、综合智能网等方面有了长足的进步和发展,特别是移动通信网现在已迈入 5G时代。

智能网之所以称为智能网,当初主要是由于它能够用简单编程的方法快速生成各种网络新业务,而表现出一定程度的自动化特征。但从人工智能技术角度看,其智能水平还需要进一步提高。换句话说,如何进一步提高智能网的智能水平还是一个需要我们认真研究的课题。

从智能网的原理来看,我们认为对于智能网可以考虑引入自动规划与配置、专家系统、知识库、优化搜索等智能技术以及语音识别、语音合成和机器翻译等智能技术。譬如,可运用 SIB 的组合排列知识、专家经验知识、业务特征知识等,通过推理或搜索而生成相关业务的 SIB 程序。

10.2.2　智能 Web

万维网(World Wide Web,WWW)简称 Web,它是基于 Internet 的一个超大型信息网络系统,于 1991 年由 Tim Berners-Lee 创建。经过这 20 多年的发展,WWW 已经从当初仅包含由网站提供的简单静态内容(如单位主页)的"Web 1.0"到后来用户可参与的具有更多交互性和复杂性(如社交媒体)的"Web 2.0"而进入"Web 3.0"的发展阶段。

然而,关于什么是 Web 3.0 目前众说纷纭还无共识和定论,譬如,认为 Web 3.0 等同于基于浏览器的虚拟网络操作系统 Web OS,或等同于 Web 服务;认为 Web 3.0 是 XML Web Services;而 Google 则把云计算看作是 Web 3.0;还有人认为 Web 3.0 是基于区块链(chain of blocks,Blockchain)的高可信的下一代 Web 系统。但更多的人则认为最"正统"的 Web 3.0 当属由 WWW 之父 Tim Berners-Lee 所构想和倡导的语义 Web(semantic Web)。另外,从智能化的目标看,语义 Web 无疑是最具潜力的发展方向。因此,下面我们就对语义 Web 做一简单介绍。

1. 语义 Web 的基本概念

我们知道,传统 Web 是将网页(文档)互联而形成的一种文档 Web,而语义 Web 则是进一步将(文档中的)知识(数据)互联,或者说将文档变成机器可读的知识结构("元数据")而形成的一种数据 Web。其目的是让计算机能够自己"理解"网页中有关的内容和用户意图,并能沿着数据链接进行一定的推理和判断,以便更好地为用户提供各种智能化信息服务。就是说,语义 Web 是传统文档 Web 的扩展和升级,是一种智能型 Web。

2. 语义 Web 的体系结构

Tim Berners-Lee 将语义 Web 的体系结构设计为如图 10-4 所示的 7 层架构。

图 10-4　语义 Web 的体系结构

其中:

第 1 层是基础层,主要包括 Unicode 和 URI。这里 Unicode 是一种字符集,用于 Web 资源(如 HTML 文档、程序、图片、音视频等)的编码;URI(Uniform Resource Identifier)是统一资源标识符,负责 Web 资源的定位;

第 2 层是句法层,包括 XML、NS 和 xmlsdhema。其中 XML(Extensible Markup Language)是精简的 SGML(标准通用标记语言),它综合了标准通用标记语言的丰富功能与 HTML

的易用性,允许用户在文档中加入任意的结构,而无须说明这些结构的含义;NS(Name Space)是命名空间,由 URI 索引确定;xmlsdhema 是 XML 模式规范。

第3层是数据层,包括 RDF 和 rdfschema,其中 RDF(Resource Description Framework)是资源描述框架,它是一种描述信息资源的语言,其目标是建立一种供多种元数据标准共存的框架,RDF 解决的是如何采用 XML 标准语法无二义性地描述资源对象的问题,使得所描述的资源的元数据信息成为机器可理解的信息;rdfschema 是 RDF 模式规范。

第4层是语义层,Ontology vocabulary,即本体词汇。该层是在 RDF 基础上定义的概念及其关系的抽象描述,用于描述应用领域的知识,描述各类资源及资源之间的关系,实现对词汇表的扩展。在这一层,用户不仅可以定义概念而且可以定义概念之间丰富的关系。更具体地讲,该层在 RDF 的基础上定义了 RDFS(RDF Schema)和 OWL(Web Ontology Language)以帮助用户构建应用领域相关的轻量级的本体。RDFS 和 OWL 定义了语义,可以支持机器在用 RDFS 和 OWL 描述的知识库和本体中进行推理,以达到语义 Web 的目标。

第5至7层分别是逻辑层(Logic)、验证层(Proof)、信任层(Trust)。逻辑层在前面各层的基础上进行逻辑推理操作;验证层根据逻辑陈述进行验证,以证明输出的可靠性以及其是否符合用户的要求;信任层是语义 Web 安全的组成部分,主要负责发布语义 Web 所能支持的信任评估。

3. 语义 Web 的关键技术

从图 10-4 可以看出,实现语义 Web 需要 XML、RDF 和 Ontology 三大技术的支持。

XML 不仅能提供对资源内容的表示,也能描述资源的结构信息。XML 严格遵守 DTD 或 Schema 定义的语义约束,具有良好的数据存储格式、可扩展性、高度结构化等优点。

RDF 是一种资源描述语言,是语义 Web 的数据建模语言,所有语义 Web 信息都用 RDF 存储和表示。RDF 可以视为一种由数据结构、操作符、查询语言和完整性规则组成的数据模型。该模型描述了用元数据表示的真实世界的实体信息,其目标是构建一个综合性的框架来整合不同领域的元数据,实现在 Web 上交换元数据,促进网络资源的自动化处理。

ontology(本体)一词源于哲学领域,一直以来存在着许多不同的用法。在计算机科学领域,其核心意思是指一种模型,用于描述由一套对象类型(概念或者说类)、属性以及关系所构成的世界。尽管不同的本体对于这些构成成分的确切称谓有所不同,但它们都是一个本体不可或缺的基本要素。20 世纪 90 年代初期,斯坦福大学计算机科学家 Tom Gruber 对于计算机科学术语 ontology 给出了审慎的定义:一种对于某一概念体系(概念表达或概念化过程)(conceptualization)的明确表述(specification)。对于特定一个领域而言,本体表达的是其那套术语、实体、对象、类、属性及其之间的关系,提供的是形式化的定义和公理,用来约束对于这些术语的解释。在语义 Web 的实现中,ontology 具有非常重要的地位。怎样构建本体一直是一个热点课题。

语义 Web 被提出后,得到学术界和业界的积极响应,并取得了不少成果和长足进步。语义 Web 也一直受万维网联盟(World Wide Web Consortium,W3C)的管理和推动(RDF 就是由 W3C 推荐的一个资源描述标准)。然而,语义 Web 的真正、完全实现还面临诸如本体的开发、本体语言的标准化以及数据、推理和安全等问题和挑战。好在基于知识图谱的语义搜索现在已经实现,这就为语义 Web 的发展提供了新的思路和启发。

10.2.3 网络的智能化管理与控制

网络管理与控制是网络高效、可靠、安全、经济运行的基本保障。然而,随着网络的发展,其设备的复杂化使网络管理与控制已无法用传统的手工方式来完成。此外,现代网络的容量大、速度高的特点还要求网络管理与控制要有很高的实时性。所以,网络管理与控制必须采用更加先进有效的技术手段。为了更进一步提高网络管理与控制的水平,引入智能技术就成为必然。本节将介绍网络的智能化管理与控制技术。

1. 在管理功能中引入智能技术

网络的管理功能包括配置管理、故障管理、性能管理、安全管理与计费管理等。其中,每一项管理几乎都可引入智能技术。特别是故障管理、性能管理和安全管理更是智能技术的用武之地。

(1)配置管理中,可以用人工智能自动规划与配置技术实现优化配置,从而提高网络资源利用率。

(2)故障管理中,可建立故障诊断专家系统。

(3)性能管理中,性能分析可以采用知识库和专家系统技术提高其水平和速度。

(4)安全管理中,入侵检测可使用多种智能技术,在这方面已经有一些成功的方法和案例,如基于神经网络的异常入侵检测方法,基于贝叶斯网络的异常入侵检测方法,基于机器学习的异常入侵检测方法,基于数据挖掘的异常入侵检测方法,基于专家系统的误用入侵检测方法,基于人工免疫系统的异常入侵检测方法,基于入侵检测的专家系统,基于 Agent 的入侵检测系统等。图 10-5 所示的就是一个基于神经网络的入侵检测模型实例。这是一个多输入、单输出网络,其中的 ls,chmod,…,vi 是键入的一列(UNIX)操作系统命令。图 10-6则是一个入侵监测专家系统的结构。

图 10-5 基于神经网络的入侵检测模型实例

图 10-6 入侵监测专家系统 NIDES 的结构

2. 在管理方法中引入智能技术

传统的网络管理大都是遵循国际标准化组织(ISO)、互联网活动会议(IAB)以及国际电信联盟(ITU)提出的多个网络管理与控制标准和协议,如公共管理信息协议(CMIP)、简单网络管理协议(SNMP)、电信管理网络(TMN)等,采用的基本模型是 OSI 系统管理模型。如图 10-7 所示,该模型的核心是一对系统管理实体:Manager(管理者)和 Agent(代理者),被管资源被描述为被管对象(逻辑数据)后放入分散在各处的管理信息库(MIB)中。Manager 和 Agent 通过管理通信协议相互联系,Manager 需要对远程被管对象进行操作时,向被管对象所在处的 Agent 下达操作命令,由 Agent 具体进行对被管对象的访问,访问结果再由 Agent 通过通信协议报告给 Manager。这样的模型实现了远程监控、逻辑操作,为网络管理与控制提供了合理有效的框架。但由于 Agent 的管理操作完全由远程 Manager 控制,并且管理操作命令和操作结果的来回传递造成了网络业务量的升高,同时网络管理的实时性也受到了限制。所以,这一模型仍存在一定的问题,难以满足人们对网络管理与控制水平的要求。

图 10-7　基于 Manager 和 Agent 的网络管理模式示例

为了更进一步提高网络管理与控制的水平,引入智能技术就成为必然。解决上述问题的一个有效方法是采用智能的 Agent 来代替现有模型中的 Manager 和 Agent(如图 10-8 所示)。智能 Agent 具有一定的知识,它能自治地检测环境(被管对象及其自身的状态),经过分析、推理后,对环境进行调整和改造,必要时还可与其他智能 Agent 通信联络。所以,采用智能 Agent 就可使各个管理实体能自治地、主动地、实时地,同时又相互协作地工作。例如,把与呼叫建立的实体表示为智能 Agent,以便建立呼叫连接。一旦发现冲突,这些 Agent 便通过协商解决冲突。

图 10-8　基于智能 Agent 的网络管理模式示例

在网络管理与控制中可采用的另一个智能技术就是专家系统技术。事实上,专家系统在网络管理与控制中已经发挥了重要作用,例如,出现了用于网络维护、开通和管理等多种类型网络管理专家系统。网络管理与控制专家系统正在由脱机工作方式向联机工作方式过渡,以期发挥更加重要和及时的作用。此外,在高速网的业务量控制、路由选择,大容量光纤传输网络的故障自愈控制方面,人工神经网络、智能控制、遗传算法等也是有效的智能技术。

3. 智能网络管理系统

从管理系统角度讲,实现智能化网络管理与控制就是要建立智能网络管理系统。智能网络管理系统应具有以下几方面的能力。

(1) **处理不确定性问题的能力**。智能网络管理系统要具备处理不确定信息的能力,能根据这些信息对网络资源进行管理和控制。一些较好的方法有主观 Bayes 方法、证据理论和贝叶斯网络等。

(2) **协作能力**。由于网络规模和结构日趋复杂,集中式网管系统中单一的网络管理器难以应付全部管理任务,因此,可采用分布式网管系统。如可采用层次化网管模式,上层管理器可以轮询监测中层管理器,中层管理器向上层管理器报告突发事件的同时还要对下层状态进行监测。这样一来,就存在多层管理器之间任务的分配、通信和协作问题,从而要求网络管理系统具有很好的协作能力。为此,可将多 Agent 系统、分布式人工智能技术引入网络管理系统。

(3) **应变能力**。由于网络系统是一个不断变化的动态系统,所以,要求网络管理系统必须具有应变能力。传统的按照"数据驱动"模式对网络资源进行管理控制的网管模式难以适应系统的动态变化,而采用"事件驱动"模式的网络管理系统就是解决这一问题的一个方法。当网络管理系统处在某一特定状态下时,其就会启动相应的处理动作,如动态带宽调整,网络故障时业务的路由重置。

(4) **解释和推理能力**。智能网络管理系统不仅是简单地响应来自低层设备的一些孤立信息,它应有能力综合解释这些低层数据,以得出用于高层管理的信息,并基于这些高层的信息对网络进行管理和控制。智能化的网络管理要求网络管理系统具有一定的解释和推理能力。从而能够根据不完全、不精确的信息对网络状态做出判断。例如,当网络中某个路由器出现故障时,这台路由器及其与之相连的网管通信设备都会失去与网络管理器的联系。当网络管理器轮询这些设备时,它们都不会响应。在这种情况下,智能网络管理系统应有能力推断出哪台设备可能出了故障。

(5) **记忆和学习能力**。就是在网络运行过程中,网络管理系统自动收集、记录有关的状态、性能等数据,并从中总结归纳出经验性知识,然后用于随后的网络管理与控制中。显然,具有这种能力的网络管理系统是更高级的智能网络管理系统。

特别需提及的是,网络管理还涉及网络安全问题,包括对病毒、黑客、恶意软件、垃圾邮件、虚假信息等的识别、防范与清理。显然,这里也需要智能技术的支持。可以看出,模式识别、机器学习甚至机器博弈等智能技术则可在此派上用场。例如,可以用监督学习对邮件进行分类,以过滤垃圾邮件。

10.2.4　网上信息的智能化检索

1. 搜索引擎

计算机网络特别是 Internet 的一个重要作用就是信息资源的共享和交流,所以,网上信息发布和信息检索就是网络应用的主要内容。随着 Internet 的飞速发展,网上的站点越来越多,信息量也越来越大。一方面,如何使发布者的信息尽快地让更多的用户看到;另一方面,如何使需求者从这浩如烟海的网上信息中快速、准确地找到自己所需的信息,这两者就成为网上信息检索技术的重要课题。为了适应网络用户信息发布和信息查询的需求,搜索引擎技术便应运而生。所谓搜索引擎(search engine),就是专门为用户提供信息发布和信息查询服务的一种软件系统。其实,它也就是一种网络数据库系统。

搜索引擎有三方面的功能。

(1) **信息搜集**:收集和搜集网上所发布的各种信息,并录入其数据库;

(2) **信息组织**:对搜集来的信息进行分类、索引和摘要;

(3) **信息检索**:提供多种检索方式,为用户从数据库中检索出所需求的信息,满足信息需求者的需要。

所以,搜索引擎也就是一种网上信息中介机构。由于搜索引擎是为公众服务的,因而它也有自己的网站。一个网络搜索引擎也就是网络上的一个信息查询站点。例如,百度、Google 等就是国内外著名的搜索引擎(网站),而网易、搜狐、新浪等这些含有搜索引擎的网站则称为门户网站。

搜索引擎的基本结构与工作原理如图 10-9 所示。

图 10-9　搜索引擎的基本结构与工作原理示意图

其中,搜集器负责信息搜集:由被称为 Robot(或 Spider 或 Web Crawler 网络爬虫)的搜索程序在网上主动搜索,将搜集到的信息存入数据库。索引器负责对搜集到的信息进行分类整理,并建立索引文件。检索器负责信息检索:按查询需求从数据库中提取相关信息回馈用户。应该说,网络搜索引擎的产生,为解决网上信息发布和查询问题提供了一个有效的手段,因此搜索引擎现已成为网络信息检索的主要技术和工具。

搜索引擎有两个重要性能指标:查全率和查准率。其中,

$$查全率=检索出的相关信息量/系统中的相关信息总量×100\%$$
$$查准率=检索出的相关信息量/检索出的信息总量×100\%$$

为了提高查全率和查准率,就要对搜索引擎的信息搜集、信息组织和信息检索技术不断进行改进。在这方面已经取得了不少技术成果。如信息搜集方面已开发出不少有效的搜索算法;信息组织方面提出了许多信息分类和索引技术;信息检索方面提出了布尔模型、向量空间模型、概率模型等检索模型,开发了 PageRank 算法等有效的相关性排序算法。

2. 智能搜索引擎

随着网络应用的日益普及,网上的信息量越来越大,信息类型越来越多,除了文本外还有图形、图像、音频和视频等。另外,还出现了区域化(或称本地化)、专业化(或称垂直搜索)和个性化的信息服务需求。那么,在这样的形势下,搜索引擎还要提高信息的查全率和查准率,就必须引入智能技术,即实现智能搜索引擎。

智能搜索引擎主要有以下研究课题。

(1) 信息搜集方面主要是智能搜索算法,如启发式搜索。

(2) 信息组织方面,又可分为以下几种。

① 信息分类技术。

信息分类就是对信息进行分门别类地组织和存放。这自然有利于信息的快速准确检索。这里的分类就是由机器判断一个信息文档应归属到哪个信息类中,这一过程实际上就是模式识别的过程。系统中各类信息的特征要予以设定,当判断一个信息文档是否归属某个信息类时,就要看该信息文档中的特征是否与该信息类的特征相同或接近。分类的前提是聚类,所以,信息分类涉及模式分类、文本聚类和机器学习等诸多技术。

② 基于内容的自动索引技术。

传统自动索引方法是按关键词为信息文档自动建立索引,即根据信息文档提供的关键词或摘要中包含的关键词进行索引。为了提高搜索引擎的查全率和查准率,更好的方法是利用全文信息检索技术对信息文档全文中包含的关键词进行索引。这样不但能够更全面地检索文档中所包含的关键词,同时还可以计算出各个关键词在文档中的权重。而包含关键词权重的索引文件是智能查询所需要的。随着网络信息的变化,系统中的用于建立索引的关键词也应不断地调整,否则系统的性能就会下降。因此,自动索引还应具有自动发现和添加新关键词并删除利用率太低的旧关键词的功能。

智能搜索引擎则要研究基于内容的索引。要实现基于内容的索引,首先要能够对信息文档的内容进行自动归纳和提取,显然,这就涉及自然语言理解技术。虽然基于内容的自动索引技术的研究存在一定困难,但已经推出了一些研究成果。

③ 理解式自动文摘技术。

自动文摘就是计算机自动提取文章摘要。传统方法为机械式文摘,主要有以下方法。

- **频度统计法**:根据统计词(不包括连词、代词、介词、冠词、助动词及某些形容词和副词等)的出现频度来确定该词的重要性和句子的可选性。凡是频度超过设定阈值的词都被看作是文章的代表词,而一个句子的代表性则根据句子中包含代表词的多寡来计算。代表性超过设定阈值的句子被抽出作为文摘句。
- **关键位置判定法**:根据句子在文章中所处的位置,如标题、段头、段尾等来判断其重要性,然后根据各个句子的重要性来选择文摘句。
- **句法频度结合法**:先利用句法分析程序将文章的短语识别出来,再计算短语中各个词的频度,以此来判断句子的代表性。

机械式文摘原理简单,易于实现,但由于仅根据词在文章中出现的频度以及句子在文章中的位置选取文摘句,而不对文章的内容进行理解,因而文摘的质量受到了限制。

理解式文摘方法是在对文章进行分析理解的基础上提取摘要。近年来,理解式文摘的研究越来越多,并出现了知识化和交互化的发展趋向。许多自动文摘系统在提高对文本的语言学分析能力的同时,将各种知识存储在词典或知识库中。知识包括特定领域的关键词的语法、语义和语用信息,以及对应领域的文摘结构。知识的获取和知识库的建立采用人机交互的方式,由人提供基本关键词和典型文摘句,供计算机分析和学习,以自动获取文摘句的构造规则,并在运行过程中自动更新关键词和构造规则,使其更加丰富和完善。

(3) 信息检索方面有模糊检索、概念检索、自然语言检索等。

模糊检索(或查询)有双重含义:一是系统在进行关键词匹配时,对那些相近的关键词也给予一定的匹配度,如给予"通信网"和"信息网"一定的匹配度;二是用户检索表达式同信息文档的相关度是用模糊集合的隶属度表示的连续值,而不是相关和不相关两个值,从而能够将检索结果按照相关度进行排序。

概念检索(或查询)也就是基于词义而不是基于词法(关键词)进行匹配。例如,"电脑"和"计算机"是不同的两个词,可是在词义和概念层次上却是一致的。显然,利用这种概念上的一致性就可提高信息检索的智能水平。

3. 基于 Agent 的网上信息搜索

Agent 不仅在网络管理与控制方面可发挥作用,而且也可以在网上信息检索方面大显身手。事实上,可以设计一种网上信息查询 Agent,它可以根据查询者事先定义的信息检索要求,在网上实时监视信息源的动态,及时获取所需信息并将其提供给查询者。这种 Agent 也就实现了个性化信息搜索。另外,还可建立基于 Agent 的搜索引擎,从而进一步提高智能搜索引擎的智能水平。

4. 基于知识图谱的语义搜索

2012 年,Google 在其搜索引擎中引入了知识图谱技术,将传统的基于关键词和网页超链的搜索模型升级为基于语义的搜索模型,从而进一步提高了其搜索质量和智能水平。随后其他各搜索引擎也都纷纷效仿,开发各自的基于知识图谱的新一代搜索引擎,例如,微软的"必应"、百度的"知心"、搜狗的"知立方"等就是这样的产品。基于知识图谱的搜索引擎从语义层面理解用户意图,沿着知识图谱进行搜索和推理,不仅能够给用户提供更准确的期望信息,而且还可以提供相关信息。

基于知识图谱的语义搜索技术是在语义 Web 的大背景下产生的。反过来,语义搜索的发展必然会促进语义 Web 的发展。

5. 网页排序技术

随着网上信息量的急剧增加,人们发现,不论输入什么关键词都会瞬间出现大量的相关信息(网页),那么,怎样在这些信息中迅速找到自己真正所需的信息又成了问题。于是,网页排序便成了一个重要课题。对此,人们提出了不少排序算法,其中最著名的当推 Google 的 PageRank 算法(该算法由 Google 的创始人之一的 Larry Page 于 1998 年在斯坦福大学发明)。该算法将一个网页与其他网页的连接多寡作为该网页的权重,然后对检索到的网页计算权值并按权值大小进行排序。这一排序原理俗称"民主表决"法,这在当时算是个革命性发明。

10.2.5　推荐系统

随着网上信息和网络功能的激增,仅靠搜索引擎的信息查询方式渐渐难以适应和满足人们的需求。大约于 1995 年始,一种被称为推荐系统(recommender system)的智能网络信息服务系统应运而生。推荐系统就是专门为上网用户适时推荐或推送有关资讯、物品或服务等的一种个性化信息服务系统。与搜索引擎相比,推荐系统是一种更为主动的智能信息服务系统。推荐系统能根据每个用户的需求、兴趣、偏好甚至意图,投其所好,将认为用户最需要、最感兴趣的资讯、物品或服务等信息适时地呈现给用户。

推荐系统之所以如此神奇,其奥秘在于它能从用户的上网历史资料中挖掘、发现用户的需求、兴趣和偏好,甚至能揣摩当前用户的意图;而且它也从对用户偏好的分析中对推荐对象的相关特征、关系和关联了然于胸。

推荐系统的基本结构和简单工作原理如图 10-10 所示。由图可见,推荐系统一般由用户资料、物品资料、分析建模、用户模型、物品模型、推荐算法等模块组成,其逻辑关系如箭头所示。

图 10-10　推荐系统的基本结构与简单工作原理图示

这里的用户资料包括显式的注册、表格、问卷等,还包括隐式的上网记录、浏览记录、行为日志等。

这里的物品(items)资料是广义的,包括出现在互联网上的各种各样的商品、资讯、服务等。

分析建模就是利用数据挖掘、知识发现和机器学习等技术从用户资料和物品资料中发现相应的特征和类型,从而建立用户和物品的基本模型;在此基础上进而发现用户与用户、物品与物品、用户与物品之间(在用户偏好意义下)的关系和关联,如某种相似关系或关联关系。有了用户模型和物品模型,系统便可根据当前的用户浏览页面,采用某种算法适时主动地给用户推送有关物品或资讯、服务等。

其实,推荐系统也就是用户与物品之间的中介或媒介。一方面它收集、了解用户的特征和关系,特别是兴趣和偏好;另一方面还要了解有关推荐对象的特征和关系。因为只有对两者都了如指掌,方可更好地为两者牵线搭桥。

推荐算法就是具体的推荐策略和方法。推荐算法把用户模型中的用户的兴趣、偏好、相似性等信息和知识与物品模型中的特征、分类、关联等信息和知识相匹配,并进行相应的推理、计算和筛选,找到用户可能感兴趣的物品,然后推荐给用户。

经过多年的发展,已经有诸如协同过滤推荐(collaborative filtering recommendation,又分为基于用户的协同过滤和基于物品的协同过滤)、基于内容的推荐(content-based recommendation)、基于关联规则的推荐(association rule-based recommendation)、基于效用的推荐(utility-based recommendation)、基于知识的推荐(knowledge-based recommendation)、基于标签的推荐(label-based recommendation)以及混合推荐(hybrid recommendation)等多种推荐算法。

基于用户的协同过滤推荐算法的基本做法是：将与用户 A 兴趣相似的用户 B 所感兴趣的物品 O 推荐给用户 A。这一做法的依据是常识：兴趣相似的用户往往会喜欢同一类物品。于是，当用户 A 与用户 B 的兴趣相似时，就可给 A 推荐 B 所感兴趣的物品 O。

基于物品的协同过滤推荐算法的基本做法是：将与用户 A 感兴趣的物品 O_1 相似的物品 O_2 推荐给用户 A。这一做法的依据是常识：相似的物品往往会被同一用户所喜欢。于是，当物品 O_2 在用户兴趣意义下相似于物品 O_1，并且用户 A 喜欢 O_1 时，就将物品 O_2 推荐给用户 A。

基于内容的推荐算法的基本做法是：将物品 O_i 具体表示为其相关的特征值（即内容）组成的特征向量 $x_i(i=1,2,\cdots,n)$，再利用用户 U_j 对该物品 O_i 的总体评分 y_i 的历史数据来学习一个函数关系 $y_j=f_j(x)$［若取 $f_j(x)=wx$，即线性函数，则是学习参数向量 w］，然后用函数 $y_j=f_j(x)$ 预测用户 U_j 对同类物品 $O_k=x_k$ 的评分 $y_k(k=1,2,\cdots,l)$，最后将评分最高的物品 O 推荐给用户 U_j。

除了上面三种基本的推荐算法外，基于关联规则的推荐算法也是一种重要而常用的推荐算法。该算法的基本做法是：将与用户感兴趣的物品有关联的物品推荐给用户。这一做法的依据是常识：相关联的物品往往会被用户同时采用。这里的关联有些是自然关联，有些则是由某种原因如用户的购物习惯形成的。例如，笔与纸、牙刷与牙膏、桌子与椅子等就是自然关联，而面包与牛奶的关联则可能是由某些人的饮食习惯形成的。关联规则就是从用户的购物历史数据中挖掘出来的物品之间的关联关系。

可以看出，推荐系统实际是一种综合性智能系统，其要使用机器学习、知识工程、模式识别，甚至自然语言处理等诸多人工智能技术。所以，也可以说，推荐系统是一种有自学习功能的网上知识系统或专家系统。

延伸学习导引

- 关于智能计算机的延伸学习，可参阅文献[118]第 19 章及其他有关专著和文献。
- 关于智能化网络的延伸学习，可参阅文献[118]第 19 章及其他有关专著和文献。

习题 10

1. 何为智能计算机？智能计算机有哪些实现途径？
2. 从系统结构看，智能计算机可分为哪两部分？
3. 什么是神经网络计算机？神经网络计算机有哪些不同的类型和实现途径？
4. 智能化网络一般包括网络哪些方面的智能化？
5. 网络控制与管理中怎样使用智能技术？
6. 哪些智能技术可用于网上信息检索？
7. 什么是智能搜索引擎？它涉及哪些智能技术？
8. 谈谈你对语义 Web 和语义搜索的认识。
9. 试述推荐系统的工作原理。

第 11 章

人工智能编程语言与开发平台

11.1　概述

　　人工智能所解决的问题并非一般的数值计算或数据处理问题,所以,用常规的程序设计语言进行人工智能程序设计,就显得不那么得心应手。于是,面向人工智能程序设计的语言和开发平台便应运而生。

　　第一个人工智能程序设计语言是表处理语言 LISP(LISt Processing 的缩写)。它于 1960 年由美国(麻省理工学院)的麦卡锡(John MacCarthy)和他的研究小组首先设计实现。正如其名称所示,LISP 最擅长表处理,亦即符号处理。半个多世纪年来,它在人工智能领域中发挥了非常重要的作用,许多著名的人工智能系统都是用 LISP 语言编写的。LISP 被誉为人工智能的数学,至今仍然是人工智能研究和开发的主要工具之一。

　　现在,人工智能程序设计语言已有了很大的进步。继 LISP 之后,还相继出现了 PROLOG、C++、Java、MATLAB 和 Python 等语言。概括起来,面向人工智能程序设计的语言有函数型、逻辑型、面向对象型、计算型以及混合型等多种类型。

11.1.1　函数型语言

　　LISP 是一种函数型程序设计语言。LISP 程序由一组函数组成,程序的执行过程就是一系列的函数调用和求值过程。但 LISP 还不是纯函数型语言,准确地讲,它是基于 λ-函数的语言。除 LISP 外,20 世纪 70 年代 J. Backus 还提出了一种被称为 FP 的所谓纯函数型程序设计语言。

11.1.2　逻辑型语言

　　逻辑型程序设计语言起源于 PROLOG(PROgramming in LOGic 的缩写)。PROLOG 语言首先由法国马赛大学的 Colmerauer 和他的研究小组于 1972 年研制成功,后来在欧洲得到进一步发展。特别是 1981 年日本宣布要以 PROLOG 作为其正在研制的新一代计算机——智能计算机的核心语言,更使 PROLOG 举世瞩目,迅速风靡世界,成为与 LISP 并驾齐驱,甚至更加流行的智能程序设计语言。

由于 PROLOG 语言是一种逻辑型程序设计语言,因此用它编写的程序也就是逻辑程序,即在 PROLOG 程序中一般不需告诉计算机"怎么做",而只需告诉它"做什么"。因此,PROLOG 亦属陈述性语言。与通常的过程性程序设计语言相比,PROLOG 可以说是更高级的语言。

PROLOG 语言是以 Horn 子句逻辑为基础的程序设计语言,它是最具代表性的一种逻辑程序设计语言。早期的 PROLOG 版本都是解释型的。1986 年美国的 Borland 公司推出了编译型 PROLOG——Turbo PROLOG,并很快成为 PC 机上流行的 PROLOG。现在则有运行在 Windows 和 Linux 环境下的 Visual PROLOG 和 Linux 下的 SWI Prolog。但这些 PROLOG 语言版本属顺序逻辑程序设计语言。为了进一步提高运行效率和推理速度,从 20 世纪 80 年代初起,人们开始研制并行逻辑程序设计语言,现在已开发出了不少并行逻辑语言,其中比较著名和成熟的有 PARLOG(PARallel LOGical programming language)、Concurrent PROLOG、GHC(Guarded Horn Clauses)等。

11.1.3 面向对象型语言

20 世纪 80 年代以来,面向对象程序设计(Object-Oriented Programming,OOP)异军突起,发展迅速并越来越流行。面向对象程序以其信息隐蔽、封装、继承、多态、消息传递等一系列优良机制,大大改善了软件的复杂性、模块性、重用性和可维护性,有望从根本上解决软件的生产效率问题。另外,由于面向对象程序设计的类、对象、继承等概念,与人工智能特别是知识表示和知识库产生了天然的联系。因而,面向对象程序设计语言也就成为一种人工智能程序设计语言,而被广泛引入人工智能程序设计,特别是知识工程、专家系统程序设计。

面向对象程序设计语言种类繁多,已发展成为一个大家族。其中,最纯正、最具面向对象风格的语言当推 Smalltalk,而最流行的是 C++;另外,Java 则是适于网络(Internet)环境的一种面向对象语言。

11.1.4 计算型语言

所谓计算型语言,就是面向数值计算的程序设计语言。最典型的计算型语言就是 MATLAB。计算型语言属于过程性语言,长于描述算法,而且本身又自带算法库,所以是机器学习的常用编程语言。另外,在机器学习领域还有一些流行的编程语言,如 R、Python、Java、WEKA、GO、JavaScript、Scala 和 Darknet 等,也可算作计算型语言,虽然它们有些同时也是面向对象语言。

11.1.5 混合型语言

以上几种语言都各有所长,但也都有其不足之处。为了扬长避短,于是便出现了基于这几种语言的混合型语言。

1. 函数型与逻辑型相结合的语言

函数型与逻辑型语言的结合方式有耦合型和统一型两类。统一型又可分为具有归结语义的函数型语言和集成式语言两个子类。

耦合型语言意为将具有归约语义的函数型语言和具有归结语义的逻辑型语言组合在一起,并在二者之间提供一个接口而形成的一种混合型语言。其典型代表有以下几种。

(1) LOGLISP。该语言在 LISP 的基础上增加了表达合一、回溯等机制的系统函数,从而在保持 LISP 特色的同时又有了逻辑程序设计能力。

(2) FUNLOG。该语言在 PROLOG 之外又增加了函数定义机制,系统以归结语义执行 PROLOG 程序,以归约语义求解函数。

(3) POPLOG。这是 POP-11、PROLOG 和 LISP 的混合型语言,三种成分各有一个增量式编译器。具有归结语义的函数型语言又可分为 N-语言、F-语言和 R-语言。

集成式语言将函数成分和逻辑成分平等看待,并把它们对称地组织起来。其典型代表有 LEAF 和 APPLOG。

2. 函数型与面向对象型相结合的语言

在 LISP 语言的基础上再扩充面向对象机制而产生的语言,称为函数型的面向对象程序设计语言(亦称为面向对象的 LISP)。这种语言现已成为一个家族,其典型代表有以下几种。

(1) Flavors,由 MIT 的 Lisp Machine 小组于 1979 年研制而成,它的基语言是 Symbolics Common LISP。

(2) LOOPS(Lisp Object Oriented Programming System),它是在 InterLisp-D 环境上实现的基于 LISP 的 OOP 语言,由 Xerox 公司于 1983 年推出。

(3) CommonLoops,它是基于 CommonLisp 的函数型 OOP 语言,由 Xerox 公司于 1985 年推出。

(4) CLOS(CommonLisp Object System),它是 Xerox 公司于 1986 年推出的一个 CommonLoops 与 New Flavors 的后继产品。

(5) CommonObjects,它是由 HP 公司于 1983—1985 年实现的又一个基于 CommonLisp 的 OOP 语言。

(6) OBJ2,也是一种面向对象的函数型语言。

3. 逻辑型与面向对象型相结合的语言

这类语言著名的有以下几种。

(1) SPOOL,该语言是日本 IBM 分部于 1985 年推出的以面向对象思想扩充的 PROLOG 语言。

(2) Orient 84K,该语言是 Keio 大学于 1984 年发表的基于 PROLOG 和 Smalltalk 的并行执行语言。

(3) Vulan,该语言是一种面向对象的逻辑型语言。

4. 计算型与面向对象型相结合的语言

这类语言典型的如 Python。

以上综述了人工智能程序设计语言概况。下面将进一步介绍 PROLOG 语言和 Python

语言,以及深度学习框架,以便于读者更好地理解书中有关内容和进一步延伸学习及实践。

11.2　知识工程经典语言 PROLOG [*]

PROLOG 是一种基于 Horn 子句的逻辑型程序设计语言,也是一种陈述性语言。PROLOG 与人工智能的知识表示、自动推理、图搜索、产生式系统和专家(知识)系统等有着天然的联系,很适合智能程序设计。故本书把 PROLOG 语言作为例程语言。

11.2.1　PROLOG 语句

PROLOG 语言仅有 3 种语句,称为事实、规则和问题。

1. 事实(fact)

格式　<谓词名> (<项表>).

其中谓词名是以小写英文字母打头的字母、数字、下画线等组成的字符串,项表是以逗号隔开的项序列。PROLOG 中的项包括由常量或变量表示的简单对象以及函数、结构和表等,即事实的形式是一个原子谓词公式。例如:

```
student(John).
like(Mary,music).
```

就是 PROLOG 中的两个合法事实。

功能　一般表示对象的性质或关系。

例如,上面的两个事实就分别表示"约翰是学生"和"玛丽喜欢音乐"。

作为特殊情形,一个事实也可以只有谓词名而无参量。例如:

```
abc.
repeat.
```

这种情况也是被允许的。

2. 规则(rule)

格式　<谓词名> (<项表>): -<谓词名> (<项表>){, <谓词名> (<项表>)}.

其中":-"号表示"if"(也可以直接写为 if),其左部的谓词是规则的结论(亦称为头),右部的谓词是规则的前提(亦称为体),{}表示零次或多次重复,逗号表示 and(逻辑与),即规则的形式是一个逻辑蕴含式。例如:

```
bird(X): - animal(X),has(X,feather).
grandfather(X,Y): - father(X,Z),father(Z,Y).
```

就是 PROLOG 的合法规则。

功能　一般表示对象间的因果关系、蕴含关系或对应关系。

例如,上面的第一条规则就表示"如果 X 是动物,并且 X 有羽毛,则 X 是鸟";第二条规则就表示"X 是 Y 的祖父,如果存在 Z,X 是 Z 的父亲并且 Z 又是 Y 的父亲"。

作为特殊情形,规则中的谓词也可以只有谓词名而无参量。例如:

```
run: - start,step1(X),step2(X),end.
```

也是一个合法规则。

3. 问题（question）

格式　?- <谓词名>(<项表>){, <谓词名>(<项表>)}.

例如:

```
? - student(John).
? - like(Mary,X).
```

就是两个合法的问题。

功能　表示用户的询问,它就是程序运行的目标。

例如,上面的第一个问题的意思是"约翰是学生吗?",第二个问题的意思是"玛丽喜欢谁?"。

问题可以与规则及事实同时一起给出,也可以在程序运行时临时给出。

11.2.2　PROLOG 程序

PROLOG 程序一般由一组事实、规则和问题组成。问题是程序执行的起点,称为程序的目标。例如下面就是一个 PROLOG 程序。

```
likes(Bell,sports).
likes(Mary,music).
likes(Mary,sports).
likes(Jane,smith).
friend(John,X):- likes(X,reading),likes(X,music).
friend(John,X):- likes(X,sports),likes(X,music).

? - friend(john,Y).
```

可以看出,这个程序中有四条事实、两条规则和一个问题。其中事实、规则和问题都分行书写。规则和事实可连续排列在一起,其顺序可随意安排,但同一谓词名的事实或规则必须集中排列在一起。问题不能与规则及事实排在一起,它作为程序的目标要么单独列出,要么在程序运行时临时给出。

这个程序的事实描述了一些对象(包括人和事物)间的关系;规则描述了 John 交朋友的条件,即"如果一个人喜欢读书并且喜欢音乐"或者"如果一个人喜欢运动并且喜欢音乐",则这个人就是 John 的朋友(当然,这个规则也可看作是 John 朋友的定义);程序的问题是"约翰的朋友是谁?"。

PROLOG 程序中的目标还可以变化,也可以含有多个语句(上例中只有一个)。如果有多个语句,则这些语句称为子目标。例如,对上面的程序,其问题也可以是

```
? - likes(Mary,X).
```

或

```
? - likes(Mary,music).
```

或

```
?- friend(X,Y).
```

或

```
?- likes(Bell,sports), likes(Mary,music), friend(John,X).
```

等。对于不同的问题,程序运行的结果一般是不一样的。

还需说明的是,PROLOG 程序中的事实或规则一般称为它们对应谓词的子句。如上面程序中的前四句都是谓词 likes 的子句。PROLOG 规定,同一谓词的子句应排在一起。从语句形式和程序组成来看,PROLOG 就是一种基于 Horn 子句的逻辑程序。这种程序要求用事实和规则来求证询问,即证明所给出的条件子句和无条件子句与目标子句是矛盾的,或者说程序中的子句集是不可满足的。这就是所谓的 PROLOG 的说明性语义。

从 PROLOG 的语句来看,PROLOG 语言的文法结构相当简单。但由于它的语句是 Horn 子句,而 Horn 子句的描述能力是很强的,所以 PROLOG 的描述能力也是很强的。例如,当它的事实和规则描述的是某一学科的公理,那么问题就是待证的命题;当事实和规则描述的是某些数据和关系,那么问题就是数据查询语句;当事实和规则描述的是某领域的知识,那么问题就是利用这些知识求解的问题;当事实和规则描述的是某初始状态和状态变化规律,那么问题就是目标状态。所以,PROLOG 语言实际是一种应用相当广泛的智能程序设计语言。从上面最后一个目标可以看出,同过程性语言相比,一个 PROLOG 程序,其问题就相当于主程序,其规则就相当于子程序,而其事实就相当于数据。

11.2.3 PROLOG 程序的运行机理

首先引入以下几个基本概念。

1. 自由变量与约束变量

PROLOG 中称无值的变量为自由变量,有值的变量为约束变量。一个变量取了某值就说该变量约束于某值,或者说该变量被某值所约束,或者说该变量被某值实例化了。在程序运行期间,一个自由变量可以被实例化而成为约束变量;反之,一个约束变量也可被解除其值而成为自由变量。

2. 匹配合一

两个谓词可匹配合一,是指两个谓词的名相同,参量项的个数相同,参量类型对应相同,并且对应参量项还满足下列条件之一。

(1) 如果两个都是常量,则必须完全相同。

(2) 如果两个都是约束变量,则两个约束值必须相同。

(3) 如果其中一个是常量,一个是约束变量,则约束值与常量必须相同。

(4) 至少有一个是自由变量。

例如:下面的两个谓词

```
pre1("ob1","ob2",Z).
pre1("ob1",X,Y).
```

只有当变量 X 为自由变量或被约束为"ob2",且 Y、Z 的约束值相同或者至少有一个是自由变量时,它们才是匹配合一的。

PROLOG 的匹配合一,与归结原理中的合一的意思基本一样,但这里的合一同时也是一种操作。这种操作可使两个能匹配的谓词合一起来,即为参加匹配的自由变量和常量,或者两个自由变量建立一种对应关系,使得常量作为对应变量的约束值,使得两个对应的自由变量始终保持一致,即若其中一个被某值约束,则另一个也被同一值约束;反之,若其中一个的值被解除,则另一个的值也被解除。

3. 回溯

所谓回溯,就是在程序运行期间,当某一个子目标不能满足(即谓词匹配失败)时,控制就返回到前一个已经满足的子目标(如果存在的话),并撤销其有关变量的约束值,然后再使其重新满足。成功后,再继续满足原子目标。如果失败的子目标前再无子目标,则控制就返回到该子目标的上一级目标(即该子目标谓词所在规则的头部)使它重新匹配。回溯也是 PROLOG 的一个重要机制。

有了上面的基本概念,下面就介绍 PROLOG 程序的运行过程。以上面的程序为例,设所给的询问是

```
?-friend(John,Y).    (John 和谁是朋友?)
```

则求解目标为

```
friend(John,Y).
```

这时,系统对程序进行扫描,寻找能与目标谓词匹配合一的事实或规则头部。显然,程序中前面的四条事实均不能与目标匹配,而第五个语句的左端即规则

```
friend(John,X):-likes(X,reading),likes(X,music).
```

的头部可与目标谓词匹配合一。但由于这个语句又是一个规则,所以其结论要成立则必须其前提全部成立。于是,对原目标的求解就转化为对新目标

```
likes(X,reading),likes(X,music).
```

的求解。这实际是经归结,规则头部被消去,而目标子句变为

```
?-likes(X,reading),likes(X,music).
```

现在依次对子目标

```
likes(X,reading)和likes(X,music)
```

求解。

子目标的求解过程与主目标完全一样,也是从头对程序进行扫描,不断进行测试和匹配合一等,直到匹配成功或扫描完整个程序为止。

可以看出,对第一个子目标 like(X,reading) 的求解,因无可匹配的事实和规则而立即失败,进而导致规则

```
friend(John,X):-likes(X,reading),likes(X,music).
```

的整体失败。于是,刚才的子目标

　　likes(X,reading)和likes(X,music)

被撤销,系统又回溯到原目标 friend(John,X)。这时,系统从该目标刚才的匹配语句处(即第五句)向下继续扫描程序中的子句,试图重新使原目标匹配,结果发现第六条语句的左部,即规则

　　friend(John,X): - likes(X,sports),likes(X,music).

的头部可与目标为谓词匹配。但由于这个语句又是一个规则,于是,这时对原目标的求解,就又转化为依次对子目标

　　likes(X,sports)和likes(X,music)

的求解。这次子目标 likes(X,sports)与程序中的事实立即匹配成功,且变量 X 被约束为bell。于是,系统便接着求解第二个子目标。由于变量 X 已被约束,所以这时第二个子目标实际上已变成了

　　likes(bell,music).

由于程序中不存在事实 likes(bell,music),所以该目标的求解失败。于是,系统就放弃这个子目标,并使变量 X 恢复为自由变量,然后回溯到第一个子目标,重新对它进行求解。由于系统已经记住了刚才已同第一子目标谓词匹配过的事实的位置,所以重新求解时,便从下一个事实开始测试。易见,当测试到程序中第三个事实时,第一个子目标便求解成功,且变量 X 被约束为 mary。这样,第二个子目标也就变成了

　　likes(mary,music).

再对它进行求解。这次很快成功。

　　由于两个子目标都求解成功,所以,原目标 friend(John,Y)也成功,且变量 Y 被约束为mary(由 Y 与 X 的合一关系)。于是,系统回答:

　　Y = mary

程序运行结束。上述程序的执行过程如图 11-1 所示。

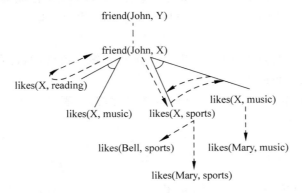

图 11-1　PROLOG 程序执行过程图示

上述程序的执行是一个通过推理实现的求值过程。我们也可以使它变为证明过程。例如,把上述程序中的询问改为

```
? - friend(John,Mary).
```

则系统会回答: yes

若将询问改为:

```
? - friend(John,Smith).
```

则系统会回答: no

从上述程序的运行过程来看,PROLOG 程序的执行过程是一个(归结)演绎推理过程。其推理方式为反向推理,控制策略是深度优先且有回溯机制,具体实现方法是: 自上而下匹配子句;从左向右选择子目标;(归结后)产生的新子目标总是插入被消去的目标处(即目标队列的左部)。PROLOG 的这种归结演绎方法被称为 SLD(Linear resolution with Selection function for Definite clause)归结,或 SLD 反驳-消解法。这样,SLD 归结就是 PROLOG 程序的运行机理,它也就是所谓的 PROLOG 语言的过程性语义。

11.3 机器学习流行语言 Python[*]

11.3.1 Python 语言的特点和优势

Python 语言是新西兰的 Guido van Rossum 于 1990 年创建的,名称 Python 来自英国流行喜剧"Monty Python 的飞行马戏团"。现在,Python 由一个志愿者团队开发和维护。

Python 是一个解释型面向对象程序设计语言,也是一种跨平台脚本语言,其程序代码可以在 Windows、Linux、Mac OS X 等各类操作系统上运行。

Python 支持网络编程,支持矢量编程,尤其是带有丰富的程序库,诸如开源机器学习算法库 scikit-learn;用于自然语言处理的 NLTK 库;统计数据可视化库 seaborn;可用于高效训练图像处理的神经网络单元的 Theano 库;科学计算的核心库 SciPY、NumPY、matplotlib、pandas 以及 GPU 并行库等。它们使得编程方便快捷,程序运行效率高,功能强大。特别是 Python 可以使用开源深度学习框架 TensorFlow 方便地编制深度学习程序。

此外,Python 还免费、开源,使用者可以从 Python 的网站(https://www.python.org)免费下载。

正由于具有如此多特点和优势,所以 Python 现在被广泛使用,特别是在数据科学和机器学习领域堪称最为流行的语言。

Python 的两个版本 Python2 和 Python3 是共存的(二者虽然并不兼容,但前者的程序可以转换为后者的程序)。

11.3.2 Python 程序举例

尽管 Python 有其诸多的特色和优势,但其实,Python 的数据类型、静/动态数据结构、运算及表达式、基本处理语句、基本程序结构、函数定义与调用、外部文件调用、外部资源的

使用,甚至程序的书写形式与风格等都与其他语言大同小异。而作为一种面向对象语言,其在类定义、实例生成和访问以及继承和多态机制等方面也与其他面向对象语言类似。由于本书的目标和篇幅所限,所以在这里对 Python 及其编程就不做详细介绍了。

下面给出几个程序实例并加以解释和说明,以便使读者管中窥豹地对 Python 有一个初步印象。如果读者已经学过其他程序语言,则在读了这几个例子程序后,就能触类旁通地编写一些简单的 Python 程序了。

例程 1　求两个整数的最大公约数程序。

```
# 这是一个求两个整数的最大公约数的 Python 程序
i1 = eval(input("输入第一个整数: "))
i2 = eval(input("输入第二个整数: "))
c = 1                    # 设置一个临时计算器 c,以存放当前能够整除所给两个整数的那个最大数
d = 2                    # 设 d 为除数,置初值为 2
while d <= i1 and d <= i2:
    if i1 % d == 0 and i2 % d == 0:              # 判别 d 是否能整除 i1 和 i2
        c = d           # 用 d 更新 c
    d += 1              # 给 d 加 1,继续循环
gcd = c                 # 循环结束后,将 c 赋予 gcd 作为两整数的最大公约数
# 输出最终结果
if gcd == 1:
    print(i1, "和", i2, "互质")
else:
    print(i1, "和", i2, "的最大公约数是", gcd)
```

这个程序中:第一行是个注释行;第 2、3、4、5 行为 4 个赋值语句,其中 2、3 两句的赋值表达式中又嵌套着键盘输入语句;第 6、7、8、9 行为 while 型循环语句,其中又嵌套了一个选择语句;最后 4 行是一个双向选择语句,其中两个执行语句是输出语句。

例程 2　圆类及实例。

```
from Figures import Circle      # 从程序文件 Figures.py 中导入(圆)类 Circle
def main ():                    # 定义主函数 main
    circle1 = Circle(1)         # 生成一个半径默认为 1 的类 Circle 的实例对象(圆)circle1
    a1 = circle1.getArea()      # 向 circle1 发消息请求其面积并将返回结果赋给 a1
    circle2 = Circle(2)         # 生成一个半径为 2 的类 Circle 的实例对象(圆)circle2
    a2 = circle2.getArea()
    circle3 = Circle(3)
    a3 = circle3.getArea()
    circle4 = Circle(4)
    a4 = circle4.getArea()
    circle5 = Circle(5)
    a5 = circle5.getArea()
    list1 = list([a1,a2,a3,a4,a5])  # 创建一个列表 list1
    # 连续输出上面 5 个圆的半径和面积
    for i in range(1,5,1):
    print("半径为", i,"的圆的面积是", list1[i])
main()                          # 运行主函数 main
```

这是一个面向对象程序,程序定义了一个主函数,然后运行它。程序中:第 1 行首先将外部程序 Figures.py 中所定义的圆类 Circle 导入;第 2 到第 15 行定义了主函数 main,其中第 14、15 行为 for 循环语句。

11.4　深度学习框架与平台 *

为了简化编程,提高编程效率,现在网上已经出现了一批支持深度学习编程的框架与平台,其中开源的有 TensorFlow、Caffe、Theano、Torch/PyTorch、Deeplearing4j 和 MXNet 等。国内推出的深度学习框架有百度的 PaddlePaddle 等。

TensorFlow 为 Google 开发的一款数值计算软件。TensorFlow 用数据流图(Data Flow Graph)的形式进行计算。图中每个节点代表数据的数学运算或输入/输出,其中输入/输出可以是一个数或者张量(Tensor),节点间的连线代表张量(多维数组)之间的处理关系。用 TensorFlow 实现的项目可以灵活地部署在一个或多个 CPU/GPU 的服务器上,甚至可以被部署在移动设备上。TensorFlow 是由研究人员和 Google Brain 团队针对机器学习和深度神经网络而开发的,开源后几乎可用于各个领域。TensorFlow 是全世界用户最多、社区最大的一个框架,有与 Python 和 C++的接口。

Caffe 是加州大学伯克利的博士贾扬清用 C++ 开发的,全称为 Convolutional Architecture for Fast Feature Embedding。Caffe 是一个清晰而高效的开源深度学习框架,由伯克利视觉中心进行维护。Caffe 对卷积网络的支持特别好,还提供了与 C++、Matlab 和 Python 的接口。

Theano 是一个进行数值计算的 Python 库(支持深度学习的软件包,著名的有 Blocks 和 Keras),其核心是一个数学表达式的编译器,它知道如何获取结构,并使之成为一个使用 numpy 高效本地库的高效代码,并把它们部署在 CPU 或 GPU 上高效运行。Theano 于 2008 年诞生于蒙特利尔理工学院,是专门为深度学习中处理大型神经网络而设计的。它是这类深度学习库的首创之一,被认为是深度学习研究和开发的行业标准。

Torch 是一个含有大量机器学习算法的科学计算框架,其特点是特别灵活,但因其主要语言接口是 Lua 而使其推广受到限制。由于现在 Github 上大部分深度学习框架的语言接口都是 Python,因此 Torch 团队就用 Python 重写了整个框架而得到了 PyTorch。PyTorch 不仅能实现强大的 GPU 加速,还支持动态神经网络。除了 Facebook 外,已经被 Twitter、CMU 和 Salesforce 等机构采用。

现在的情况是,Google 用 TensorFlow 做科研和产品,Facebook 用 PyTorch 做科研,而产品化用 Caffe2。斯坦福 CS231N 课程中有更详细的框架对比,感兴趣的读者请进一步阅读,网址 http://cs231n. stanford. edu/slides/2017/cs231n_2017_lecture8. pdf。

深度学习框架提供了大量组件,从而简化了深度学习编程,提高了编程效率和程序效率。对于初学者来说,使用这些框架就降低了深度学习入门门槛。所以,初学者或一般开发人员在进行深度学习编程时最好使用一个支持自身所用编程语言的框架。这样,就不必从定义复杂的神经网络开始编程,而只需要选择框架中已有的模型和算法即可。当然,在进一步的深度学习编程中,也可以在已有模型和算法的基础上再加入自己的代码,也可以自己设计算法而仅调用框架中提供的函数。

延伸学习导引

- 关于 PROLOG 语言的延伸学习,可参阅文献[82]第 2 章及其他有关专著和文献。
- 关于 LISP 语言的延伸学习,可参阅文献[118]附录及其他有关专著和文献。
- 关于 Python 语言的延伸学习,可参阅有关专著和文献。
- 关于深度学习框架和平台的延伸学习,可参阅有关专著和文献。

习题 11

1. 简述智能程序设计语言的分类和发展概况。

2. 读下面的 PROLOG 程序,给出运行结果。

```
p(a1) : - p1(b), p2(c).
p(a2) : - p1(b), p3(d), p4(e).
p(a3) : - p1(b), p5(f, g).
p1(b) : - p11(b1), p12(b2).
p3(d) : - p31(d1).
p2(c1). p4(e1). p5(f, g). p11(b1). p12(b2). p31(d11).
? - p(X).
```

3. 试编写一个描述亲属关系的 PROLOG 程序,然后再给出一些事实数据,建立一个小型演绎数据库。

提示:可以用"父/母-子/女"作为基本关系,(以"父亲"和"母亲"作为基本谓词),再由此来描述祖父、祖母、兄弟、姐妹以及其他亲属关系。

4. 下载并安装一个 Python 版本,运行 11.3 节中的两个例程。

5. 了解深度学习框架,选择其中之一做深度学习练习。

中-英文名词对照及索引

A

案例（范例）学习   case-based learning（83）

B

BP 网络   back propagation network（111）
BP 学习算法   back propagation learning algorithm（112）
不确定性   uncertainty（67）
不确定性推理   uncertain inference（69）
不确定性信息   uncertain information（66）
不确定性信息处理   uncertain-information processing（67）
不确定性知识   uncertain knowledge（68）
不确切性   imprecision（67）
不确切性信息   imprecise information（66）
不确切性信息处理   imprecise-information processing（67）
不确切性知识   imprecise knowledge（70）
八皇后问题   eight queens problem（34）
八数码难题   eight puzzle（33）
表处理   list processing（176）
本体   ontology（167）
贝叶斯网络   Bayesian Network（69）

C

产生式   Production（57）
产生式规则   production rule（57）
产生式系统   Production System（59）
粗糙集   rough set（121）
传递函数   transfer function（106）
程度化软语言值   flexible linguistic value with degree（71）
程度化谓词   predicate with degree（72）
程度化规则   rule with degree（72）
程度化框架   frame with degree（73）
程度化语义网   semantic network with degree（73）
程度推理   reasoning with degrees（74）
长短期记忆（网络）   Long Short Term Memory，LSTM（116）

D

动态数据库   dynamic database（144）
代价，费用   cost（37）
递归神经网络   Recursive Neural Network，RNN（116）
对话系统   dialogue system（141）

E

二值逻辑   two-valued logic (51)

二元关系   binary relation (62)

二元模型   Bigram Model (138)

F

符号推演   symbolic calculus (9)

符号主义   symbolism (9)

符号学习   symbolic learning (83,84)

符号智能   Symbolic Intelligence，SI (3)

反向推理   reasoning backward (59)

发现学习   discovery learning (84)

非单调逻辑   non-monotonic logic (51)

梵塔问题   Tower-of-Hanoi problem (44)

分布式人工智能   Distributed Artificial Intelligence，DAI (141)

分布式问题求解   Distributed Problem Solving，DPS (141)

分布式专家系统   Distributed Expert System (149)

分布存储   distributed memory (108)

分类   classification (99,120)

泛化   generalization (120)

风险函数   risk function (99)

方差   variance (29)

G

个体智能   Individual Intelligence，II (3)

感知   perception (7,122)

感知器   Perceptron (26)

归纳推理   inductive inference (51)

广度优先搜索   breadth-first search (37)

归结，消解   resolution (52)

规划   plan, planning (13)

规则   rule (57)

概念查询   concept inquest (173)

过拟合   over-fitting (117)

关联规则   association rule (118)

H

黑板   blackboard (144)

回溯   backtracking (35,182)

混沌   chaos (28)

回归   regression (99,100)

J

进化计算   evolutionary computation，EC (3)

机器推理   machine reasoning (51)

机器学习   Machine Learning (6,79)

记忆学习   rote learning (85)

解释学习   explanation-based learning (83,84)

集成学习   ensemble learning (84)

继承   inheritance (51,63)

机器人   Robot (154)

机器人规划   Robot planning (155)

假言推理   modus ponens (51)

加权状态图   state graph with weight (47)

聚类   clustering (99,120)

激活函数   activation function (106)

计算智能   Computational Intelligence, CI (3)

进化程序设计   Evolutionary Programming，EP (27)

基于知识的系统   Knowledge-Based System，KBS (145)

决策树   decision tree (88)

监督学习   supervised learning (83)

卷积神经网络   Convolutional Neural Network,CNN (114)

交互智能   interactional intelligence (4)

基函数   Basis function (115)

基于实例的学习   instance-based learning(83)

K

控制进化   control and evolution (10)

控制策略   control strategy (146)

宽度优先搜索   breadth-first search (38)

框架   frame (73)

L

连接主义   connectionism (10)

联想存储(记忆)   associative memory (8)

类比推理   reasoning by analogy (51)

类比学习   analogical learning (87)

逻辑程序设计   programming in logic (177)

粒群算法   particle swarm optimization (3)

量词   quantifier (52)

旅行商问题   Traveling Salesman Problem，TSP (45)

类脑芯片   brain-inspired chip (161)

M

模式识别   Pattern Recognition (7,20,123)

模式匹配   pattern matching (74)

盲目搜索   blind search (35)

迷宫问题   maze problem (33)

盲人爬山法   blind man climb mountain (35,102)

免疫算法   immune algorithm (28)

马尔科夫过程   Markov process（137）

马尔科夫链   Markov chain（137）

马尔科夫决策过程   Markov Decision Process，MDP（95）

N

脑智能   Brain Intelligence，BI（3）

NP 完全问题   NP Complete problem（13）

难题   puzzle（13）

P

判别方法   discriminative approach（30）

PAC   Probably Approximately Correct（30）

Q

群智能   Swarm Intelligence，SI（3）

启发函数   heuristic function（40）

启发式搜索   heuristic search（40）

全称量词   universal quantifier（53）

穷举搜索   exhaustive search（37）

强化学习   Reinforcement Learning（4，93）

迁移学习   transfer learning（88）

欠拟合   under-fitting（117）

区块链   chain of blocks，Blockchain（166）

强人工智能   strong AI（2）

R

人工智能   Artificial Intelligence，AI（1）

人工生命   artificial life（10）

人工神经网络   Artificial Neural Network，ANN（8，105）

认知计算   cognitive computing（31）

软计算   soft computing，SC（28）

软概念   flexible concept（70）

软语言值   flexible linguistic value（70）

软集合   flexible set（71）

软语言真值逻辑   flexible linguistic truth-valued logic（51）

软语言规则   flexible linguistic rule（73）

软规则   flexible rule（73）

弱人工智能   weak AI（2）

S

社会智能   Social Intelligence，SI（3）

树式搜索   tree search（35）

神经元   neuron（105）

树突   dendrite（105）

神经网络   neural network（2，105）

神经网络学习　　　　　　　neural network learning (105)
神经网络模型　　　　　　　neural network model (110)
神经计算　　　　　　　　　neural computation (3)
深度置信网络　　　　　　　Deep Belief Network (114)
深度神经网络　　　　　　　Deep Neural Network，DNN (114)
深度学习　　　　　　　　　Deep Learning，DL (6,113)
数据库中的知识发现　　　　Knowledge Discovery in Databases，KDD (20)
数据挖掘,数据开采　　　　Data Mining，DM (20,117)
数据仓库　　　　　　　　　data warehouse (118)
示例学习　　　　　　　　　learning from examples (85)
似然　　　　　　　　　　　likelihood (30,100)
三段论　　　　　　　　　　syllogism (51)
深度优先搜索　　　　　　　depth-first search (38)
搜索树　　　　　　　　　　search tree (35)
随机过程　　　　　　　　　stochastic process (137)
生成方法　　　　　　　　　generative approach (30)
生成对抗网络　　　　　　　Generative Adversarial Network，GAN (117)
随机梯度下降　　　　　　　stochastic gradient descent (102)

T

推理机　　　　　　　　　　inference engine (144)
图搜索　　　　　　　　　　graph search (33)
图灵测试　　　　　　　　　Turing test (2)
突触　　　　　　　　　　　synapse (105)
拓扑结构　　　　　　　　　topology structure (83,107)
特性函数　　　　　　　　　characteristic function (106)
统计学习理论　　　　　　　Statistical Learning Theory，SLT (30)
统计学习　　　　　　　　　Statistical Learning (83,99)
统计模式识别　　　　　　　statistical pattern recognition (126,127)
统计语言模型　　　　　　　Statistical Language Model (138)
统计智能　　　　　　　　　statistical intelligence (4)
梯度下降　　　　　　　　　gradient descent (101)
推荐系统　　　　　　　　　recommender system (174)
通用人工智能　　　　　　　Artificial General Intelligence AGI (32)

W

问题求解　　　　　　　　　problem solving (6)
谓词　　　　　　　　　　　predicate (52)
谓词公式　　　　　　　　　predicate formula (53)
谓词逻辑　　　　　　　　　predicate logic (54)
文法规则　　　　　　　　　grammar rule (133)
文法树　　　　　　　　　　grammar tree (134)
无监督学习　　　　　　　　unsupervised learning (84)

X

系统智能　　　　　　　　　System Intelligence，SI (3)

行为主义 behaviorism（10）
行为模拟 behavioral simulation（10）
现场 AI situated AI（10）
线式搜索 line search（35）
信度 believability（68）
信念 belief（150）
循环神经网络 Recurrent Neural Network，RNN（116）
先验概率 prior probability（129）

Y

原型 prototype（145）
演绎推理 deductive inference（51）
演绎学习 deductive learning（87）
语言值 linguistic value（70）
阈值 threshold（69）
一阶谓词 first-order predicate（52）
有向图 directed graph（33）
与或图 AND/OR graph（33）
语义文法 semantic grammar（135）
语义网络 semantic network（60）
语义 Web semantic Web（166）
语义搜索 semantic search（173）
语料库 corpus（132）
约束变量 bound variable（53,181）
约束满足问题 constraint satisfaction problems，CSP（14）
约束程序设计 constraint programming，CP（14）
样本 sample（81,99）
样例 example（81）
元知识 meta-knowledge（143）
遗传算法 Genetic Algorithm，GA（3）
遗传程序设计 Genetic Programming，GP（28）
蚁群算法 ant colony optimization（4）
隐马尔科夫模型 Hidden Markov Model，HMM（31,131）

Z

自动推理 automated reasoning（52）
自动程序设计 automatic programming（16）
自然语言处理 Natural Language Processing，NLP（7,131）
自然语言理解 natural language understanding（132）
自然计算 nature-inspired computation（4,11）
智能体，智能主体，主体 Agent（150）
智能机器人 Intelligent Robot（154）
智能网络 intelligent network（163）
智能搜索引擎 intelligence search engine（172）
专家系统 Expert System，ES（25,142）

知识表示	knowledge representation（3，50）
知识获取	knowledge acquisition（3）
知识工程	Knowledge Engineering，KE（3，145）
知识库	knowledge base，KB（143）
知识库系统	knowledge base System，KBS（26）
知识发现	Knowledge Discovery，KD（6，79，117）
知识图谱	Knowledge Graph（64）
支持向量机	Support Vector Machine，SVM（30）
状态空间	state space（33）
状态图	state graph（34）
状态图表示	state graph representation（42）
状态图搜索	state graph search（34）
正向推理	forward reasoning（59）
自由变元,自由变量	free variable（53，181）
组合爆炸	combinatorial explosion（40）
最好优先搜索	best-first search（41）
最优解	optimal solution（35）
最佳图搜索	optimal graph search（35）
轴突	axon（105）
真度逻辑	truth-degrees logic（51）
真度推理	reasoning with truth-degrees（75）
自然推理	natural inference（73）
正则化	regularization（30）
准则函数	criterion function（99）

参 考 文 献

[1] 李卫华,等. IBM PC 机编译型 PROLOG 语言[M]. 武汉:武汉大学出版社,1987.

[2] 涂序彦. 人工智能及其应用[M]. 北京:电子工业出版社,1988.

[3] 何华灿. 人工智能导论[M]. 西安:西北工业大学出版社,1988.

[4] Clocksin,Mellish. PROLOG 程序设计[M]. 李德毅,赵立平,译. 北京:国防工业出版社,1988.

[5] 林尧瑞,张钹,石纯一. 专家系统原理与实践[M]. 北京:清华大学出版社,1988.

[6] 徐立本,姜云飞. 机器学习及其应用[J]. 吉林大学社会科学丛刊第 69 期,1988.

[7] 黄可鸣. 专家系统导论[M]. 南京:东南大学出版社,1988.

[8] 周远清,张再兴,许万雍,等. 智能机器人系统[M]. 北京:清华大学出版社,1989.

[9] 王元元. 计算机科学中的逻辑学[M]. 北京:科学出版社,1989.

[10] 林尧瑞,马少平. 人工智能导论[M]. 北京:清华大学出版社,1989.

[11] 何新贵. 知识处理与专家系统[M]. 北京:国防工业出版社,1990.

[12] T. 雷蒙德. 人工智能中的逻辑[M]. 赵沁平,译. 北京:北京大学出版社,1990.

[13] 施鸿宝,王秋荷. 专家系统[M]. 西安:西安交通大学出版社,1990.

[14] 刘椿年,曹德和. PROLOG 语言,它的应用与实现[M]. 北京:科学出版社,1990.

[15] 徐立本,张志奇,戈峰. 机器学习新方法[M]. 长春:吉林大学出版社,1990.

[16] 沈清,汤霖. 模式识别导论[M]. 长沙:国防科技大学出版社,1991.

[17] 焦李成. 神经网络系统理论[M]. 西安:西安电子科技大学出版社,1991.

[18] 冯博琴. 实用专家系统[M]. 西安:西安交通大学出版社,1992.

[19] 童頫,沈一栋. 知识工程[M]. 北京:科学出版社,1992.

[20] 杨行峻,郑君里. 人工神经网络[M]. 北京:高等教育出版社,1992.

[21] 沈政,林庶芝. 脑模拟与神经计算机[M]. 北京:北京大学出版社,1992.

[22] B. Kosko. Neural Networks and Fuzzy System[M]. EnglewoodCliffs:Prentice-Hall,1992.

[23] Shin-ichi Horikawa et al. On Fuzzy Modeling Using Fuzzy Neural Networks with the Back-Propagation Algorithm[J]. IEEE Trans, on NN, 1992, 3(5).

[24] 施鸿宝. 神经网络及其应用[M]. 西安:西安交通大学出版社,1993.

[25] 石纯一,黄昌宁,王家廞. 人工智能原理[M]. 北京:清华大学出版社,1993.

[26] James J. Buckley. On the Equivalence of Neural Networks and Fuzzy Expert Systems[J]. Fuzzy Set and Systems,1993,53.

[27] C. Elkan. The paradoxical success of fuzzy logic[J]. IEEE Expert,1994,(9):3-8.

[28] 王永庆. 人工智能——原理·方法·应用[M]. 西安:西安交通大学出版社,1994.

[29] 李孝安,张晓缋. 神经网络与神经计算机导论[M]. 西安:西北工业大学出版社,1994.

[30] 何新贵. 事件代数与主动知识库系统[J]. 软件学报,1994 年 9 期,23-29.

[31] 陆汝钤,等. 专家系统开发环境[M]. 北京:科学出版社,1994.

[32] 吴泉源,刘江宁. 人工智能与专家系统[M]. 北京:国防科技大学出版社,1995.

[33] 姚天顺,等. 自然语言理解[M]. 北京:清华大学出版社,1995.

[34] 蔡希尧,陈平. 面向对象技术[M]. 西安:西安电子科技大学出版社,1995.

[35] 曹文君. 知识系统原理及其应用[M]. 上海:复旦大学出版社,1995.

[36] 蔡自兴,徐光佑. 人工智能及其应用[M]. 2 版. 北京:清华大学出版社,1996.

[37] 王鼎兴,温冬婵,高耀清,等. 逻辑程序设计语言及其实现技术[M]. 北京:清华大学出版社,1996.

[38] 路耀华. 思维模拟与知识工程[M]. 北京:清华大学出版社,1997.

[39] 廉师友. 人工智能原理与应用基础教程[M]. 昆明:云南科出版社,1998.

[40]　胡舜耕，张莉，钟义信. 多 Agent 系统的理论、技术及其应用[J]. 计算机科学,1999,26(9)：20-24.

[41]　周明,孙树栋. 遗传算法原理及应用[M]. 北京：国防工业出版社,1999.

[42]　郭军. 智能信息技术[M]. 北京：北京邮电大学出版社,1999.

[43]　龚双瑾. 智能网技术[M]. 北京：人民邮电出版社,1999.

[44]　廉师友. 程度论——一种基于程度的信息处理技术[M]. 西安：陕西科技出版社,2000.

[45]　廉师友. 人工智能技术导论[M]. 西安：西安电子科技大学出版社,2000.

[46]　边肇祺,张学工,等. 模式识别[M]. 2 版.北京：清华大学出版社,2000.

[47]　Nils J. Nilsson. 人工智能[M]. 郑扣根,庄越挺,译. 北京：机械工业出版社,2000.

[48]　章毓晋. 图像理解与计算机视觉[M]. 北京：清华大学出版社,2000.

[49]　玄光男,程润伟. 遗传算法与工程设计[M]. 北京：科学出版社,2000.

[50]　陆汝钤. 世纪之交的知识工程与知识科学[G]. 北京：清华大学出版社,2001.

[51]　张铃,张钹. 计算智能——神经计算和遗传算法技术[A].世纪之交的知识工程与知识科学[G]. 北京：清华大学出版社,2001.

[52]　石纯一,徐晋晖. 基于 Agent 的计算[A]. 世纪之交的知识工程与知识科学[G]. 北京：清华大学出版社,2001.

[53]　潘云鹤,耿卫东. 形象思维[A]. 世纪之交的知识工程与知识科学[G]. 北京：清华大学出版社,2001.

[54]　金芝. 知识工程中的本体论研究[A]. 世纪之交的知识工程与知识科学[G]. 北京：清华大学出版社,2001.

[55]　刘椿年. 约束逻辑程序设计 CLP——现状与未来[A]. 世纪之交的知识工程与知识科学[G]. 北京：清华大学出版社,2001.

[56]　王珏. 机器学习：研究与分析[A]. 世纪之交的知识工程与知识科学[G]. 北京：清华大学出版社,2001.

[57]　Jiawei Han, Micheline Kamber. Data Mining：Concepts and Techniques. San Francisco：Morgan Kaufmann Publishers，2001.

[58]　廉师友. 人工智能技术导论[M]. 2 版. 西安：西安电子科技大学出版社,2002.

[59]　高济,朱淼良,何钦铭. 人工智能基础[M]. 北京：高等教育出版社,2002.

[60]　史忠植. 知识发现[M]. 北京：清华大学出版社,2002.

[61]　王小平,曹立明. 遗传算法——理论、应用与软件实现[M]. 西安：西安交通大学出版社,2002.

[62]　张惟杰,吴敏,刘曼西. 生命科学导论[M]. 北京：高等教育出版社,2002.

[63]　沟口理一郎,石田亨. 人工智能[M]. 卢伯英,译.北京：科学出版社,2003.

[64]　蔡自兴,徐光佑. 人工智能及其应用[M]. 3 版. 北京：清华大学出版社,2003.

[65]　孙吉贵,何雨果. 量子并行计算[A],知识科学与计算科学[G]. 北京：清华大学出版社,2003.

[66]　应明生. 形式语义学在基于内容的智能信息处理中的可能应用[A]. 知识科学与计算科学[G]. 北京：清华大学出版社,2003.

[67]　凌云,王勋,费玉莲. 智能技术与信息处理[M]. 北京：科学出版社,2003.

[68]　Stuart Russell,Peter Norvig. 人工智能——一种现代方法[M]. 2 版. 姜哲,金奕江,张敏,等译. 北京：人民邮电出版社,2004.

[69]　马少平,朱小燕. 人工智能[M]. 北京：清华大学出版社,2004.

[70]　余雪丽. 软件体系结构及实例分析[M]. 北京：科学出版社,2004.

[71]　杨炳儒. 基于内在机理的知识发现理论及其应用[M]. 北京：电子工业出版社,2004.

[72]　Thomas Dean, James Allen, Yiannis Aloimonos. 人工智能——理论与实践[M]. 顾国昌,刘海波,仲宇,等译. 北京：电子工业出版社,2004.

[73]　邓良松,刘海岩,陆丽娜. 软件工程[M]. 2 版. 西安：西安电子科技大学出版社,2004.

[74]　李德毅,杜鹢. 不确定性人工智能[M]. 北京：国防工业出版社,2005.

[75] Tom M. Mitchell. 机器学习[M]. 曾华军,张银奎,等译. 北京:机械工业出版社,2005.

[76] Michael Negnevitsky. Artificial Intelligence:A Guide to Intelligent Systems[M], Second Edition. Pearson Education,2005.

[77] 雷英杰,邢清华,王涛,等. 人工智能(AI)程序设计(面向对象语言)[M]. 北京:清华大学出版社,2005.

[78] 王珏,周志华,周傲英. 机器学习及其应用[M]. 北京:清华大学出版社,2006.

[79] 焦李成,刘芳,缑水平,等. 智能数据挖掘与知识发现[M]. 西安:西安电子科技大学出版社,2006.

[80] 高尚. 群智能算法及其应用[M]. 北京:中国水利水电出版社,2006.

[81] 史忠植. 高级人工智能[M]. 2版. 北京:科学出版社,2006.

[82] 廉师友. 人工智能技术导论[M]. 3版. 西安:西安电子科技大学出版社,2007.

[83] 周志华,王珏. 机器学习及其应用[M]. 北京:清华大学出版社,2009.

[84] 廉师友. 不确切性信息处理原理[M]. 北京:科学出版社,2009.

[85] 廉师友. 人工智能技术简明教程[M]. 北京:人民邮电出版社,2011.

[86] 李航. 统计学习方法[M]. 北京:清华大学出版社,2012.

[87] Peter Harrington. 机器学习实战[M]. 李锐,李鹏,曲亚东,等译. 北京:人民邮电出版社,2013.

[88] 吴军. 数学之美[M]. 2版. 北京:人民邮电出版社,2014.

[89] Niaobirdfly. 语义网技术综述(web3.0)[EB/OL]. CSDN博客,2014.3.22.

[90] 集智俱乐部. 科学的极致:漫谈人工智能[M]. 北京:中国工信出版集团,人民邮电出版社,2015.

[91] Yoshua Bengio. Deep Learning. July 23,2015,LxMLS 2015,Lisbon Machine Learning Summer School,Lisbon Portugal. http://www.iro.umontreal.ca/~bengioy/talks/lisbon-mlss-19juillet2015.pdf.

[92] Vladimir N. Vapnik. 统计学习理论[M]. 许建华,张学工,译. 北京:中国工信出版集团,电子工业出版社,2015.

[93] 梁勇(Y. Danniel Liang). Python语言程序设计[M]. 李娜,译. 北京:机械工业出版社,2015.

[94] 郑捷. 机器学习算法原理与编程实践[M]. 北京:电子工业出版社,2015.

[95] 高阳,安波,陈小平,等. 多智能体系统及应用[M]. 北京:清华大学出版社,2015.

[96] Shiyou Lian. Principles of Imprecise-Information Processing:A New Theoretical and Technological System[M]. Heidelberg:Springer Nature,2016.

[97] 周志华. 机器学习[M]. 北京:清华大学出版社,2016.

[98] 埃塞姆·阿培丁(Ethem Alpaydin). 机器学习导论[M]. 范明,译. 3版. 北京:机械工业出版社,2016.

[99] 刘知远. 知识图谱——机器大脑中的知识库[EB/OL]. Big Data Intelligence,2016.05.29.

[100] Stuart J. Russell and Peter Norvig. Artificial Intelligence:A Modern Approach(Third Edition)[M]. London:Pearson Education Limited,2016.

[101] 雷·库兹韦尔(Ray Kurzweil). 人工智能的未来[M]. 盛杨燕,译. 浙江人民出版社,2016.

[102] 焦李成,赵进,杨淑媛,等. 深度学习、优化与识别[M]. 北京:清华大学出版社,2017.

[103] 廉师友. 不确切性信息处理原理简介[J]. 中国人工智能学会通讯,2017年第7期,84-89.

[104] 塞巴斯蒂安·拉施卡(Sebastian Raschka). Python机器学习[M]. 高明,徐莹,陶虎成,译. 北京:机械工业出版社,2017.

[105] Miroslav Kubat. 机器学习导论[M]. 王勇,仲国强,孙鑫,译. 北京:机械工业出版社,2017.

[106] Howard M. Schwartz. 多智能体机器学习:强化学习方法[M]. 连晓峰,谭励,等译. 北京:机械工业出版社,2017.

[107] 尚文倩. 人工智能[M]. 北京:清华大学出版社,2017.

[108] 白硕. 人工智能的诗与远方,一文读懂NLP起源、流派和技术[EB/OL]. 新智元,2018-01-11.

[109] 袁梅宇. 机器学习基础——原理、算法与实践[M]. 北京:清华大学出版社,2018.

[110] 衫山将(Masashi Sugiyama). 统计机器学习导论[M]. 谢宁,李柏杨,肖竹,等译. 北京:机械工业

出版社,2018.

[111] 董豪,郭毅可,杨光,等. 深度学习：一起玩转 TensorLayer[M]. 北京：电子工业出版社,2018.

[112] 赵卫东,董亮. 机器学习[M]. 北京：中国工信出版集团,2018.

[113] Kaz Sato. 仅需 1/5 成本：TPU 是如何超越 GPU,成为深度学习首选处理器的[EB/OL]. 机器之心编译,参与：思源,刘晓坤,2018-09-03.

[114] 大四本科生发明 AI 论文生成器,写出的论文达到几近完善程度[EB/OL]. AI 有道,2019.7.

[115] 泽南. 效率可达 CPU 一万倍、内含 800 万神经元：英特尔发布神经形态芯片超算[EB/OL]. 机器之心,2019.7.

[116] 雷明. 机器学习与应用[M]. 北京：清华大学出版社,2019.

[117] 大明,张佳,小芹(编辑). "天机"今登 Nature 封面：清华施路平团队发布全球首款异构融合类脑芯片[EB/OL]. 新智元. 2019 年 8 月 1 日. 论文地址：https://www.nature.com/articles/s41586-019-1424-8.

[118] 廉师友. 人工智能导论[M]. 北京：清华大学出版社,2020.

图 书 资 源 支 持

感谢您一直以来对清华版图书的支持和爱护。为了配合本书的使用，本书提供配套的资源，有需求的读者请扫描下方的"书圈"微信公众号二维码，在图书专区下载，也可以拨打电话或发送电子邮件咨询。

如果您在使用本书的过程中遇到了什么问题，或者有相关图书出版计划，也请您发邮件告诉我们，以便我们更好地为您服务。

我们的联系方式：

地　　址：北京市海淀区双清路学研大厦 A 座 714

邮　　编：100084

电　　话：010-83470236　　010-83470237

客服邮箱：2301891038@qq.com

QQ：2301891038（请写明您的单位和姓名）

- -

资源下载：关注公众号"书圈"下载配套资源。

资源下载、样书申请

书 圈

获取最新书目

观看课程直播